普通高等院校"十四五"计算机基础系列教材

C语言程序设计基础

李 骞　周文刚　赵 宇◎主编

中国铁道出版社有限公司
CHINA RAILWAY PUBLISHING HOUSE CO., LTD.

内 容 简 介

本书从培养学生计算思维的角度出发，围绕问题的解决来讲解 C 语言和程序设计。全书共 10 章，在简单介绍程序设计基础知识和 C 语言的基础上，系统介绍了用 C 语言编写简单程序，运算符、表达式、语句，程序结构，函数，指针，数组，结构体，文件操作和位运算等内容。

本书注重介绍基本原理，内容丰富、知识点描述翔实，适合作为高等学校计算机类各专业 C 语言程序设计课程和非计算机专业计算机程序设计基础课程的教材，也可作为从事计算机相关工作或参加计算机等级考试的人员的参考用书。

图书在版编目（CIP）数据

C 语言程序设计基础/李骞，周文刚，赵宇主编. —北京：中国铁道出版社有限公司，2023.2（2024.8 重印）
普通高等院校"十四五"计算机基础系列教材
ISBN 978-7-113-29950-7

Ⅰ.①C⋯ Ⅱ.①李⋯ ②周⋯ ③赵⋯ Ⅲ.①C 语言-程序设计-高等学校-教材 Ⅳ.①TP312.8

中国国家版本馆 CIP 数据核字（2023）第 014649 号

书　　名：C 语言程序设计基础
作　　者：李　骞　周文刚　赵　宇

策　　划：张　彤　　　　　　　　　　　编辑部电话：（010）63549508
责任编辑：张　彤
封面设计：高博越
责任校对：苗　丹
责任印制：樊启鹏

出版发行：中国铁道出版社有限公司（100054，北京市西城区右安门西街 8 号）
网　　址：https://www.tdpress.com/51eds
印　　刷：河北燕山印务有限公司
版　　次：2023 年 2 月第 1 版　2024 年 8 月第 3 次印刷
开　　本：787 mm×1 092 mm　1/16　印张：19.5　字数：471 千
书　　号：ISBN 978-7-113-29950-7
定　　价：52.00 元

版权所有　侵权必究

凡购买铁道版图书，如有印制质量问题，请与本社教材图书营销部联系调换。电话：（010）63550836
打击盗版举报电话：（010）63549461

前　言

　　C语言是应用广泛、最具影响的程序设计语言之一。它概念简洁，数据类型丰富，运算符多，功能丰富，表达能力强，使用灵活，既有高级语言的优点，又具有低级语言的功能（能对硬件直接进行操作）。因此，它既适合编写应用程序，又适合编写系统程序。C语言生成的目标程序执行效率高，具有良好的可移植性，是一种理想的结构化程序设计语言，多年来深受广大用户的喜爱。

　　C语言是当下最简单的编程入门语言，没有之一。但很多学生学习它却直呼其难，编者经过多年的教学反思发现，一本通俗易懂、能帮助初学者掌握编程方法，使用到C的各种功能的教材，首先要注重讲"道理"，对很多操作要讲清楚为什么做、什么时候做、是怎么做的。如果仅是列出语法规定再辅以几个例子，则不利于初学者形成计算思维，不好理解为什么要做某个操作，什么时候要做这个操作。比如，不讲清楚变量的实质，学生就难以理解为什么变量须先定义而后才能使用，也就不好理解变量的地址、变量的值、变量的名，进而对数组、结构体、特别是指针认识不清。

　　本书作为程序设计的入门教材，重点放在了程序设计的基本概念和计算思维方法上。编者结合多年的教学经验和当前C程序的集成开发环境的发展，对C语言的知识点进行了整理和修改，提出了不同的观点和看法。比如，删除了else if多分支结构，将其归为if嵌套；数组的数组长度既可以是常量，也可以是变量。本书重在讲"道理"，每个知识点都深入浅出地介绍了基本原理，并通过大量案例讲解了知识点在程序设计中的应用和用计算机解决问题的方法。本书知识点完整，重难点突出，充分体现了结构化程序设计和算法设计思想，既满足了初学者的需求，又为后继学习其他编程语言打下坚实的基础。每章都有小结和习题，以便加强读者对所学关键知识点的理解、掌握和应用。

　　全书共10章，内容安排上贯彻党的二十大精神，深刻把握"实施科教兴国战略，强化现代化建设人才支撑"重要思想的定位和重大意义，组织方式为以计算思维培养为主线，通过翔实的知识点和案例程序分析，力争把程序设计的学习从语法知识的学习提高到解决问题的能力培养上。各章内容如下：第1章介绍计算机的工作流程、程序的相关基础知识、C语言的编程思想、结构特点、开发环境等。第2章介绍C语言的字符集和标识符、基本数据类型、常量和变量的基本概念、数据的输入/输出函数等。第3章介绍C语言的算术、关系、逻辑、赋值、条件、逗号等运算符和表达式，不同类型变量之间的类型转换，C语言的语句等。第4章介绍结构化程序设计的顺序、选择、循环三大结构的一般形式和执行流程，if语句嵌套，循环嵌套和常用算法，实现流程转向的break、continue和goto语句。第5章围绕模块化编程思想，介绍函数分类、定义、调用等相关概念，变量的作用域和存储类型，内部函数和外部函数等。第6章介绍指针的概念和相关操作，结合实例对指针与变量、指针与函数之间的关系进行详细分析。第7章介绍一维数组和二维数组的定义及使用、数组作为函数参数的方法、字符数组与字符串、数组的综合应用举例。第8章介绍结构体类型、结构体变量的定义和使用、结构体数组、结构体指针变量、结构体与函数的结合用法、动态分配存储空间、顺序存储和链式存储的概念和操作方法。第9章介绍文件操作的概念和分类、缓冲文件系统、文件类型指针和文件打开、关闭、读写、定位等文件操作方法。第10章介绍位运算符的相关概念和取反、左移、右移、按位"与"、按位"或"、按位"异或"等位运算符的运算功能。

本书课时安排见下表：

课时分配表

章节	主要内容	建议课时	
		理论	上机
第1章	程序设计基础与C语言简介	2	1
第2章	用C语言编写简单程序	3	2
第3章	运算符、表达式、语句	2	2
第4章	程序结构	10	10
第5章	函数	4	4
第6章	指针	3	2
第7章	数组	6	6
第8章	结构体	4	4
第9章	文件操作	2	2
第10章	位运算	2	1

全书由李骞、周文刚、赵宇任主编，叶海琴、秦东霞、刘辛、谭永杰任副主编，李靖、郭慧玲、张苏参与编写。其中，第1章由周文刚、李骞编写，第2章由郭慧玲编写，第3章和第9章由叶海琴编写，第4章由李靖编写，第5章由刘辛编写，第6章由张苏编写，第7章由谭永杰编写，第8章由秦东霞编写，第10章由赵宇编写。全书由周文刚、赵宇策划，李骞负责统稿和定稿。

本书得到2021年度河南省高等教育教学改革研究与实践项目（2021SJGLX519），以及周口师范学院2022年自编教材项目（〔2022〕46号项目04）的支持，配套资源丰富，电子教案、案例素材、实训素材等可以到中国铁道出版社有限公司教育资源数字化平台免费下载，网址为http://www.tdpress.com/51eds/。

在本书的编写过程中，参阅了大量的网络资源和优秀图书资料，得到了周口师范学院教务处和中国铁道出版社有限公司的大力支持，在此一并致以衷心的感谢和深深的敬意。

由于计算机科学技术发展迅速，程序设计的教学内容和方法日新月异，且编者水平有限，书中难免有不足之处，敬请读者批评指正，以便再版时修改完善。

编　者

2022年11月

目 录

第1章 程序设计基础与C语言简介 1
1.1 有关程序设计的基础知识 1
1.1.1 计算机的硬件结构和工作流程 2
1.1.2 程序和程序设计基本概念 5
1.1.3 程序设计语言的发展 6
1.2 C语言的发展史及其特点 8
1.2.1 C语言的发展史 8
1.2.2 C语言的特点 9
1.3 C程序的集成开发环境介绍 10
1.3.1 Dev C++环境下开发C程序 12
1.3.2 Visual C++环境下开发C程序 15
1.3.3 UNIX/Linux系统中使用 GCC编译器开发C程序 21
1.4 用C语言编写的简单程序 21
1.4.1 C语言的编程思想 21
1.4.2 C程序的基本结构 24
1.4.3 C程序书写格式 26
小 结 27
习 题 27

第2章 用C语言编写简单程序 29
2.1 算法及其描述方法 29
2.1.1 算法的概念 30
2.1.2 算法的描述方法 32
2.1.3 问题求解的计算思维 33
2.2 C语言编程使用的字符集 34
2.2.1 字符集 35
2.2.2 字符在计算机内部的表示 35
2.2.3 标识符 38
2.3 数据类型 40
2.3.1 数据类型分类 41
2.3.2 基本数据类型 42
2.4 数据的表示形式——常量与变量 43
2.4.1 常量 43
2.4.2 变量 49
2.4.3 变量使用注意事项 54
2.5 人机交互——数据的输入/输出 58
2.5.1 数据输入/输出的概念 58
2.5.2 格式输出函数printf() 59

2.5.3　格式输入函数scanf() 66
　　2.5.4　输入/输出单个字符的函数 72
小　　结 73
习　　题 73

第3章　C程序的基本构成——运算符、表达式、语句 76
3.1　C语言的运算符与表达式 76
　　3.1.1　算术运算符和算术表达式 80
　　3.1.2　关系运算符和关系表达式 85
　　3.1.3　逻辑运算符和逻辑表达式 87
　　3.1.4　赋值运算符和赋值表达式 90
　　3.1.5　条件运算符和条件表达式 92
　　3.1.6　逗号运算符和逗号表达式 93
　　3.1.7　不同类型数据之间的类型转换 93
3.2　C语言的语句 96
小　　结 99
习　　题 99

第4章　程序结构 102
4.1　顺序结构 102
4.2　选择结构 104
　　4.2.1　if...else语句 105
　　4.2.2　单分支if语句 107
　　4.2.3　if语句的嵌套 107
　　4.2.4　switch语句 113
4.3　循环结构 117
　　4.3.1　while语句 118
　　4.3.2　do...while语句 121
　　4.3.3　for语句 122
　　4.3.4　流程转向语句 124
　　4.3.5　循环结构的嵌套 127
小　　结 131
习　　题 131

第5章　函数 137
5.1　模块化设计与函数 137
　　5.1.1　定义函数 138
　　5.1.2　调用函数 140
　　5.1.3　函数的参数 142
　　5.1.4　函数的嵌套调用 145
　　5.1.5　函数的递归调用 146
　　5.1.6　C语言提供的标准函数 148
5.2　变量的作用域和生存期 149
　　5.2.1　局部变量 149
　　5.2.2　全局变量 151
5.3　变量的存储属性 153

| 5.3.1   自动变量 154
| 5.3.2   寄存器变量 154
| 5.3.3   静态变量 155
| 5.3.4   外部变量 158
| 5.4 内部函数和外部函数 158
| 5.4.1   内部函数 158
| 5.4.2   外部函数 159
| 5.5 传给main()函数的参数 159
| 5.6 函数综合应用举例 161
| 小   结 163
| 习   题 163

第6章 指针（变量） 166

| 6.1 变量的地址 166
| 6.2 指针（变量）的概念 168
| 6.2.1   定义（声明）指针变量 168
| 6.2.2   使用指针变量 169
| 6.2.3   为指针变量赋值 170
| 6.3 指针（变量）与函数 171
| 6.3.1   指针变量作函数形参 171
| 6.3.2   函数的返回值是地址 174
| 6.3.3   指向函数的指针——借助指针变量调用函数 175
| 小   结 177
| 习   题 177

第7章 数组 181

| 7.1 一维数组 181
| 7.1.1   一维数组的定义 181
| 7.1.2   一维数组的使用方法 182
| 7.1.3   一维数组所分配的存储空间 183
| 7.1.4   一维数组的初始化 184
| 7.1.5   一维数组与指针的配合使用 185
| 7.1.6   使用一维数组的程序举例 187
| 7.2 二维数组 190
| 7.2.1   二维数组的定义 190
| 7.2.2   二维数组的使用方法 190
| 7.2.3   二维数组所分配的存储空间 193
| 7.2.4   二维数组的初始化 194
| 7.2.5   二维数组和指针的配合使用 195
| 7.3 数组作函数的参数 200
| 7.3.1   数组作函数形参 201
| 7.3.2   数组作函数实参 204
| 7.3.3   函数的指针形参和函数体中数组的区别 208
| 7.4 字符数组与字符串 209
| 7.4.1   使用一维字符数组存储字符串 209
| 7.4.2   输入/输出字符串的函数 213

7.4.3　二维字符数组 215
　　7.4.4　常用的字符串处理库函数 217
7.5　数组的综合应用 223
小　　结 226
习　　题 226

第8章　结构体 230
8.1　结构体类型与结构体变量 231
　　8.1.1　结构体类型 231
　　8.1.2　结构体变量 233
　　8.1.3　结构体数组 239
　　8.1.4　结构体指针变量 242
　　8.1.5　结构体与函数 245
8.2　动态分配存储空间 248
8.3　顺序存储与链式存储 253
小　　结 267
习　　题 267

第9章　文件操作 270
9.1　文件操作相关概念 270
　　9.1.1　文件 270
　　9.1.2　文件的种类 271
　　9.1.3　缓冲文件系统 271
　　9.1.4　文件类型指针 271
9.2　C语言的文件操作 272
　　9.2.1　文件的打开 272
　　9.2.2　文件的关闭 274
　　9.2.3　文件的读写操作 274
　　9.2.4　文件定位 281
　　9.2.5　文件检测 283
小　　结 285
习　　题 285

第10章　位运算 290
10.1　位运算符 290
10.2　位运算符的运算功能 291
小　　结 294
习　　题 294

附录A　字符与ASCII码对照表 296

附录B　C语言中的关键字 297

附录C　运算符和结合性 298

附录D　C常用的库函数 299

第 1 章 程序设计基础与 C 语言简介

📜 **学习目标**

★ 理解计算机执行程序的流程，初步形成计算思维
★ 了解结构化程序设计的基本知识
★ 了解 C 语言的发展及其特点
★ 掌握使用 C 语言开发工具编写简单的程序

⏳ **重点内容**

★ 程序和程序设计基本概念
★ C 语言的特点
★ C 语言的集成开发环境
★ C 语言的编程思想和基本结构以及书写格式

C 语言是世界上广泛流行的一门"古老"且非常优秀的结构化程序设计语言。它于 1973 年由美国贝尔实验室设计发布。C 语言具有简洁、高效、灵活、可移植性强等优点，深受广大编程人员的喜爱，在各种系统软件与应用软件的开发中被广泛应用。

1.1 有关程序设计的基础知识

19 世纪中期，科学的发展给人们带来了许多需要快速完成但又复杂的计算问题。这些问题简单的诸如求定积分、求 n 元方程组的解等，复杂的诸如弹道计算、天气预报等，具有计算量大但计算过程机械重复的特点。此时，电子计算机作为一种计算工具应运而生，其自动、超快速的特点，把人们从数学计算问题求解的机械、重复劳动中解放出来。时至今日，电子计算机已经不再是一个单纯的计算工具，而发展成为略具智能的"电脑"，在各行各业都成为不可替代的存在。虽然如此，计算机的工作原理仍然没有变化，即首先要由能完成各种计算的硬件设备构成一个实体计算机，然后用户根据要解决问题的特征，编写程序由计算机运行，最终得到处理结果。

1.1.1 计算机的硬件结构和工作流程

1. 微型计算机的硬件结构

计算机按体积和计算能力可分为巨型、大型、中型、小型、微型，分别应用于不同的场景。微型计算机的硬件结构采用 1946 年冯·诺依曼提出的硬件框架，即由运算器、控制器、存储器、输入设备和输出设备组成。其中，运算器和控制器是核心部件，集成在同一个芯片上，称为"中央处理器"（CPU）。计算机的硬件结构如图 1-1 所示。

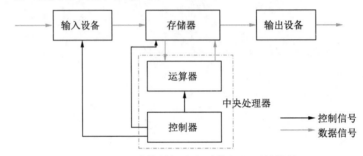

图1-1　冯·诺依曼提出的计算机的硬件结构

计算机正常工作需要一个完整的计算机系统。计算机系统包括硬件系统和软件系统，图 1-1 所示的五大部件构成了计算机最基本的硬件系统，是计算机赖以工作的物质基础。但仅有硬件系统还不行，一台计算机要完成某种任务，还需要有完善的软件系统。计算机软件系统由系统软件和许多专门用于解决某方面问题的应用软件构成。系统软件主要指操作系统，比如 Windows、Linux，用来管理、调度计算机的硬件系统各部件协调有序地工作，完成诸如获取键盘的输入信息、输出内容到显示器或打印机、文件存储或读取等基本工作。应用软件是指专门用于处理某方面工作的软件，当用户需要利用计算机完成某个具体的工作时，比如看视频、图片修饰等，则需要使用专门处理这些工作的应用软件。这些应用软件，是程序开发人员使用编程语言，根据所要解决问题的解决方法（算法）编写的可执行代码。本书要学习的 C 语言，就是一种编程语言，可以使用 C 语言编写出应用在各种领域、功能强大的程序。

软件是程序以及开发、使用和维护程序稳定、正确运行所需要的所有文档总称，人们通常所说的程序，只是软件最重要的组成部分。要编写程序，需要先了解计算机的硬件构成和工作流程。

2. CPU 的结构及计算机的工作流程

CPU 主要由 2 个模块组成，分别是控制单元（CU）、运算单元（ALU）。CPU 中还有一些读写速度非常快、用于暂时存储数据的寄存器（Register）、缓存（Cache），称为存储单元。CPU 的结构及计算机工作流程如图 1-2 所示，图 1-2 的右侧展示了计算机的最核心部件——中央处理器（CPU）的组成。

（1）控制单元是 CPU 的指挥控制中心，由指令计数器、指令寄存器、指令译码器、操作控制器等组成。计算机工作时，把指令计数器中存放的值视为下一条要执行的指令的存放地址，控制单元会根据这个地址到内存中读取出一串由 01 组成的二进制数，这实际上是人们事先约定的、能完成某个工作的一条指令。读取的指令（二进制数形式）存放在指令寄存器中，由指令译码器将该指令变换为控制计算机完成任务的操作序列，之后通过操作控制器，按确定的时（间顺）序控制计算机的相应部件执行相应的操作，从而完成一条指令的执行。控制单元的指令计数器的值会在执行一条指令时自动加 1，即自动变为程序代码中紧邻的下一条指令的地址。控制单元如此周而复始地工作，从而按照指令在程序中出现的顺序依次执行，最终完成整个工作。控制单元从程序中读取并执行指令的动作是自动连续进行的，直到程序执行结束。如果需要打破这种按程序中代码出现的先后顺序执行的顺序，可以把指令设为跳转指令，执行跳转指令时，就将跳转到的目标指令代码的地址存入指令计数器，而不再自动加 1。这样当执行跳转指令之后，根据指令计数器的值，可以直接定位到要跳转的指令读取它。

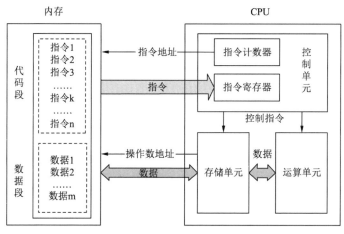

图1-2　CPU的结构及计算机工作流程

（2）运算单元是 CPU 的运算中心，计算机依赖运算单元完成两种运算，即算术运算（加减乘除）和逻辑运算（与或非）。一切信息，无论声音、图像、文字，在计算机内部均使用二进制数表示，计算机对任何信息的处理，都被归结为一系列的算术运算和逻辑运算。即不管让计算机做什么事情，事情的处理过程都被转化为一系列的运算，交由运算单元处理。另一方面，针对二进制数的加减乘除算术运算和与或非逻辑运算，都可以简化为一系列的加法运算和移位操作。因此，运算单元的核心部件实际上主要是加法器。这个工作原理告诉人们，所谓编程，实质上是考虑如何根据待处理问题的解决方法，转化为一系列的计算过程。

（3）存储单元是 CPU 内设置的高速缓冲存储器（Cache，简称缓存，通常分为 3 级）和寄存器。存储单元是 CPU 用来暂时存放数据的地方，里面保存着等待处理的数据，或已经处理过但下一步的运算可能还需要使用的中间过程数据。CPU 的主要功能是计算和控制，没有必要存储大量的数据，考虑到 CPU 芯片的体积、功耗、散热，CPU 中的存储单元不能设置太多。但是，因为内存的读写速度远远低于 CPU 的运算速度，如果 CPU 为读取待操作数据而频繁访问内存，会因内存速度低而拖慢 CPU 的处理速度。CPU 内设置的缓存,其读写速度接近 CPU 的运算速度，因此，若在 CPU 中设置小容量的缓存，在不明显增大 CPU 芯片体积的情况下，可用于缓冲存放从内存读出的一部分数据。然后使用适当的调度算法，可以有效减少 CPU 到内存中读、写数据的次数，从而减少程序的运行时间。假设程序中有块数据需要被 CPU 使用 100 次，则有了缓存之后，CPU 只需从内存中读取一次该数据存入缓存，之后的 99 次计算，CPU 都直接从速度较快的缓存中读取，而不需要再到速度较慢的内存中去读取这块数据，这显然会节省不少时间。

CPU 中的存储单元还包括若干个寄存器。寄存器主要是临时存储数据的，例如 AX、BX、CX、DX 等，用来配合指令完成数据的转移、计算，使用汇编语言编程时会频繁使用。也有几个特殊的寄存器用来存储和指令有关的信息，如上面介绍的指令计数器，用来存储下一条要执行指令的（在内存中的存放）地址。程序计数器这种寄存器对编程者来说是透明的，编程时程序员无须考虑如何给这些寄存器赋值、如何读取其值。

可将冯·诺依曼设计的计算机硬件框架进一步简化，形成计算机的三级存储结构，如图 1-3 所示，该图也说明了计算机的工作流程。

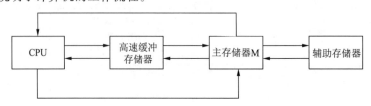

图1-3　计算机的三级存储结构示意图

计算机采用的三级存储结构由高速缓冲存储器、主（内）存储器、辅助存储器组成。高速缓冲存储器，是 CPU 中用来暂存数据的存储器，容量小，读写数据的速度最快。主存储器即是通常说的内存，安装在计算机的主板上，容量稍大，读写数据的速度低于 Cache，但仍属于较快范围。辅助存储器即硬盘、U 盘、光盘这些外置的存储设备，其存储容量可以通过增加外存设备而增大，数据读写速度最慢。

根据计算机的硬件结构和三级存储结构，计算机的工作流程如下所述。

（1）计算机工作，必须安装操作系统软件，该软件起到管理控制计算机软件和硬件的作用。操作系统需安装在硬盘中，保证在不通电的情况下一直存在。安装操作系统的硬盘称为启动盘。

（2）计算机启动顺序。

① 按计算机电源按钮，给计算机通电，自动启动固化在主板中的 BIOS 程序。

② BIOS 程序启动，对内存等周边硬件设备进行检查，并初始化。若发现内存条未插入或者插槽损坏，则发出报警声，并终止计算机的启动。

③ BIOS 程序对周边设备自检通过后，会自动读取启动盘中的操作系统软件到内存。操作系统开始运行，接管对计算机软件、硬件的控制权，至此计算机启动完成，接下来操作系统一直运行并进行基础管理工作，直到用户关机断电。用户在操作系统正常运行的情况下，可以安装软件，也可以使用键盘来输入字符信息，或者查看硬盘里存储的文件等操作，这些操作属于基础操作。

（3）运行用户程序流程。

如果用户需要做某种专门的工作，比如听音乐，要运行播放音乐的应用软件。首先，用户双击该应用软件图标，告知操作系统要运行被双击的应用软件，操作系统通知 CPU，将该软件的程序代码从存储位置（一般是硬盘）读入到内存中开始运行。然后，由 CPU 的控制单元，自动连续地从内存中存储的程序中读取指令代码，交由 CPU 的指令译码电路进行译码，并对相关的部件发出操作要求信号。最后，相关部件根据操作要求信号，执行相应动作，完成操作。

1.1.2 程序和程序设计基本概念

学习程序设计的目的有两个：一是学习用计算机解决问题的思路和方法，即建立起基本的计算思维，也就是学会从计算机工作原理的角度，思考如何解决具体的问题；二是通过运行所编写的程序，控制计算机为人们解决实际问题。计算机具有处理速度快、能自动连续运行的优势，如果很多工作都能通过编写的程序控制计算机来完成，计算机将成为人们工作生活中的有力工具。

要学习程序设计，先要理解几个概念：计算机语言、程序、程序设计。

计算机语言，就是程序设计语言、编程语言。语言是用来交流沟通的，比如人和人之间沟通所使用的文字，称为自然语言，如汉语、英语等。语言由词汇和语法组成，沟通者双方都需要知道词汇的含义，并遵从语法规定使用词汇表达自己的意图。现在，人要让计算机替人做工作，也需要人和计算机之间进行人机沟通。人作为使用者需要告诉计算机怎么做事，至少要告诉计算机做什么事。人和计算机沟通所使用的语言，称为计算机语言，这个语言需要使用计算机的人（指编写程序的程序员，普通的计算机使用者通过应用软件来操控计算机，并不需要知道计算机语言）和计算机都懂才可以进行交流，而交流的形式，是程序员使用计算机语言编写出指令序列，然后交给计算机执行。把程序员使用计算机语言编写出的、用来控制计算机解决某一问题的指令序列称为程序。

程序设计语言提供了向计算机描述数据与控制计算机处理数据的功能，规定了一套语法规范，要求程序员按照语言的语法规范进行程序编写。所谓程序设计，就是程序员针对要计算机解决的问题，依据计算机硬件结构的工作原理，设计出解决问题的方法（即算法），并分解为具体的、计算机可以执行的一系列步骤。然后再把这个解决问题的步骤序列，用程序设计语言写出对应的指令代码（可称为语句），这个指令代码序列即所谓程序。程序中的每条语句都是计算机能理解并可以通过 CPU 计算和控制执行的。体现问题解决步骤的程序执行过程，实际上是按照编程者的意图，交由计算机自动连续进行处理的过程。

人们通过编程要借助计算机解决的问题种类繁多，可以把所有问题都简化为一个处理数据的过程。这样，程序就可以看作由指令和待处理的数据组成。根据计算机的组成结构和工作原理，程序的执行过程如图 1-4 所示。首先，程序员编写程序代码，形成程序文件，由计算机将程序文件读入内存；然后，由 CPU 的控制器自动连续地从内存中读取程序文件中的指令代码（也可能是要处理的数据）到 CPU 中；最后，CPU 按指令代码规定的动作进行数据处理，也就是执行程序。

为了让计算机能够更好地为人们解决不同的具体问题，需要进行程序设计，也就是要通过程序告诉计算机要解决什么问题，怎么解决这个问题。程序设计就是通常所说的编写程序，编程就像人们写文章，作者通过文字语言与阅读者交流，编程是通过计算机语言编写程序实现使用者和计算机的信息交流。由于计算机不能理解人类的自然语言，所以不能用自然语言编写程序，只能使用专门的程序设计语言来编写。

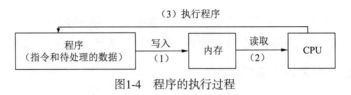

图1-4 程序的执行过程

1.1.3 程序设计语言的发展

计算机程序设计语言的发展,经历了从机器语言、汇编语言到高级编程语言的过程。

1. 机器语言

机器语言是指由若干条指令组成的计算机指令集。其优势是计算机能直接识别并执行,劣势是编程者需要熟记指令集中非常多的指令代码,而且这些指令代码都是由0、1这两个二进制数码组合而成,长度不一定相同。比如00000011代表"加"指令。指令代码和要实现的功能的对应关系由人们约定,不便记忆,容易书写错误且不容易被发现。而且指令集与计算机的硬件有关,根据某个品牌的CPU编写的代码,放到其他不同品牌CPU的计算机上,因为二者指令集不一定是相同的,所以不一定能正常执行,即使用机器语言编写的程序可移植性不强。直接使用机器语言编程,对编程者的知识和技术要求较高,编程者的工作量太大,不适合为数众多的普通程序员编写大型的软件。

2. 汇编语言

汇编语言对机器语言做了改进,使用助记符代替机器指令。助记符是指帮助记忆机器指令的符号,用一些简洁的英文字母、符号串来替代一个特殊指令的二进制串,比如,用ADD代表加法,MOV代表数据传递等。如指令ADD AX,BX,代表将寄存器AX和寄存器BX中的数进行加运算,并将所求的和存入AX中。这里,AX和BX是CPU中两个用来存储数据的寄存器。按照这种约定,指令MOV AX,BX的含义仅从字面不难理解,就是将BX中的数据"传递"到AX中。汇编语言的助记符,把机器指令中的枯燥、规律性不明显的01数字串变得更接近人类的自然语言,这样,人们就可以比较容易读懂程序中的指令代码,便于纠错及维护。

汇编语言对机器指令进行了集成和优化处理,即完成某个基础操作,需要多条机器指令依次执行。汇编语言将其集成为一条助记符指令,编程者不需要再考虑该操作完成所需要的实现过程和执行细节,使得编程者可以只关注要实现什么功能,而不必再考虑如何一步步地通过机器指令实现这个功能,减轻了编程的工作量和对程序员高深的技术要求。汇编语言编写偏于计算机硬件操控的底层程序,但是编写应用层程序并不方便,因此本书不对其做过多介绍。

3. 高级编程语言

众多的编程者在使用机器语言、汇编语言编程时,存在着或多或少的麻烦,甚至是无法克服的困难。人们希望编程也能大众化,即要进一步减少编程者对指令的记忆量,特别是要进一步提高指令的集成度,使得许多包含较多操作步骤的功能变成只有一条语句即可完成的基本功能,对大众忽略计算机实现该功能的具体细节。遵循此种编程思想,能使普通大众较轻松地成为编程者的高级编程语言出现了,并且发展迅速。

高级编程语言接近于人类自然语言，有了高级编程语言，编写程序变得像写文章一样，只不过所写的这个文章（程序）由一系列需要连续执行的命令组成，编程者通过程序告诉计算机做什么事和怎么做事。因为高级编程语言的语法类似人类自然语言，实际上是自然语言的简化，因此编程者编写程序的过程变得简单自然。但是使用高级编程语言写出来的程序代码，计算机是不能识别的，还需要一个翻译，即编译程序，将用符号写出的程序代码翻译成二进制数表示的指令代码，计算机才能执行。

例如，下面的程序代码段的每一条语句，初学者也都能从字面意义上容易"猜"到其功能。

```
int a;                  //告诉计算机，在内存中分配1个存储空间，命名为a，可用于存储一个整数
//命令计算机接收用户通过键盘输入的一个整数，放到内存中名为a的存储空间里
scanf("%d", &a);
if(a<0)
    printf("你输入的是一个负数");
else
    printf("你输入的是一个非负数");
```

程序说明：

执行这段代码，首先计算机在内存中分配 1 个能存储整数的存储空间命名为 a；然后接收用户使用键盘输入的数字符号，并把这个数字符号视为整数，存入名为 a 的存储空间；最后进行判断：如果 a<0 成立，在屏幕上显示"你输入的是一个负数"，否则，显示"你输入的是一个非负数"。

从这个例子可以看出，编程就是使用程序设计语言的关键字，按照语法规定书写的一段代码，通过这一行一行的代码，告诉计算机怎么做一件事。高级程序设计语言的语法规定、关键字非常接近人类的自然语言，编程思路犹如人与机器之间的对话，便于初学者接受。

4. 应用面较广的高级语言简介

高级程序设计语言有很多种，如 C、Java、C++、Objective-C、C#、PHP、Python、JavaScript 等。它们的功能相同，都是用于编写程序，但针对所要编写的程序类型不同。它们各有所长，比如有的适合开发网站，有的适合编写应用程序，有的在编写大型软件时方便可靠。如果要成为一个软件开发工程师，需要根据个人的开发领域，精通一门编程语言。当然，所有编程语言的语法规定是大致相同的，设计程序的思想方法都是一样的，学会一门编程语言，再学习其他编程语言，可以很快地触类旁通。

本书要介绍的 C 语言是一门应用广泛的计算机高级编程语言。C 语言有如下特点：编译方式简易、能直接操控计算机的底层设备、对操作系统提供的运行环境没有过多要求，在多种操作系统下都能运行。

C 语言被视为面向过程的高级编程语言代表，其编程思想主要体现在对处理过程的精细描述。使用 C 语言编程，要完成一个功能，需要一个步骤一个步骤地把整个处理过程编写出来，显得步骤啰唆，功能代码过于单一，集成度不高。这对编程者而言，编写程序需要深入到具体步骤，要考虑的实现细节较多，编写大型软件时工作量太大。而以 C++为代表的面向对象编程语言，既可以进行类似 C 语言的过程化程序设计，又可以进行以抽象数据类型为特点的基于对象的程序设计，还可以进行以继承和多态为特点的面向对象的程序设计，这大大方便了编程者。

学好了本书的 C 语言，向 C++过渡是轻而易举的事情。

Objective-C 是扩充 C 功能的一种面向对象编程语言，主要用于编写运行在 iOS 操作系统之上的应用程序。iOS 是苹果系列终端设备专属的操作系统。

Java 语言具有简单性、面向对象、分布式、健壮性、安全性、平台独立与可移植性、多线程、动态性等特点，Java 可以编写桌面应用程序、Web 应用程序、分布式系统和嵌入式系统应用程序等。

C#（#读作 sharp）是一种由 C 和 C++衍生出来的面向对象的编程语言。C#在继承 C 和 C++强大功能的同时去掉了一些它们的复杂特性。C#具有可视化操作界面，能开发多种界面、多种类型的程序，功能强大。集成了较多的编辑工具，代码书写较为智能化。

Python 是一种面向对象的、解释型编程语言，代码简洁、易读，适合工程技术、科研人员处理实验数据、制作图表。Python 活跃于各个领域，可谓无所不能，用户甚多。

PHP（超文本预处理器）是一种开源脚本语言，吸收了 C 语言、Java 和 Perl 的特点，主要适用于 Web 开发领域。PHP 的动态网页设计思想是将程序嵌入 HTML 文档中去执行，执行效率比完全生成 HTML 标记的 CGI 要高许多。PHP 还可以执行编译后的代码，编译可以达到加密和优化代码运行，使代码运行更快。

JavaScript 是一种直译式脚本语言，它的解释器被称为 JavaScript 引擎，为浏览器的一部分，广泛用于客户端页面功能设计的脚本语言。

可以把本书要介绍的 C 语言看作一种简单的编程入门语言。C 语言的结构化编程思想，与人们思考问题的方法一致，容易理解接受。语法规则少，利于初学者迅速入门，学会编写一些短小的程序去解决问题。功能很强大，读者在深入学习之后，可以编写出功能强大的软件。更吸引人的是，学会了 C 语言的编程方法，可助力形成编程思想，明晰编程"套路"，如果需要再学习使用其他的编程语言，都能很容易轻松掌握。

1.2　C 语言的发展史及其特点

1.2.1　C 语言的发展史

C 语言原型是 1960 年出现的 ALGOL 60 语言（A 语言）。和最早应用的汇编语言相比，A 语言所使用的代码关键字，多是直接取自人类自然语言中的词汇。比如用关键字"if"表示"如果"用来书写选择语句，因此可读性较好。但 A 语言操控底层硬件的能力弱，不适合编写系统程序，这方面能力不如汇编语言。

1963 年，剑桥大学将 ALGOL 60 语言发展成为 CPL（Combined Programming Language）语言，CPL 更接近硬件一些，但仍不能令人满意。之后，剑桥大学的 Matin Richards 对 CPL 语言进行了简化，产生了 BCPL 语言。

1970 年，美国贝尔实验室的 Ken Thompson 将 BCPL 进行了修改，并为它起了一个有趣的名字"B 语言"，意思是将 CPL 语言煮干，提炼出它的精华。并且他用 B 语言写了第一个 UNIX 操作系统。但 B 语言过于简单，功能有限，连数据类型的概念都没有提出。

1973 年，贝尔实验室的 Dennis M.Ritchie 在 B 语言的基础上设计出了一种新的语言，这就是 C 语言。C 语言语法精练，引入指针概念，可以操控底层硬件设备，特别是增加了 B 语言没有提及的数据类型，结构化更强。

C 语言最初工作在 DOS 操作系统之上，随着 Windows、UNIX 等操作系统的兴起，C 语言也开始关注跨平台应用。1977 年 Dennis M.Ritchie 发表了不依赖于具体机器系统的 C 语言编译文本《可移植 C 语言编译程序》。1978 年 Brian W.Kernighian 和 Dennis M.Ritchie 出版了名著 *The C Programming Language*，简称为 K&R，也有人称为 K&R 标准。但在 K&R 中并没有定义一个完整的标准 C 语言。

随着微型计算机的日益普及，出现了许多 C 语言版本。由于没有统一的标准，使得这些 C 语言之间出现了一些不一致的地方。为了改变这种情况，1983 年美国国家标准化协会（American National Standards Institute）制定了一个 C 语言标准，简称 ANSI C。1989 年这个标准正式被批准为 ANSX3.159-1989，一年以后，该标准被 ISO（国际标准化组织）接收为 ISO/IEC 9899-1990，简称 C89 标准。从而使 C 语言成为目前世界上使用最广泛的高级程序设计语言。

自 1989 年至今 30 多年来，C 语言发展迅速，因为它的强大功能，备受编程人员喜欢，在 IEEE Spectrum 发布的每年度编程语言排行榜（TIOBE）中一直位列前三。许多著名的系统软件都是由 C 语言编写的。C 语言可以和汇编语言相互调用，使得 C 语言更具有对计算机底层硬件进行操控的便利，在编写诸如驱动程序之类的程序方面，有极大优势。

1.2.2 C语言的特点

C 语言具有如下特点。

（1）是一种结构化程序设计语言，以模块化的思想搭建程序，符合人类思维习惯。

（2）简洁、紧凑。C 语言只有 32 个关键字、9 种控制语句，程序书写形式自由，相比其他编程语言，使用 C 语言编写的程序源代码相对较短，这样输入程序源代码时工作量较少。

（3）语法上接近自然语言，易学易用，又具有像汇编语言那样能直接操控底层硬件的功能，比如允许直接按地址访问内存或端口，能进行位（bit）运算等，这使其能编写操控底层硬件的程序。

（4）提供的运算符丰富、强大，引入范围宽广的"表达式"概念，即把凡是由运算符连起来的式子都可以看作表达式。这样，C 语言能灵活使用各种运算符可以构建或简或繁的表达式，实现利用其他编程语言难以实现的运算。

（5）提供的数据类型丰富，能用来描述各种复杂的数据，具有很强的数据处理能力。引入了"指针"，编写的程序效率更高，具有独特的特点。另外 C 语言具有强大的图形功能。

（6）编译生成的可执行程序代码质量高。C 语言代码效率只比汇编语言代码效率低 10%~20%，是开发系统软件和应用软件比较理想的工具。

（7）编写的程序可移植性好。C 程序本身不依赖于机器硬件系统，从而便于在硬件结构不同的机器间和各种操作系统中实现程序的移植。

（8）编程灵活。要实现任意一个功能，都能写出多种实现代码。比如选择结构，可以使用

if...else 语句，也可以使用 switch 语句。对于循环结构，可以在 while 语句、for 语句中相互替换。将指针变量与数组变量结合之后，可以以指针变量的方式访问数组元素。

对编写操作系统、应用软件，以及需要对硬件进行操作的场合，用 C 语言明显优于其他高级编程语言。许多操控硬件的应用软件、驱动程序等，多是用 C 语言编写的。C 语言在数值计算方面更是有着很高的性能和广泛的应用。

1.3　C程序的集成开发环境介绍

使用 C 语言编写程序的基本流程如图 1-5 所示。

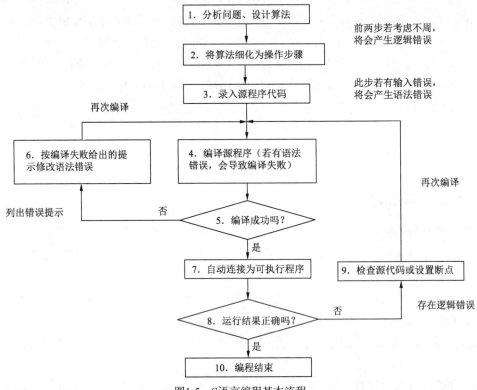

图1-5　C语言编程基本流程

和其他编程语言一样，使用 C 语言编写程序时，遵循如下基本步骤。

（1）首先对问题进行分析，找出解决办法，即设计解决问题的算法。

（2）把算法细化为若干个步骤，每个步骤规定的操作计算机都可以执行。使用编程语言把这些步骤"翻译"成程序的语句序列，得到程序的源代码。

（3）使用编程语言提供的程序开发工具（多是一个集成开发环境），首先完成源代码的录入，然后需要将计算机不能直接读懂的源代码编译成可执行文件。如果程序中存在语法错误，则编译失败并给出出错提示，修改后再进行编译，直到没有语法错误方可编译通过。

（4）如果调用了系统函数或者存在于其他头文件中的库函数，则还需要进行连接。源代码通过了编译、连接，最后才能生成一个可执行文件。

编写程序时，会出现两种错误：一种是语法错误，一种是逻辑错误。这两种错误都必须排除，才能得到一个运行正确的程序。

图 1-5 中，第 1、2 两步是开始编程的前提，若算法设计考虑不周或者设计出错时，会造成逻辑错误。当编程者对某些关键符号输入错误，如将 5+3 误输为 5－3，if(a==2)误输为 if(a=2)，这也会造成逻辑错误。具有逻辑错误的程序依然能正常运行，逻辑错误只有在图 1-5 中第 8 步运行程序之后，发现结果与预期不同时才会暴露，并且出错位置查找起来比较困难，尤其若是因为算法设计不周而出现的逻辑错误，基本上整个程序设计需要返工重来。根据逻辑错误排查情况，可能需要多次重复进行 4→5→7→8→9→4 操作，直到运行程序能得到正确（预期）结果，这一过程称为"程序调试"。

程序的语法错误主要发生在图 1-5 的第 3 步，编程者在录入程序代码时，由于关键字录入错误而致。比如将控制循环的关键字 while 输入为 whiel；或者关键字与标识符之间没有输入空格符隔开，将 int a;错输入为 inta;；或者把半角字符输入为全角字符。源代码若出现了此类错误，会在第 4 步编译时造成编译器对关键字的识别错误，从而编译失败。当出现语法错误时，编程者需要多次重复进行 4→5→6→4 操作，直到源代码能被编译成功。

在编写程序的这些步骤中，设计出正确算法是开始编程的前提，算法设计完成并细化为操作步骤之后，就可以编写源代码了。源代码由不带格式的文本字符组成。源代码中的字符全部应是 ASCII 半角字符，汉字只能用于书写注释或者当作所要输出的内容，全角字符会被视为汉字，也是不能出现在源程序的执行代码语句中。编写源代码所依据的语法规则和所用到的词汇（关键字）与自然语言类似，人可以阅读并理解，但计算机并不能直接识别执行，还需要使用编译器将其编译、连接成二进制形式的机器指令代码，才能交由计算机运行。

源代码录入完毕，之后的编译、连接工作由 C 语言系统提供的编译器完成，编程者一键操作而已，没有什么工作量。录入、编辑源代码是重要的、工作量最大的工作，源代码目前还是靠编程者键盘输入，当代码量大时容易出现输入错误。源代码是由字符组成的文本文件，当然使用"记事本"程序软件也可以录入和编辑源代码。但是，因为记事本这样简单的文本编辑软件功能所限，输入错误的概率会更大。如果有一个界面美观的编辑器能自动规范所输入的代码格式、自动排查误输入造成的语法错误、半自动化地帮助编程者完成代码输入，将为编程带来更高的编写效率，减轻代码输入的工作量。

另一方面，即便源代码输入无误，程序也可能存在设计上的逻辑错误，而存在逻辑错误的程序往往需要多次调试。因此，编程者希望有一个能集成源代码录入、编译连接、执行程序的开发工具软件，方便编程者对源代码进行编辑、编译、调试、运行、项目管理等工作，这就是集成开发环境。

集成开发环境（Integrated Development Environment，IDE）是一个便于编程者进行程序开发的应用程序，通常会集成代码编辑器、编译器、调试工具，是源代码录入、编辑、语法分析、调试跟踪、编译、连接等功能一体化的工具软件。IDE 通常会提供一个友好的图形界面，帮助编程者录入程序代码。这里说的"友好"是提供便捷的意思，比如关键字的自动联想录入功能，可以让编程者只录入关键字的前几个字符情况下自动补全后续字符，既减轻了编程者记忆大量关键字的压力，又能减少字符键入，省时省力。还有自动配对录入功能，比如在输入一个左括号"("，自动配对输入右括号")"，既快又能避免括号不配对的语法错误。其次，提供程序调试功能，能提示系统预估的出错位置（不一定准确），也可以设置断点，将原本自动连续运行的程序强制在断点处中断，以便查看中间状态的各个值，借以分析查找程序出现的逻辑错误。最后，当源代码中没有语法错误时，单击菜单中的"运行"菜单项，即可自动地将源代码编译、连接成可执行程序并运行。现在的 IDE 还普遍提供"发布"程序功能，为开发的软件制作安装程序。

为方便编程者，人们开发了许多 IDE，这些 IDE 各有吸引用户使用的优势，都提供可视化的界面和自动补全代码、自动格式化代码等功能。一般一个集成开发环境主要适用于一种编程语言，但目前，能同时提供多种编程语言开发服务的 IDE 也越来越多。对于流行度大的编程语言，往往有多个为其服务的 IDE。比如本书介绍的 C 语言，就有多种适用的 IDE，常用的有 Dev C++、Visual Studio、Visual C++等。

1.3.1 Dev C++环境下开发C程序

Dev C++（Dev-Cpp）是一个 Windows 环境下的轻量级 C/C++ 集成开发环境（IDE），其内置的是 GCC 编译器。使用 Dev C++平台开发 C 语言程序的主要步骤如下。

1. 安装 Dev C++

从网上下载 Dev C++免费安装软件，本书使用的编译器是 Dev-Cpp_5.11 版本。双击运行安装文件，比如 Dev-Cpp_5.11_TDM-GCC，按屏幕上的提示进行安装即可。安装过程中只需选择一些菜单显示语言，若用户在安装过程中不做这个选择，也会按默认的 English 语言完成安装。安装完成后，用户可以根据自己的情况，再选择菜单语言、源代码编辑默认格式，比如关键字高亮显示、字体大小等。

2. 运行 Dev C++

安装好 Dev C++后，可以通过 Windows 开始菜单中的程序子菜单找到 Dev C++的启动菜单项，单击即可启动，启动主界面如图 1-6 所示。

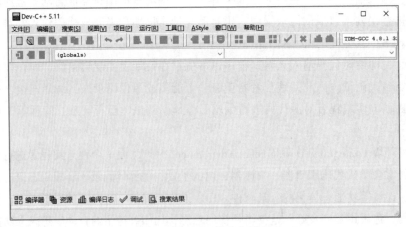

图1-6　Dev C++启动主界面

3. 新建源代码文件

如果编程者所编写的程序较为简单，即可以将所有的代码都放到一个源代码文件中。此时，推荐使用新建源代码的方式。这种方式只会产生 C 程序文件源代码（扩展名为.c）、编译和连接成功的可执行文件（扩展名为.exe）各一个。所生成的可执行文件无须安装，可以在 Windows 操作系统下直接运行。文件组成简单、关系一目了然，初学者在实现本书的例子、习题时，使用这种方式新建源代码文件已经足够。

打开 Dev C++后，依次单击"文件|新建|源代码"菜单项，即可新建源代码文件，如图 1-7 所示。

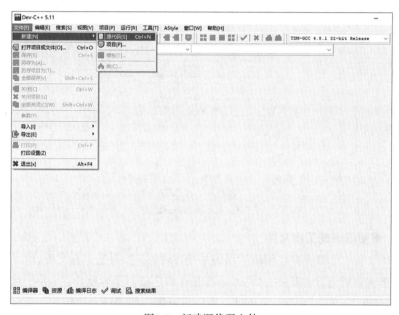

图1-7　新建源代码文件

4. 新建一个工程

如果编程者所编写的程序较为复杂，包含的功能较多时，不能将所有代码都写在一个源代码文件中，这样不仅打开缓慢，开发和维护也会极为困难。此时，可以创建一个"工程"或"项目"，将不同功能写入不同的源代码文件，并保存到一个专门的工程文件夹，实现快捷管理。一个工程可以包含多个文件，但这多个文件中，只能有一个文件含有 main()函数。

新建工程时，依次单击 Dev C++的"文件|新建|项目"菜单项，弹出"新项目"对话框，如图 1-8 所示。本书只通过 Console Application（控制台应用）类型的工程演示程序的开发。这里所说的"工程"，读者可简单理解为要编写的"程序"。选择"C 项目"，在下部的"名称"文本框中输入工程的名称，单击"确定"按钮，根据提示在需要的位置保存新建的工程，推荐做法是将每个工程保存在一个单独的文件夹（可以创建一个与工程同名的文件夹）中。此时 Dev C++在工作区中显示新建的工程，工程中具有一个源程序文件 main.c（主函数文件），main.c 文件中包含一个简单但是完整的 C 语言源程序，如图 1-9 所示。

图1-8 "新项目"对话框

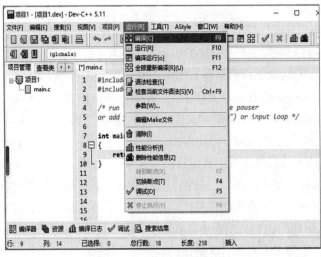

图1-9 C工程main.c文件

5. 编译、连接程序或工程文件

单个源代码文件，可以直接在编辑界面编写程序代码。如果是工程文件，可以在 main.c 主函数文件基础上编辑或修改源程序。Dev C++将编译和连接两个步骤合二为一，编辑完毕后，依次单击 Dev C++的"运行｜编译"菜单项，即完成源程序的编译和连接工作，也可以通过工具栏上的相应快捷按钮或者按【F9】键实现，如图 1-10 所示。

图1-10 程序的编译和连接

编译完成后，打开源程序文件保存目录，会看到多了一个名为*.exe 的文件，即为最终生成的可执行文件。编译过程中产生的目标文件在连接完成后被删除，所以看不到。

6. 运行程序

当编译、连接都正确完成后，依次单击 Dev C++的"运行｜运行"菜单项，即可运行刚生成的应用程序，Dev C++将会生成一个对应的进程和一个运行窗口，在运行窗口中可看到程序运行输出到屏幕上的信息。也可以依次单击"运行｜编译运行"菜单项或者直接按【F11】键，一键完成源程序编译、连接及运行程序的全过程，如图 1-11 所示。

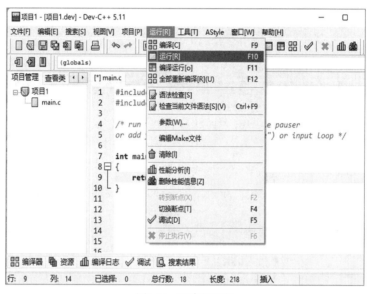

图1-11　程序的运行

1.3.2　Visual C++环境下开发C程序

Visual C++是 Microsoft 公司推出的运行在 Windows 操作系统中的交互式、可视化集成开发软件，集程序的编辑、编译、连接、运行等功能于一体，为编程者提供了一个既完整又方便的开发平台。它不仅支持 C 语言，也支持 C++语言，是 C 语言和 C++语言的集成开发环境。下面简单介绍在 Visual C++ 2010 环境下开发 C 语言程序的过程。

1. 安装 Visual C++

从网上下载 Visual C++免费安装软件，本书使用的编译器是 Visual C++ 2010 学习版。双击运行安装文件 setup.exe，按屏幕上的提示进行安装即可。安装过程中可以更改安装路径。安装完成后，有时会要求用户联网获取激活码，用户可通过网络查询激活码并输入即可。

2. 运行 Visual C++

安装好 Visual C++ 2010 后，桌面上会出现 Visual C++ 2010 软件快捷方式，双击即可启动。如果没有出现，可以通过 Windows 开始菜单中的程序子菜单找到 Visual C++ 2010 的启动菜单项，单击即可启动，启动主界面如图 1-12 所示。

图1-12　Visual C++ 2010启动主界面

3. 新建 C 源程序文件

（1）打开 Visual C++后，进入界面，依次单击"文件｜新建｜项目"菜单项，或直接单击起始页中的"新建项目"按钮，弹出"新建项目"对话框，如图 1-13 所示。

图1-13　"新建项目"对话框

（2）在图 1-13 所示的"新建项目"对话框中，首先选择"Visual C++"模板中的"Win32 控制台应用程序"选项；然后在下方输入"名称"，即 C 语言程序工程名称，比如 exp01；接着选择保存位置，可以是默认位置，也可以是自定义文件夹。"解决方案名称"与"名称"的命名保持一致，最后单击"确定"按钮。

（3）打开"Win32 应用程序向导"对话框，单击"下一步"按钮，设置"应用程序类型"和"附加选项"分别为"控制台应用程序"和"空项目"，如图 1-14 所示，单击"完成"按钮。

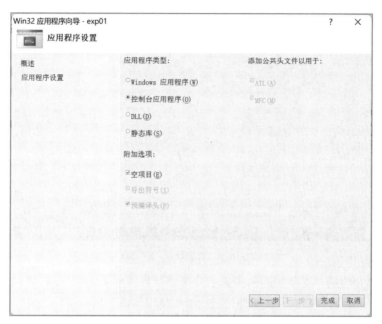

图1-14 "Win32控制台应用程序向导"对话框

（4）上述操作结束后出现项目编辑界面，开始创建 C 源程序文件，右击项目中的"源文件"，依次单击"添加 | 新建项"菜单项，如图 1-15 所示。

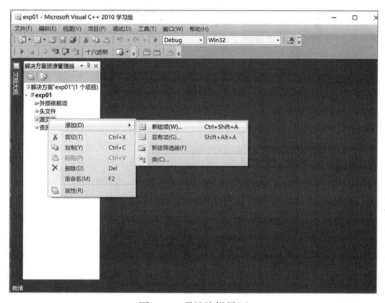

图1-15 项目编辑界面

（5）执行第（4）步操作后，出现"添加新项"对话框，在对话框窗口中选择"C++文件（.cpp）"选项，在下方输入名称，名称可以和工程名称一致，也可以不一致，并且扩展名应为.c，比如 exp01.c，否则将默认扩展名为.cpp（.cpp 为 C++文件），如图 1-16 所示。

图1-16 "添加新项"对话框

单击图1-16下方的"添加"按钮,C源程序文件就创建成功,新建文件界面如图1-17所示,编程者直接在编辑区编写C程序代码即可,此时可使用"Ctrl+鼠标滚轮"的方式放大或缩小代码文字。

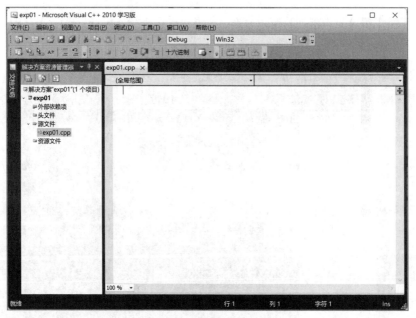

图1-17 新建文件界面

4.编译、连接程序

源程序代码编辑完成,就可以把源程序文件交给编译器进行编译了,编译完之后再交给连接器生成一个可以执行的程序。在Visual C++的工具栏空白处右击,选择"生成"菜单项,工具栏中会添加一个"生成"工具栏,如图1-18所示,用来让编译器和连接器完成编译连接工作。

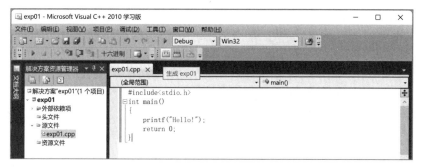

图1-18 "生成"工具栏

"生成"工具栏上常使用的有"生成解决方案"和"生成**"两个按钮,单击相应按钮即可完成对应编译连接工作。"生成解决方案"就是编译连接之后,生成该解决方案下的所有项目。"生成**",**表示项目名称,比如"生成 exp01",只对 exp01 项目进行编译连接,生成可执行程序。如果解决方案中只有一个项目,"生成解决方案"和"生成 exp01"两个按钮功能是一样的,也可使用快捷键【Ctrl+Alt+F7】实现编译连接,如图 1-19 所示。

图1-19 程序的编译连接

编译连接输出的报告在"输出"子窗口中,如图 1-19 下方,此报告显示编译连接是否成功。如果所写代码正确无误,编译连接成功,则生成可执行程序,名字为"exp01.exe",保存在与源程序文件相同的路径目录下。若编译失败,则在输出窗口中显示报错信息,双击错误提示行,光标将定位到源程序出错行。此时,需要检查标记所在行附近的程序代码,找出错误原因并改正,然后再进行编译。若再出现错误,再修改编译,直到编译通过为止。

5.运行程序

可执行程序生成好以后,即可运行程序,并查看运行结果。

单击"生成"工具栏右侧下拉按钮,选择"添加或移除按钮 | 自定义"选项,如图 1-20 所示。

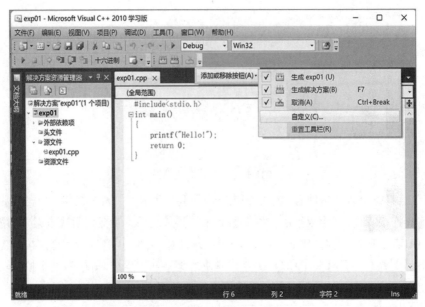

图1-20 添加"自定义"按钮

打开"自定义"对话框的"命令"选项卡,单击"添加命令"按钮,弹出"添加命令"对话框,在左侧选择"调试"类别,在右侧选择"开始执行(不调试)"命令,如图 1-21 所示。此时,在"生成"工具栏中就添加了一个"开始执行"按钮,如图 1-22 所示。单击"开始执行"按钮或快捷键【Ctrl+F5】即可运行程序,查看运行结果。

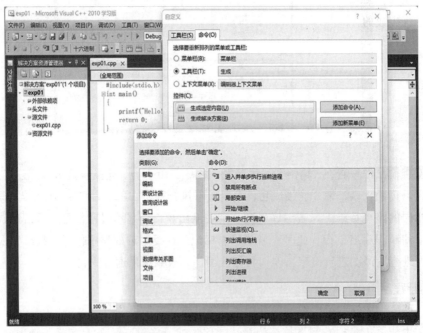

图1-21 "添加命令"对话框

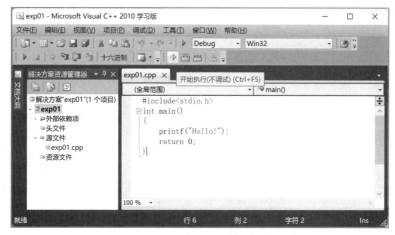

图1-22 程序的运行

1.3.3 UNIX/Linux系统中使用 GCC编译器开发C程序

在 UNIX/Linux 系统中，常用 GNU C 编译器 GCC。

（1）使用自己熟悉的文本编辑器，录入、编辑 C 源程序。

（2）使用 GCC 编译器在命令行上对源程序文件进行编译连接。GCC 编译器编译连接 C 程序的命令格式为：gcc –o 可执行程序文件名 C 语言源程序文件名。

例如，假设 C 语言源程序文件名为 test.c，希望最终生成的可执行程序文件名为 test，则运行的编译命令为：gcc –o test test.c。

（3）运行生成的可执行文件，查看运行结果。

1.4 用C语言编写的简单程序

C 语言只是一个编程工具，人们使用 C 语言，目的是编写程序。下面通过几个程序实例，认识使用 C 语言编写的程序的基本框架。为了叙述方便，下文把"使用 C 语言编写的程序"简称为"C 程序"，但请注意，"C 语言"与"C 程序"是两个不同的概念。

1.4.1 C语言的编程思想

为了说明 C 程序的结构特点，先看以下几个程序代码。这几个程序由简到难，展现了简单的 C 程序文件在组成结构上的特点。虽然程序中涉及的 C 语言语法规则等内容还未介绍，但本节的目的旨在从这些例子中初步了解组成一个 C 程序的基本结构。

【例 1.1】在计算机显示器上，显示一个用字符*拼出的花瓶形状。

```
#include <stdio.h>      //包含标准输入/输出头文件stdio.h
main( )                 //主函数
{
    printf("    *   *\n");
    printf("    *   *\n");
    printf("    *   *\n");
    printf("   *     *\n");
```

```
        printf("  *      *\n");
        printf("   *    *\n");
        printf("    **** \n");
}
```

运行结果如图1-23所示。

例1.1展示了一个最简单的C程序结构,整个程序只由一个主函数main()组成。main()及其后一对大括号{}包围起来的内容称为主函数。本例中main()函数的一对大括号{}中间包含的printf("...")是一个系统函数,printf()函数的功能是把双引号里面的字符输出到显示器显示。

C语言语法规定。

图1-23 例1.1程序的运行结果

(1)每个C程序都必须有且只能有一个主函数main()。一个简单的C程序可以只由main()组成,复杂的C程序还需编写其他函数。

(2)main()是C程序的执行入口,即无论main()书写在源代码中的什么地方,程序都是从main()函数的第一行语句开始执行。

(3)C程序应该在源代码的开始位置,使用若干条预处理命令,告诉计算机在程序执行main()之前先要做的准备工作。如例1.1的#include <stdio.h>就是一种预处理命令,它告诉计算机要把系统定义的标准输入/输出函数库头文件"stdio.h"包含进来,以便能使用其中的printf()函数实现输出功能。

这里所说的"函数"实质上是一段能实现某种功能的程序代码。有关函数的知识及如何自定义函数将在第5章中介绍,这里,读者只需记住一个函数对应一个功能,需要实现什么功能就调用什么函数即可,至于该功能是如何实现的,暂时不必考虑。

main()函数里调用的printf()是一个由系统定义的标准函数,该函数的定义在"stdio.h"文件中,是由开发C语言系统的人编写的。类似printf()这样的系统函数有很多,这些系统函数是C语言的组成部分。printf()函数的功能是按照指定的格式,把指定的内容输出到计算机的显示器屏幕,其详细用法将在2.5节介绍。编程者将需要显示的内容信息以字符的形式,写在printf()函数的一对双引号" "中,放在程序中(如例1.1中第4~10行代码),运行程序即可实现显示输出,称为函数的调用。至于计算机如何实现在显示器上输出这一技术细节,编程者无须知晓,也不必考虑,编程者只考虑在程序运行到什么时候需要显示什么内容,然后调用printf("要显示的内容...")即可。printf()函数是别人编写的,编程者需要时直接调用即可。C语言提供了大量的诸如printf()的系统函数,编程者不需要事必躬亲,所有功能都从零开始,可以直接调用系统或者第三方提供的函数实现相应功能,这种编程方式事实上降低了编程的难度。

例1.1表明,编写程序就是把要计算机完成的功能分解成一个步骤序列,然后在main()函数的一对大括号{......}中一句一句地告诉计算机要做什么工作。工作一步一步地做完之后,表明程序执行完毕,就可以解决要实现的问题。如例1.1,把输出花瓶分解成7行,分7步完成这7行内容的输出。通过依次执行7行printf()函数,依次在显示器上输出7行带有不同空格字符的*号,视觉上形成一个如图1-23所示的花瓶,达到了例1.1要求的功能。

【例1.2】编程求函数$y=x^2+sin(x)$的值,要求从键盘输入x的值,显示计算出的y值。

```
#include <math.h>              //包含数学函数库头文件math.h
#include <stdio.h>             //包含标准输入/输出函数库头文件
main()
{
    double x,y;                //在内存中分配两个存储空间，名字分别为x和y，用来存储两个实数
    printf("input number:\n"); //在屏幕上显示input number:，提示用户输入数
    scanf("%lf",&x);           //接收从键盘输入的一个数并存入名为x的存储空间里
    y=x*x+sin(x);              //计算x*x+sin(x)的值并存入名为y的存储空间中
    printf("所求得的函数值是:%f\n",y);  // 输出""括起来的字符，其中%f被替换为y的值
}
```

程序功能：接收用户从键盘输入的一个数 x，计算 x^2 与 x 正弦值的和，然后输出结果。

运行结果：

```
input number:
10.2
所求得的函数值是:103.340125
```

程序说明：

例 1.2 的目的是要求计算 x^2 与 x 的正弦值的和，可以通过第 8 行语句 y=x*x+sin(x);实现此功能。计算机执行这个语句，将会先调用函数 sin(x)求出 x 的正弦值，然后计算 x*x 并与 sin(x)的值相加，得到结果并存放到 y 的存储空间中（第 5 行语句实现通知计算机分配存储空间并命名为 y）。这里，x^2 要写作 x*x，因为 C 语言的语法规定，组成程序代码的字符，不能写作此类上标、下标的形式，如果是 x^3，要写作 x*x*x。

在例 1.2 中，主函数 main()的大括号{}包围起来的内容称为函数体，分为两部分，一部分为说明部分，如第 5 行语句 double x,y;，另一部分为执行部分，如第 8 行语句 y=x*x+sin(x);。说明部分主要用于告知计算机需要做某些准备工作，如第 5 行的语句 double x,y;，是告知计算机在内存中需要分配两块存储空间并分别命名为 x 和 y，以便在后面的步骤中存储 double 类型的实数。例 1.1 中因为不需要存储数据，所以没有类似的说明部分。执行部分主要是命令计算机做某个动作，如第 6 行的语句 printf("input number;n");，让计算机在屏幕上显示双引号中的文字；或者让计算机执行某种运算，如第 8 行，让计算机计算出表达式 x*x+sin(x)的值，并将其存放到系统在内存中所分配的并被命名为 y 的存储空间中。这个分配存储空间并命名为 y 的工作是在开始计算之前，在第 5 行就分配好的。

运行例 1.2 的程序时，先从 main()函数的第 1 行代码开始执行，执行结果是在内存中分配两块存储空间并依次命名为 x 和 y。然后执行第 2 行代码，在显示器屏幕上给出提示串"input number:"。接着执行第 3 行代码 scanf("%lf",&x);，此时，系统将停下来，等待用户输入数据。用户从键盘上键入某个数，如 5，按【Enter】键表示确认输入，系统将输入的数 5 存储到名为 x 的存储空间。继续执行第 4 行代码 y=x*x+sin(x);，系统将计算表达式 x*x+sin(x)的值并将其存入名为 y 的存储空间中。最后执行第 5 行代码 printf("所求得的函数值是: %f\n",y);，将输出一对双引号""括起来的字符，其中的%f 被替换为 y 的值。\n 是换行符，用于控制在输出完毕后将光标移动到下一行的行首。

对例 1.2 这个程序的进一步说明：

main()之前的两行#include …是一种常用的预处理命令。#include 称为文件包含命令，其意义是把尖括号<>里文件名指定的文件包含到本程序中，以便本程序使用该文件中提供的函数。被#include 的文件通常是由系统提供的，其扩展名为.h，习惯上称为头文件，其内容是实现一类相关操作的程序代码，这些代码段分别实现不同的功能，以函数的形式供编程者调用，称为库函数。C语言提供了很多此类头文件，并作为 C语言的组成部分，编程爱好者也可以针对某个领域编写头文件以第三方的方式供用户免费或付费使用。

语法规定：凡是在程序中调用一个库函数时，都必须包含该函数原型所在的头文件。

在例 1.2 中，使用了 3 个库函数：输入函数 scanf()，输出函数 printf()，求正弦值函数 sin()。scanf()和 printf()是用来实现输入、输出的函数，二者在头文件"stdio.h"中声明，要想使用这两个函数，需在 main()之前用#include 命令包含"stdio.h"头文件。sin()函数是系统定义的数学函数，该函数在头文件"math.h"中声明，因此也要在 main()之前用#include 命令包含"math.h"头文件。这样，程序在执行到 sin()函数所在的语句时，就会到 math.h 头文件中找到 sin()函数，然后正常执行；否则，若没有事先包含"math.h"头文件而使用 sin()函数，就会出现语法错误，系统在编译时将会报错，给出错误提示，"[Error] 'sin' was not declared in this scope"，意思是 sin 在这个范围内没有声明，即不认识 sin，不能编译通过。

C 语言中关于头文件的编程思想：

一个 C 程序的最简单、最基本的框架由预处理语句和主函数 main()构成，复杂的程序还有编程者自定义的其他函数。可以认为 C 程序结构上由若干个函数组成，但执行流程体现函数之间的调用。这是一种模块化的编程思想，在源代码书写上，各函数是堆积木的方式，即每个函数是一块独立的积木，这些函数在源代码中地位对等，互不交叉，按先后顺序书写。

为方便编程者，C 语言本身提供了大量的系统函数，如上面提到的 printf()、sin()等，编程者可以直接调用，不必事事都从零做起。比如 C 语言提供了头文件"math.h"，其中包含了已经编写好的一系列能实现某种数学计算的函数，如 sin(x)函数，其功能是求出 x 的正弦值。把"math.h"包含过来，编程者就可以直接调用 math.h 头文件中的函数实现某种功能，无须再自己动手编写实现这一功能的代码。比如本例中语句 y=x*x+sin(x);，编程者只需要考虑在需要求 x 的正弦值时调用 sin(x)即可，而至于计算机是如何求出 x 正弦值的，编程者不需考虑。这是高级编程语言减轻编程难度、使编程走向大众普及的有效做法，也是所谓的代码重用，减轻编程者的工作量。这一类函数提供得越多，编程者的工作量越少，程序所能实现的功能也越多。C 语言通过不同的头文件，提供了数以千计的标准函数。这也是称 C 语言为高级语言的一个原因。

除了 C 语言提供的系统函数，广大编程爱好者也提供了许多由自定义的、能解决某些领域基本类型问题的函数的头文件，供编程者在需要时调用。至于怎么知道有哪些函数以及这些函数在哪个头文件中，需要编程者自己查找资料和积累编程经验，本书会在以后的章节中，介绍一些常用的头文件。

1.4.2　C程序的基本结构

下面通过几个简单的示例，介绍 C 程序的基本构成和书写格式，使读者对 C 程序有一个基本的了解。在此基础上,再进一步介绍使用 C 语言编写程序需遵守的语法规则。

【例 1.3】 结构最简单的 C 程序——只有一个主函数的 C 程序。

```c
#include <stdio.h>
main()
{
    printf("我喜欢C语言!\n");
}
```

运行结果:

```
我喜欢C语言!
```

程序说明:运行程序,在屏幕上显示""里的文字。

【例 1.4】 结构稍复杂的 C 程序——调用自定义函数的 C 程序框架。

```c
#include <stdio.h>
int max(int x, int y)       //自定义函数,用于求两个数x与y中最大者
{
    if(x>y)                 //如果x>y成立,就执行下面一行
        return x;           //返回x的值作为max()函数的返回值
    else                    //否则
        return y;
}
main()
{
    int m,n;                //分配两个存储空间并依次命名为m, n
    printf("请输入第一个整数:\n");
    scanf("%d",&m);//等待用户从键盘输入,并把输入数字作为一个整数,存入名为m的存储空间
    printf("请输入第二个整数:\n");
    scanf("%d", &n);
    printf("最大值=%d\n", max(m,n));  //输出时,%d被替换为max(m,n)函数的返回值
}
```

运行结果:

```
请输入第一个整数:
23
请输入第二个整数:
56
最大值=56
```

在以上两个示例中,例 1.3 的 C 程序仅有一个 main()函数;例 1.4 的 C 程序由一个 main()和编程者自己设计的 max()函数构成。

C 程序结构有以下特点:

(1) C 语言遵从模块化的编程思想,把函数作为构成 C 程序的基本单元。组成 C 程序的函数包括 main()函数、系统定义的函数和编程者自己定义的函数。其中,main()函数必须有且只能有一个,自定义函数根据程序所要实现的功能,由编程者编写。一个函数在程序中是一段独立的代码,所有函数的代码段均互不交叉。

(2) 根据需要,可以在 C 程序中包含预处理命令,预处理命令通常放在程序最开始的位置,用于通知系统做一些准备工作。最常用的#include <***.h>只是预处理命令的一种,它的功能是

包含***.h 头文件，目的是使用***.h 头文件中定义的函数。

（3）main()函数是程序的执行入口。在 main()函数中，根据要实现的功能，调用相应的函数。被调用的函数可以是系统提供的库函数，如例 1.2 中的 printf()、sin()；也可以是编程者自定义的函数，如例 1.4 中的 max()。

（4）程序按照 main()函数中语句出现的先后顺序执行，但如果某条语句中有调用函数时，将转到被调用的函数代码中执行，被调用函数执行完毕，转回到被调用处继续往下执行，直至执行到 main()函数的结束标记右大括号"}"，自然结束程序的运行。当然，也可以执行 main()函数中 return 语句，或者在任何一个被调用函数中执行 exit()函数，直接强制结束程序运行，返回操作系统。

（5）一个 C 程序可以由一个或多个源文件组成。每个源文件可由一个或多个函数组成。但一个源程序不论由多少个文件组成，都有一个且只能有一个主函数 main()。

函数名（例 1.4 中，max、main 都是函数名）后面的一对圆括号()里用于书写函数所需的参数。根据函数完成的功能，有时候需要参数，有时候不需要参数，但无论有没有参数，圆括号均不能省略。一对大括号{}括起来的部分是函数体，左大括号{代表函数开始，右大括号}代表函数结束，配对使用。实现函数功能的代码书写在{}内。

1.4.3　C程序书写格式

为了便于阅读源代码和更好地理解程序，更好地体现程序的层次结构和模块化，便于查找逻辑错误和语法错误，C 语言的书写应遵循以下规则：

（1）组成 C 程序的字符必须是半角状态的 ASCII 字符，且英文字母严格区分大小写。大小写字母被视为两个不同的字符，如'A'与'a'不是同一个字符。C 语言编程所用的关键字必须用小写字母书写。

（2）语句是组成程序的基本单位，一个语句须以分号";"作为结束标记。但预处理命令，如#include <stdio.h>函数头部，如 main()之后，还有右大括号"}"之后，均不能加分号作为结束标记。

（3）程序行的书写格式自由，既允许 1 行内写几条语句，也允许 1 条语句分写在几行上。但通常，应一条语句独占一行，这样可以突出模块结构，便于阅读理解程序。

（4）可以用一对大括号{}将若干条语句括起来作为一条复合语句。使用这种复合语句通常表示程序的某一层次结构。书写时，左大括号{应独占一行，{}内的复合语句中的若干条语句要左对齐，并相比{向右缩进 3 个字符宽度。复合语句的结束标记右大括号"}"也独占一行，并与左大括号{处在同一列。

例如：

```
while(a>0)
{
    s=s+a;
    a=a+1;
}
```

（5）同一层级的语句要左对齐，低一层级的语句要比高一层级的语句向右缩进 3 个字符宽度。这样，整个程序的各行语句看起来层级从属关系清晰，便于理解程序。

（6）为了标记语句的功能，可在语句之后添加注释。C 语言的注释分单行与多行两种，单行的以"//"作为注释开始的标记即可，多行的要用一对"/*"和"*/"来标记。

注意："/"和"*"以及"*"和"/"之间不能有空格，否则都会出错。C 语言把"/*"和"*/"之间的文字视为注释，编译时不对注释内容进行语法检查。因此注释可以使用汉字、全角字符，只要能表达含义即可。"/*"和"*/"不能嵌套使用，例如：

```
/* 注释开始
   /*注释嵌套,
    是错误的
   */
*/
```

系统会将第一行当作一个单行的注释，中间"/*"和"*/"包含的内容当作多行注释，则最后一行的"*/"被孤立，出现语法错误。

还有几点说明和建议：

（1）标识符、关键字之间需要加一个空格以示间隔。但若已有间隔符，则不必重复增加空格间隔。如语句 double x,y;中，double 是关键字，x 与 y 是编程者命名的标识符。double 与 x 之间，必须加一个空格符，写成 doublex 是错误的，若是 1 个空格符区分不明显，可以多输入几个空格符。两个标识符 x 与 y 之间已有逗号","可作为间隔符，因此就不必再画蛇添足写作 x , y。

（2）缩进不是必需的，但适当的缩进会使得源代码结构清晰、层次分明，便于阅读理解。建议编程者应养成缩进书写习惯。

（3）注释也不是必需的，但简明的注释能帮助理解编程者的意图，便于读懂程序。编程者应养成随手添加注释的习惯。

小　　结

本章介绍了计算机的硬件结构和工作流程、程序和程序设计的相关基础知识、程序设计语言的发展；其次介绍了 C 语言的发展史、C 语言的特点；再次介绍了几种 C 语言开发环境，讲解了 Dev C++、Visual C++和 GCC 编译器等工具新建、编译和运行 C 程序的过程，最后结合案例介绍了 C 语言的编程思想以及 C 程序的基本结构和书写格式。通过本章的学习，读者应对计算机语言、程序、程序设计等概念有所了解，并能自主安装和使用 C 程序集成开发环境，熟悉 C 程序基本结构和编译运行过程。

习　　题

一、单选题

1. 在计算机上可以直接运行的程序是（　　）。

    A. C 语言程序　　　B. 机器语言程序　　　C. 高级语言程序　　　D. 汇编语言程序

2. C 语言程序是从（　　）开始执行。
   A. 程序中第一条可执行语句　　　　B. 程序中第一个函数
   C. 程序中的 main() 函数　　　　　D. 包含文件中的第一个函数
3. C 语言属于程序设计语言的（　　）类别。
   A. 高级语言　　B. 面向对象语言　　C. 机器语言　　D. 汇编语言
4. 下面叙述不正确的是（　　）。
   A. C 语言中的每条执行语句需要用分号结束
   B. 在程序中任意合适的地方都可以加上注释以便阅读
   C. include 命令所在行后面需要加分号
   D. C 语言具有高级语言的功能，也具有低级语言的一些功能
5. 写好一个 C 语言程序后，程序运行的基本步骤为（　　）。
   A. 编辑、编译、连接、运行　　　　B. 编辑、连接、编译、运行
   C. 编译、连接、编辑、运行　　　　D. 编译、编辑、连接、运行
6. 以下叙述不正确的是（　　）。
   A. 注释说明被计算机编译系统忽略
   B. 在 C 程序中，注释说明只能位于一条语句的后面
   C. 注释说明必须跟在 "//" 之后不能换行或者括在 "/*" 和 "*/" 之间且注释符必须配对使用
   D. 注释符 "/" 和 "*" 之间不能有空格

二、简答题

1. 什么是程序？什么是程序设计？
2. 程序设计语言的发展经历了哪几个阶段？
3. C 语言的特点有哪些？
4. C 语言的源文件和可执行文件的扩展名分别是什么？
5. C 语言的上机执行过程一般分为哪几个步骤？

第 2 章 用 C 语言编写简单程序

学习目标

- ★ 理解算法
- ★ 掌握 C 语言基本语法
- ★ 能够用 C 语言编写简单的程序

重点内容

- ★ 算法设计基本思想
- ★ 组成 C 程序的字符集、标识符
- ★ 数据类型
- ★ 常量和变量
- ★ 数据的输入与输出

程序设计涉及两个基本问题,分别是对数据的描述和对操作的描述。程序设计的核心是数据的处理,编写程序其实就是描述对数据的处理过程。常量和变量是用来存储数据的,本章主要讨论如何定义变量和常量,以及数据的输入/输出方法。在定义常量和变量时,要考虑它们的数据类型,本章讨论的数据类型是 C 语言的基本数据类型。

2.1 算法及其描述方法

人们之所以要编写程序,就是想控制计算机自动连续地运行,以替人们完成一些机械重复的、计算工作量超大的,或者带有智能的一些工作。被誉为 Pascal 之父的瑞士计算机科学家 Nicklaus Wirth,提出了一个让他获得图灵奖的著名公式:算法+数据结构=程序。这个公式表明,一个计算机程序应该包括以下两方面的内容。

(1)对如何处理数据的描述,也就是算法。算法就是对解决问题的操作步骤描述,也就是程序要告诉计算机,一步一步地怎样处理数据。

（2）对数据的描述，即数据结构。在程序中要告诉计算机，程序要处理的数据是谁？具有什么特征？怎么存储这些数据？也就是要确定程序要处理的数据类型和数据的组织形式。当数据量比较大（即所谓大数据），或者数据类型比较特殊（如网页、文本等非结构化数据）时，数据的组织形式，也就是如何存储这些数据，会在很大程度上影响数据的处理速度。

一个程序除了以上两个主要的要素外，还应当按照程序设计方法进行设计，当然，还需要选择一种计算机编程语言来表示。因此，算法、数据结构、程序设计方法和编程语言这四个方面是一个程序员所应具备的知识，这里，算法是最主要的，是程序设计的灵魂，是需要编程者思考、分析、创新、创造的。

2.1.1 算法的概念

通俗地说，算法就是对解决一个问题的方法的描述，即算法是通过一种方式，告诉别人，某个问题要让计算机解决，一步一步地该怎么做，也就是计算机要一步一步地执行什么操作。算法不等同于程序，它只是以文字、图示等形式，告诉人们某个问题的解决方法，是编程者之间的交流，真要计算机执行，还要选择一种编程语言，按其语法规则，把算法写成程序代码，然后才能交由计算机编译执行。

算法具有以下七个特征：

（1）有穷性：是指算法所描述的问题解决办法，必须在执行有限个步骤之后终止，否则将造成程序的运行永不结束。

（2）确切性：算法所指出的每一个步骤都必须有确切的定义，即每个步骤告诉计算机要做的事都必须是具体的，要么做要么不做，不能模糊地说做不做由计算机自己确定。计算机不会像人那样会见机行事，或者情急之下，凭感觉做出决策。

（3）可行性：算法中指出的任何步骤都是计算机可执行的基本操作，或者是可以被分解为由多个基本操作组成的操作序列。计算机能执行的基本操作是有限的，编程者只能组合这些不同基本操作完成较为复杂的操作，而不能命令计算机做它不能完成的操作。比如计算机可以做加运算这个基本操作，可以让计算机算 3+5，也可以让计算机算 3*5，甚至更复杂的数学计算，计算机会把不是基本操作的乘运算转化为若干次的加运算来完成。但是计算机没提供人的吞咽操作，所以不能在程序中命令计算机去吃饭，那是不可行的。算法的设计者要尽量细化算法步骤，并且要知晓计算机能做哪些事情。例如，编写一个如何求 x 的正弦值的算法，应该详细描述求 x 正弦值的步骤，而不是简单地写作"喂！计算机，求 x 的正弦值"。

（4）效率：就是算法解决问题的时间，和对存储空间等资源占用率。对算法效率衡量，希望解决问题的用时越少越好，对内存占用越少越好。

（5）健壮性：人们在设计算法时，所假想的待处理数据往往是小量的、符合规格的。算法要考虑，当实际处理的数据量大大超出预期，或者所获取的数据不符合预期规格时，程序不能崩溃，这就是所谓健壮性。健壮性弱不是说算法设计错误，在小数据量、获取的处理数据符合预期规格时，算法是能得到正确处理结果的，健壮性弱只能说算法设计时，对可能发生的意外情况预案考虑不周全。

（6）输入项：一切程序都可以简化为命令计算机对数据进行处理的过程，所以，算法要明确需要处理的数据是谁？如何获取？这是算法的输入项要明确的内容。一个算法可以有多个输入，也可以没有输入。

（7）输出项：一个算法有一个或多个输出，以反映对输入数据加工后的结果。程序的运行总要给出结果，忘记给出输出结果的算法，会给用户带来烦恼。

同一个问题往往有多种解决办法，比如对一队人按身高进行排序，或者计算 1+2+…+100 的结果，人们可以想出多种方法，而且方法不同，解决问题所用的时间也不同。一种方法对应一个算法，人们关注不同算法的效率高低。不同的算法可能会用不同的时间、空间或效率来完成同样的任务。

对于稍微复杂点的问题，在编程之前，都是要先设计算法，并要对算法进行分析，一是从逻辑上分析该算法能否正确解决该问题，即算法描述的解决办法是否能达到解决问题的目的。二是从性能上分析该算法的运行速度，以及运行过程中对计算机存储设备的占用量。因为计算机的存储量不是无限的，用户的程序要尽量少占用，倘如用户程序对内存的占用量超过限制，则即便是算法所描述的方法正确，计算机也会因为无法存储完数据而崩溃，不能达到解决问题的目的。而解决问题所需要的时间，是使用者最为关心的，有些时候，也是决定算法是否可行的一个关键指标。例如，若通过计算气候数据来进行天气预报，如果设计的算法的计算速度超过 24 小时，那也就是说明天已经过完了，计算机还没有计算出结果，则预报这个工作就失去了意义，相当于这个问题并没有让计算机成功解决。

算法分析的任务是判断算法在逻辑上是否正确和评价算法的性能，目的是为解决问题选择正确的算法，并尽可能地改进算法的性能。对算法性能的评价主要从时间复杂度和空间复杂度来考虑。

1. 时间复杂度

算法的时间复杂度是指执行算法所需要的时间估计量，这是根据所要处理问题的规模，统计或估计得出运行结果需要执行的操作步骤数，步骤数越多，意味着算法求出问题结果所需的时间就越多。

例如，求 1+2+…+n=? 这一问题，这个 n 就是该问题的规模。当算法确定以后，显然，n 值越大，完成计算用的时间就会越多。

人们用数学语言来描述时间复杂度。即设问题规模为 n，估算的执行总步骤数为 n 的函数，记为 $f(n)$。例如，若一个算法实现对 n 个人组成的队伍按身高排序，这个问题的规模就是人数 n，若这个算法完成排序需要执行 n^2 个步骤，则该算法的时间复杂度记作 $T(n)=n^2$。

引入时间复杂度的上述表示，主要目的是用来比较不同算法的时间估值，从而判断不同算法的时间效率。因为计算机执行一个步骤的速度极快，人们认为一个执行次数为 n^2 的算法，和一个执行次数为 $n^2+1\,000$ 的算法，在执行时间上相同，即多出的那 1 000 次运算的耗时，相比 n^2 来说可以忽略不计。基于此，人们对时间复杂度的估值进一步简化，引入渐进时间复杂度 $O(f(n))$，如一个算法的执行步数为 $3n^2-2n+2\,000$，用渐进表示法 $3n^2-2n+2\,000=O(n^2)$，通常说该算法的时间复杂度为 $O(n^2)$。若另有一个算法的执行步数为 $n^2/3+6n$，用渐进表示法也是等于

$O(n^2)$，这样简化之后，就很容易得到这两个算法的时间复杂度是相同的，而如果用原来的复杂度 $3n^2-2n+2000$ 和 $n^2/3+6n$ 去比较，是不容易一眼看出谁的速度更快的。当然，这两个算法必须是解决同一个问题的两个不同算法，对解决不同问题的算法进行时间复杂度比较是没有意义的。

假定问题的规模为 n，常见的时间复杂度有 $O(\log_2 n)$、$O(n)$、$O(n\log_2 n)$、$O(n^2)$、$O(n!)$、$O(n^n)$，它们之间的快慢关系为：$O(\log_2 n)<O(n)<O(n\log_2 n)<O(n^2)<O(n!)<O(n^n)$。一般，把 $O(\log_2 n)$、$O(n)$、$O(n\log_2 n)$、$O(n^2)$ 称为多项式时间复杂度，使用简单的穷举方法都能够在规定的时间内完成问题求解。而时间复杂度为 $O(n!)$、$O(n^n)$ 的问题多是 NP 困难问题，使用穷举方法对规模较大的问题是不能满足时限要求的，其求解需要使用智能算法来完成。

2. 空间复杂度

程序主要任务是处理数据，有些程序要处理的数据量往往很大，甚至是海量的，因此，设计算法时要考虑程序运行过程中，存储原始数据和运行产生的中间数据所耗费的内存空间。其计算和表示方法与时间复杂度类似，把问题的规模（比如数据的个数）记为 n，用渐进复杂度表示内存占用量。对同一个问题的不同算法，在时间复杂度相同或接近时，空间复杂度越小的算法越好。

衡量算法的好坏，对问题的处理用时（时间复杂度）是优先考虑的，如果多占内存能减少问题的处理时间，人们通常会牺牲存储空间换时间。

2.1.2 算法的描述方法

算法是编程者之间进行交流的文档，它不是程序，不能直接由计算机执行。通俗地理解，一个问题的算法，就是该算法的作者要告诉其他人，这个问题用计算机解决的操作步骤。所以，对于算法的描述，形式不拘，可以有多种方式，甚至可以以交谈的方式，用语音把算法告诉别人。但是这种描述对于复杂的算法不便于记忆、传播和分析。算法的描述多使用自然语言、伪代码、流程图等方式，这些方法各有优势和不足。

1. 自然语言

自然语言是指人与人交流所使用的语言，如汉语、英语等。使用自然语言描述算法，就是通过语音、文字等方式，把算法所描述的解决问题的步骤形成文档。

优势：使用自然语言描述的算法，遵从交流双方熟知的语法规则，作者容易表达，读者易于理解，双方均不需要增加对语言本身的记忆和理解，易于聚焦算法本身。

不足：用自然语言描述算法限制了阅读者范围，阅读者需要非常熟悉算法作者所使用的语言才能理解顺畅。如果一个用汉语写成的算法交给一个完全不熟悉汉语的人去阅读，其带来的理解难度可想而知。自然语言具有一些歧义性，描述的算法存在模糊和不确定性，转化为程序代码难度较大；如果问题的解决办法比较复杂，使用自然语言描述，会造成算法太长。

2. 伪代码

代码是指程序代码，也就是编写程序所使用的程序设计语言里所规定的符号代码，编程者要用它编写程序，一般有严格的语法规定。伪代码是指将自然语言的词和程序设计语言的符号，在不影响理解的前提下，以简写、混写的方式来描述算法。

优势：伪代码综合使用自然语言和程序设计语言，能简写就简写，回避了程序设计语言严格、烦琐的书写格式，书写方便；伪代码写成的算法，其主要内容还是用程序设计语言的代码，具备格式紧凑、易于理解，对其中的自然语言部分稍加修改，便成为程序代码。

不足：由于伪代码的种类繁多，语句不容易规范，有时会产生误读。

例如：举一个简单的例子，用伪代码的形式描述算法，助读者理解伪代码的优势。

```
//用伪代码描述"输出x的绝对值"的算法
    若x 为正
        输出x
    否则
        输出-x
```

3. 流程图

流程图是一种以图形符号描述算法的结构和控制流程的算法描述方式。

优势：算法清晰简洁，容易表达选择结构，它不依赖于任何具体的计算机和计算机程序设计语言，从而有利于不同环境的程序设计。

不足：复杂的算法不易书写，算法长度超过一页时，对结构的描述就很难清晰了。一旦要修改，同时需要改动的地方多，比较麻烦。

当要解决的问题简单时，描述算法并不必要。而当问题复杂时，用流程图不仅费力，也不能清晰描述出多重选择等结构。因此，不推荐大家使用流程图描述算法。

2.1.3 问题求解的计算思维

现在的计算机能做的事情很多，可以说无所不能，但要让计算机解决的每一个问题都需要有相应的程序，计算机运行程序，才能完成相应的工作。不同的问题解决办法是不同的，编程者要掌握基本的程序设计方法，形成基于计算机硬件组成和工作原理去求解问题的计算思维，才能编写出解决实际问题的程序。

人们想让计算机解决的问题有很多种类，例如，无人机的飞行，导弹拦截之类自动化控制类问题，方便人们购物的网站，银行等行业部门使用的专门软件等。对于普通民众来说，使用计算机希望处理问题速度快，同时对于很多软件，普通用户使用最多的功能是"查询"，或者是基于查询结果的进一步操作。因此，设计程序时，要充分考虑这两个普遍的甚至是决定程序生死的需求。

程序的运行速度取决于计算机硬件、网络环境和所使用的算法，这里不做过多讲解。而对于查询操作，可以简化为是在一个非常大甚至是海量的数据集中，寻找符合查询条件的数据操作。使用者关心的是得到查询结果的耗时和查询结果的准确度。对于查询操作，本节介绍几种实现方法。

1. 穷举法

穷举法又称枚举法，基本思想是集中所有的数据，逐一判断是不是所查询的对象。例如，在一个班级里查找叫"小明"的同学，穷举法就是把班级里所有的同学逐一询问是不是小明，直到找到小明或者是所有同学都被问过为止。穷举法是一种最为自然、简单的方法，能保证得到正确的查询结果，但是当数据集的数据量非常大时，穷举所耗费的时间可能是使用者不能接受的。

2. 分治法

分治法是"分而治之"，就是把一个复杂的问题分成多个子问题，再把子问题分成更小的子问题，如此分割，直至得到子问题的解能简单地直接求得时停止。对子问题分别求解，然后再将所有子问题解合并，得到原问题的解。

分治法的优点是问题划分的子问题足够小时，其解很容易求出。例如"要在 10 个数中找最小值"这个问题，10 个数时不容易一下子找出来，但如果采用分治法，将 10 个数的这个问题逐步细分成只有 2 个数或者只有 1 个数的几个子问题时，子问题无论是有 2 个数还是有 1 个数，求其最小值都是非常容易的。这样，就把当问题规模非常大时的求解无从下手，变成了小规模问题的解直接给出或者显而易见。另外，很多情况下，把大问题分解为若干个子问题进行分而治之，所用的总时间反而比对大问题直接求解用时少。这是分治法的"出乎意料"之处。

3. 回溯法

本质上讲，回溯法也是一种穷举法。回溯的典型例子是"走迷宫"，迷宫里，一条路径分成若干个节点，每个节点处都有几条路径的分支。走迷宫实际上是在所有路径组合中选优搜一条通路。设在某个节点有 3 条路口分支，探路者随机选择一条走下去，在沿着这条路走如果碰壁了，要回退到刚才的节点，再选下一条分支进行尝试。这种回退即为回溯。

回溯搜索的过程如果没有任何提示信息，就是一种纯粹的穷举。人们可以根据回溯过程中收集的信息，根据估值，提前切断明知不含查询结果的分支，以缩减搜索范围，从而减少获得查询结果所需的时间，提高了查询速度。

"查询"这个问题的解决是基于在解空间里进行搜索，所以提高查询速度的方法只有两个，一个是缩减搜索范围，一个是改变搜索方法。对于缩减搜索范围的方法，除了上面所介绍的分治法、回溯法之外，常见的还有贪心法、动态规划法、分支限界法等。还有一种"智能"的方法，比如搜索时可以改"逐一"为某种规律的"跳跃"。比如穷举法找"小明"时，按照班里同学的座位，逐一询问，这比较费时。如果找到一种规律，只询问每排的排头，就可以确定小明在不在这一排，则可以实现"跳跃"搜索，从而减少要查问的人数，这实际上还是缩减了搜索范围。而对于搜索方法改变，也有多种技巧。常用的就是要改变"逐一进行"这种串行思维，还以寻找"小明"为例，如果采用"点名应答"的方式，即喊一声让全班同学都能听到的"小明何在？"，全班同学听到这个点名，会同时进行判断是不是叫我。小明同学会回答"我在这儿"，不叫小明的同学会默不作声。如果全班同学都默不作声，得到的结果就是这个班没有小明同学。这样就把逐一进行的串行操作，变成了只喊一声，全体同学同时进行"是不是叫我"的判断，把串行变成了并行操作。这样，得到查询结果的时间显然减少。

2.2　C语言编程使用的字符集

编写程序的流程是先根据算法，使用编程语言书写出源代码。本节介绍有哪些字符可以用于编写 C 程序源代码。

2.2.1 字符集

使用 C 语言编辑的程序源代码，是由不带格式控制符的纯文本字符组成的。C 语言规定的可用于编写源代码的字符集由英文字母、数字、空白符、标点、运算符和特殊字符组成，且都必须是半角字符。汉字不能用于组成程序代码中的关键字、标识符，只可以用于书写要显示的内容和注释内容。

1．英文字母

小写字母 a~z 共 26 个，大写字母 A~Z 共 26 个。

2．数字

0~9 共 10 个数字。

3．空白符

按空格键输入空格符号、按【Tab】键输入制表符、按【Enter】键输入换行符等，在屏幕中均显示为空白，统称为空白符。按空格键将输入一个空白符，显示一个字符宽度的空白（实际是和屏幕背景色一致的一个字符），按【Tab】键也输入一个空白符，但这个空白符占 4 个字符的宽度。空白符通常在一串字符中起间隔作用。编写程序代码时，适当地使用空白符可实现缩进效果，使程序的模块化、层次化更加清晰，便于读者理解程序。

4．标点、运算符和特殊字符

C 语言编程用到的标点符号主要是指逗号","、分号";"、冒号":"、问号"?"、单引号又称单撇号"'"、双引号"""等，在程序代码中，这些标点符号有其特定的含义。

运算符是在源代码中用于告诉计算机执行某种运算的符号，包括算术运算符、比较运算符、逻辑运算符。算术运算符主要有：加号"+"、减号"-"、乘号"*"、除号"/"，而"^"号可以表示次幂，如源代码中书写 3^5，表示要计算 3^5，即 3 的 5 次幂，而书写 3+5，则是计算 3 加 5 的和。

特殊字符是指 C 语言规定的有特殊作用的符号，如书写形为"\n"符号表示"换行符"，它规定了一种对计算机的动作控制。通常，这些特殊符号代表的含义和书写的符号本身没有明显的规律和联系，是纯粹一种人为的规定，这些符号又称转义符。C 语言的特殊字符详见附录 A 中的字符与 ASCII 对照表。

2.2.2 字符在计算机内部的表示

1．ASCII 字符

根据计算机的硬件组成和工作原理，它只能识别和存储两种状态，分别可以用于表示 0 和 1，这刚好是二进制数的两个数码，可以组合成不同的二进制数。因此，在计算机中，所有的数据在存储和运算时都必须使用二进制数表示。上面所讲到的 4 种类型的字符，在计算机中存储时也要使用二进制数来表示。当然，具体用哪个二进制数表示哪个字符，每个人都可以约定自己的一套字符和二进制数一一对应的关系，即编码，但这样做会造成编码不统一，在互相通信时造成混乱，这要求大家必须使用相同的编码规则。美国国家标准学会制定了一套编码，统一规定了每个字符在计算机内表示时所对应的二进制数，称为美国信息交换标准代码（American Standard Code for Information Interchange），习惯上称为 ASCII，目前被全球认可。

ASCII 表中的一个字符对应一个 8 位的二进制数，在计算机内部存储时，占用一个字节大小的存储空间。ASCII 分为标准和扩展两种，标准 ASCII 中的字符对应的二进制数的最高位均为 0，实际上是用后 7 位的二进制数的不同组合来对应不同的字符，如附录 A 所示。

标准 ASCII 表分两部分，第一部分值为 0~31 及 127，共 33 个，规定为控制字符或通信专用字符，如控制符：LF（换行）、CR（回车）、FF（换页）、DEL（删除）、BS（退格）、BEL（响铃）等；通信专用字符：SOH（文头）、EOT（文尾）、ACK（确认）等；值为 8、9、10 和 13 的二进制数，分别被规定为退格、制表、换行、回车这 4 个控制符号。这些符号起某种控制作用，有些可以显示在屏幕上，有些则不能显示，但能看到其效果（如换行、退格）。

标准 ASCII 的第二部分是指值为 32~126 的二进制数,共 95 个，被用来规定为字符的 ASCII 值。这些字符是常用的，如空格符、0~9 十个阿拉伯数字、英文字母等。空格符规定其 ASCII 值为 32，二进制形式为 00100000B，0~9 对应的 ASCII 值为 48~57，对应的二进制数形式为 00110000B~00111001B，十六进制形式为 30H~39H。26 个大写英文字母 A~Z，对应的 ASCII 值依次为 65~90，用二进制数表示即为 01000001B~01011010B，用十六进制数表示为 41H~5AH。26 个小写英文字母 a~z 的 ASCII 值被规定为 97~122，用二进制数表示即为 01100001B~01111010B，用十六进制数 61H~7AH。

数字字符和数字是两个不同的概念，如数字字符 '5'，它在计算机内部存储时的 ASCII 值是 53，而数字 5 在计算机内部存储时的 ASCII 值就是 5。数字代表一个数值，不是 ASCII 字符。

标准 ASCII 中规定的是一些常用的字符，其数量较少，后来 IBM 公司制定了扩展 ASCII，扩展 ASCII 由值为 128~255，十六进制表示为 80H~0FFH，二进制表示为 10000000B~11111111B 共 128 个字符，这 128 个二进制数，最高位都是 1，用来表示框线、音标和其他欧洲非英语系的字母。

按 ASCII 表的规定，字符在计算机内部实际上就是一个整数，因此可以把字符当作一个整数进行处理，比如比较字符的大小，字符 'A' 是小于字符 'B' 的。C 语言允许以数值的形式使用字符。如执行语句 printf("%c",65);和 printf("%c",'A');，都会在屏幕上输出字符 A。而执行 printf("%c",'A'+2);，将显示字符 C；执行 printf("%d",'a'-'A');，将输出数字 32。这些例子说明字符在计算机内部是一个整数。

2. 汉字符的计算机内编码

使用 C 语言编写源代码时可以输入汉字符，汉字符仅用于显示提示信息或者为程序进行注释说明。汉字符要在计算机内存储和表示，也必须将其转换为一个二进制数。汉字符数量众多，又分为简体和繁体，为此，目前汉字符存在如下五种编码。

1）GB 2312 编码

1981 年 5 月 1 日发布的简体中文汉字编码国家标准。GB 2312 对汉字采用双字节编码，收录 7 445 个图形字符，其中包括 6 763 个汉字。

2）BIG5 编码

我国繁体中文标准字符集，采用双字节编码，共收录 13 053 个中文字，1984 年实施。

3）GBK 编码

1995 年 12 月发布的汉字编码国家标准，是对 GB 2312 编码的扩充，对汉字采用双字节编码。GBK 字符集共收录 21 003 个汉字，包含国家标准 GB 13000-1 中的全部中日韩汉字，和 BIG5 编码中的所有汉字。

4）GB18030 编码

2000 年 3 月 17 日发布的汉字编码国家标准，是对 GBK 编码的扩充，覆盖中文、日文、朝鲜语和中国少数民族文字，其中收录 27 484 个汉字。GB 18030 字符集采用单字节、双字节和四字节三种方式对字符编码。兼容 GBK 和 GB2312 字符集。

5）Unicode 编码

国际标准字符集，它将世界各种语言的每个字符定义一个唯一的编码，以满足跨语言、跨平台的文本信息转换。

汉字的编码采用一个 16 位的二进制数，在机器内部存储时，需要占用 2 个字节的存储空间。对汉字的编码规则是：先将汉字按拼音次序排列，然后依次对其编码。"啊"是排在第一位的汉字，其对应的上述五种编码值依次为 GB 2312 编码：B0A1，BIG5 编码：B0DA，GBK 编码：B0A1，GB18030 编码：B0A1，Unicode 编码：554A。"阿"是排在第二位的汉字，GB 2312 编码：B0A2，BIG5 编码：AAFC，GBK 编码：B0A2，GB 18030 编码：B0A2，Unicode 编码：963F。

3．字符的全角、半角

在使用输入法输入字符时，有"半角"和"全角"两种不同的输入状态。一个英文字母的机内编码，即它的 ASCII 值，是 8 位的二进制数，一个汉字符的机内编码是一个 16 位的二进制数，无论是在计算机内存储，还是在屏幕上显示，一个汉字所占空间大小都是一个英文字符的 2 倍。简单起见，可以把一个汉字字符所占的位置称为"全角"，把一个英文字符所占的位置称为"半角"。

（1）半角——ASCII 码表中的字符都是半角的，它们的特点是：一个字符在计算机内存储时占用 8 个二进制位（bit），在显示时，一个字符占用一个标准的字符位置。英文字母、数字、符号等都是半角状态的。

（2）全角——主要是指汉字字符，其特点是在计算机内存储时占用 16 个二进制位，在显示时占用两个标准字符位置。国标 GB 2312—1980 规定的是全角字符的编码，根据使用所需，GB 2312 编码表里，把英文字符当作汉字字符处理，也给了 16 位二进制数的编码。此时规定的英文字符称为全角状态。

汉字字符都是全角的，但 C 语言把一个全角汉字符当成两个半角的符号组成，可以把一个汉字符当成两个半角字符来单独处理。

使用 C 语言编辑源代码时，输入的英文字符、标点符号、运算符等，都应该是半角状态的，如果输入了全角状态的字符，这些字符被视为汉字符。

特别提醒：标点符号、加减乘除这些符号，既有半角形式的，也有全角形式的，初学者不容易区别，如半角的+可用作运算符，而全角的＋被当作汉字，不能用作运算符。C语言编程时需要使用半角英文字符，它往往带有一定的含义，如 3+5 的+，是让计算机求解 3 加 5 的和。这里的 3、5、+ 都必须是半角状态的字符，如果输入为全角的 ＋，则只能用作显示，如果想作为控制计算机进行计算的语句代码，则会造成语法错误，C 语言在编译时会报错，[Error] stray '\243' in program，表示系统不能识别这个字符。

2.2.3 标识符

标识符是编程者在程序中为了标识某个对象而为它定义的名字，这里说的对象主要是指变量、函数，也包括自定义的数据类型，如结构体（struct）、文件等。标识符就是个名字，由字符组成。为对象命名之后，后面的代码中可以"按名访问（调用）"该对象。

C 语言中的标识符分为以下三类。

1. 关键字

C 语言系统自己（注意，不是使用 C 语言的编程者）规定了一类标识符，它们用来构成程序的语句，代表着特定的含义，如 int、if、while 等，称为关键字（词）。这些关键字已被 C 语言约定了特殊含义，用于在程序代码中表示要计算机执行的某种操作，因此，用户编写程序时不能使用这些关键字作为某个对象的名字。即不能再把 int、if、while 等作为函数的名字或者变量的名字。C 语言有 32 个关键字，如附录 B 中的关键字。根据关键字的作用，可分为数据类型关键字、控制语句关键字、存储类型关键字和其他关键字四类。本节只列举出这 32 个关键字的名称及功能，其具体的用法在后文相关章节中详细介绍。

1）数据类型关键字

共 12 个，用于定义变量，即声明变量是哪个类型的数据，或者声明编程者自定义函数的返回值的类型。

char：字符类型。

double：双精度类型。

float：浮点类型。

int：整数类型。

long：长整数类型。

short：短整数类型。

signed：有符号整数类型。

unsigned：无符号整数类型。

struct：结构体类型。

enum：枚举类型。

union：共用体（联合体）数据类型，已淘汰不用。

void：无类型、空类型。

2）控制语句关键字

共 12 个，用于组成程序语句，告诉计算机要做什么工作。

构造循环结构的关键字：

for、do、while、break，跳出当前循环；continue，结束当前循环，开始下一轮循环。

构造选择结构的关键字：

if、else、goto，无条件跳转语句，很少用；switch，多重选择结构；case，分支语句；default，默认的分支。

返回语句：

return：返回上一层级。该语句一般出现在函数中，被执行时将终止当前函数的运行，返回调用该函数的语句所在层级。比如 return 出现在 main()函数中并被执行，将终止 main()函数的执行，并返回调用 main()的层级，即操作系统，也就是终止程序的运行。

3）存储类型关键字

auto：声明动态变量，即变量的存储空间分配在内存中。是默认的，不需特别说明，一般不用。

static：声明静态变量，静态变量是一种特殊的变量，用法在后文详细介绍。

extern：在多个源程序文件中声明共享变量。

register：声明寄存器变量，原意是将变量的存储空间分配在 CPU 的寄存器中，实际上用户没有这个权限，仍然是分配在内存中，因此，这个关键字实际上达不到其目的，基本不用。

4）其他关键字

const：声明只读变量。

sizeof：求出数据类型长度，用法如 sizeof(int)，求出 int 类型所占存储空间的字节个数。

typedef：用于给数据类型取别名。

volatile：说明变量在程序执行中可被隐含地改变。

2. 标准标识符

C 语言系统提供了大量的系统函数，如 printf()、scanf()等。一些存储各种属性值的系统变量，它们也需要用标识符命名。C 语言为其定义了相应的名字，称为标准标识符。虽然 C 语言允许编程者把标准标识符另作他用，但这样会使这类标识符失去系统规定的原意而引起阅读者的误解。比如 sin 是 C 语言定义的求正弦值的函数名，但编程者也可以将其另作他用，如语句"int sin=0;"定义一个整型变量名字也叫 sin，这是允许的，但是这会引起阅读障碍，因此，建议用户不要将这些标准标识符另作他用。

标准标识符主要是系统函数的名字，是 C 语言已经定义好的，编程者只能拿来使用，无权也不能更改这些标识符。有关的系统函数在后文详细介绍。

3. 编程者自命名的标识符

编程者在编程时，根据程序要实现的功能，需要向计算机申请存储空间（即定义变量、定义函数等），这都需要为它们命名，这就是编程者自命名的标识符。C 语言为了规范编程者对标识符的命名，规定了标识符的命名语法规则，编程者必须遵守该语法规定。

C 语言有关标识符的语法规定。

（1）标识符只由字母、数字和下画线组成，第一个字符必须是字母或下画线。下画线是_，注意与减号"–"的区别。但通常 C 语言系统定义的标识符以下画线开始，所以为避免混淆，建议在编写 C 程序定义标识符时，编程者不要以下画线开头。特别提醒，加减乘除等运算符、括号、标点符号等不能出现在标识符中。如 a+b 不能作为标识符，因为若允许将会引起歧义，是变量名为 a+b，还是要计算变量 a 加变量 b 的和？运算符还包括%、^、&、!、|等，括号包括大括号{}、中括号[]、小括号()，标点符号主要指西文标点逗号与圆点句号。

（2）C 语言的标识符对英文字母的大小写敏感，即把大写字母和小写字母视为两个不同的字符。例如，对于 student 和 Student，C 语言认为这是两个不同的标识符。通常用小写字母表示变量、函数、数组和文件等的名称，而用大写字母表示符号常量名。

（3）编程者自定义的标识符，应遵循"简洁明了、含义清晰、见名知意"的原则。即不要把标识符定义的太长，一个标识符若包含太多的字符，首先输入费时，其次也不便于记忆和阅读时识别。标识符字母意义应和它所命名的对象的性质一致，让阅读者看到名字就能猜到该对象的属性，如变量定义语句"int length;"中 length 这个标识符，读者看到它就大致猜出该变量是描述长度的。这样便于阅读者理解程序。

合法的用户自定义标识符：s、b3、day、lea_1、Xyw8、stu_age、WORD 等。

不合法的标识符：8tea、#xy、2_in、M.J.YORK、-av 等。

2.3 数据类型

可以简单地把程序的功能认为就是处理数据。数据是对程序所要处理信息的泛指，包括数、字符、图像、声音、视频等，即计算机能处理的一切形式的信息都统称为数据。初学者容易把"数据"误解为"数"，"数"是指人们熟悉的能进行加减乘除等算术运算的整数、实数等，形式为 1、2、3、3.14 等，实际上"数"只是"数据"的一种。

几乎所有的程序都是由"输入数据→处理数据→输出处理数据的结果"这三个模块组成，即首先获取要处理的数据，然后按照处理目标，使用某种方法，对这些数据进行运算、加工等处理得到结果，最后输出处理结果。对于数据的获取方法，最简单的方法是从键盘输入，这在所需获取的数据量小的时候经常使用。但如果数据量比较大，或者数据的获取比较特殊，如数据以条形码、二维码、磁卡等形式显示，就需要有相关的技术（如数据库技术）或者设备（刷卡机、扫描识别设备等）来实现，本书内容不涉及这种获取数据的方法，只介绍通过键盘输入获取数据的方式。对于数据的运算和加工，根据问题的不同，所使用的算法也不同，这在后面章节中的例子中会有介绍。对于处理结果的输出，本书主要介绍如何输出到计算机屏幕上，适合输出的数据量比较小的情况。当然，数据输出也可以是通过打印机打印到纸张上，特别是要输出的数据量比较大时，一般会输出到文件中保存。本书第 9 章，将介绍 C 语言如何对文件进行读写操作。

编程者在设计程序时，要仔细考虑待处理的数据具有什么特征？如何获取这些数据？以确定以什么样的结构存储这些数据，和用什么样的方法处理这些数据。这要求编程者了解编程语言对数据进行分类的语法规定。

2.3.1 数据类型分类

本书涉及的数据主要是"数"和"字符"这两类。不同类型的数据，其特点和要做的运算规则也不同，比如对1、2、3、4这些"数"，其运算主要是加减乘除等算术运算，而对'a'、'b'、'c'、'd'这些"字符"，经常做的是判断是否相同的比较运算。为了有针对地做好不同类型数据的存储和处理工作，C语言对数据做了类型划分。

数据类型是按被说明量的性质、表示形式、占据存储空间的多少、构造特点来划分的。在C语言中，数据类型分为：基本数据类型、构造数据类型、指针类型、空类型四种，如图 2-1 所示。本章主要介绍基本数据类型，构造类型和指针类型将在后续章节中详细介绍。

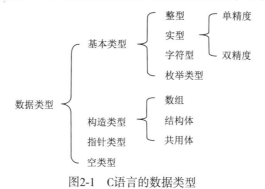

图2-1　C语言的数据类型

1. 基本数据类型

包括整型、实型、字符型、枚举类型，几乎所有的程序都会使用这些类型来表示不同类型的数据。这四种类型之所以被称为基本类型，主要是这种类型的数据是不可再拆分的单个数据项，就像一个整数5、一个字符'a'，不能再将其分解。整型就是整数类型，实型是指实数类型，包括单精度和双精度两种，所谓单精度和双精度，是指实数精确到小数点后的位数不同。

基本类型的"基本"，是指这种类型的数据不能再进行细分，如整型数据，是指一个整数，不能把一个整数再细分成由哪几部分组成，也没有必要。

C语言为基本类型定义了关键字，分别为整型数据，int、long、unsigned 等；实型数据，分单精度 float、双精度 double 两种；字符型，char。

2. 构造类型

构造类型是一个复合结构，指由若干个成员数据组合成一个整体，即由多个数据项组成一个新的数据类型，每个组成部分一般是一个基本类型的数据，也可以是一个构造类型的数据。构造类型是根据要描述的数据对象的性质，把多个数据类型构造（或者说是拼凑）成一个整体。一个构造类型的值可以分解成若干个"成员"或"元素"，每个"成员"都是一个基本类型或也是一个构造类型。

有些数据对象需要描述的信息多，仅仅使用单个基本类型的数据不足以描述该对象。比如描述一个日期，需要包含年、月、日三个数据，操作时可能会单独使用其中的年、月、日信息。例如，一个具体的日期值"2020年12月4日"，它本身代表一定的含义，但也可把它拆分为由年、月、日三个整数组成，而且这三个整数又各有自己的含义，可以有自己有意义的操作，如同样一个加1操作，如果这个1加到年份这个整数上，是增加1年，如果加到月份这个整数上，它代表的含义是增加1月。这种情况下把日期定义成一个基本类型（如整型）会使操作变得麻烦（需要从这个整数日期值中分解出年、月、日三个值）。可以将日期定义为一个结构体类型，包含年、月、日三个成员数据，这样，既可以把它当作一个数据类型使用，也可以分别操作它内部包含的年、月、日三个成员数据。

构造类型分为数组、结构体、共用体三种类型，编程时常用的是数组和结构体，共用体是计算机出现之初，基于节省内存空间的思想而设计，是让多个数据分时间段共用同一块内存空间。现在计算机的内存空间是比较充足的，再使用共用体这种类型弊大于利，属于应该被淘汰的数据类型。

3. 指针类型

指针是一种特殊的、具有重要作用的数据类型。C语言可以通过指针直接操控内存，做一些访问底层硬件的工作。指针的这种权限一方面功能强大，另一方面又存在危险。不了解计算机组成原理的初学者，往往不容易理解存储空间和存储空间的地址这些概念、关系，也就造成对指针学习的理解困难。

指针基于C语言对内存管理，其用法灵活，可编写出操控计算机底层设备的程序，这当然也增加了编程者对C语言掌握的难度，因为要系统地、正确地、灵活地掌握指针的应用，必须对计算机的硬件结构和工作原理，甚至是操作系统的指令集有深入了解。只有充分理解了指针，并能灵活应用，才能成为一个C语言编程高手。

本书对指针内容的介绍，主要集中在内存空间使用方面。用户在理解了计算机的内存结构及数据在内存中存储的有关规定，记住对存储空间遵循先分配（即锁定该存储空间不让别人再使用）、后使用（指将数据存入所分配的存储空间中），使用完毕记得释放（即解除锁定的存储空间，使之可供别人再申请分配使用）即可。理解了这一点，指针的使用就变得非常简单。

指针可以为编程者访问变量、调用函数提供另外一种方式，这也就是C语言所说的"编程灵活"，所谓灵活，就是任意一个功能，都能有多种方式的语句实现它。

4. 空类型

一般地，C语言中任何一个数据都必须有其类型，以确定其运算规则以及它在内存中如何存储。C语言提供了一个空类型数据的定义void，意思是一个空值。void主要用于一个不返回值的函数的返回值类型定义。

本节主要介绍基本类型中的整型、浮点型和字符型。其余的数据类型在以后各章中陆续介绍。

2.3.2 基本数据类型

对于数据，C语言划分比较细，分为整型、单精度、双精度三种类型。区别在于存储时占据存储空间的大小不一样，不同类型的数据可在计算机内表示的范围不同。

1. 整型数据

整型数据就是整数，是一个没有小数部分的数值型数据，如-5、30 等。人们在生活中，包括在编写程序时，习惯上都使用十进制形式，但在计算机内部，所有的数据都以二进制数形式存储，整数也不例外。如十进制数 2 022，在计算机内部存储时，其二进制形式为：0000 0000 0000 0000 0000 0111 1110 0110，是一个 32 位的二进制数。

2. 实型数据

实型数据表示的是带小数部分的数值，如 3.14。C 语言把实型数据分为单精度和双精度两种，所谓单精度和双精度，是指实数在计算机中存储和使用时，能精确到小数点后多少位。单精度精确到小数点后 6 位，双精度精确到小数点后 15 位，之后位数的数字已经不准确了。

3. 字符型数据

这里所说的字符型数据，主要是指英文字符、数字字符、标点符号以及从键盘上能直接输入的其他符号。字符在计算机内部也必须转换为一个二进制数才能存储和参与运算，这一类字符即所谓的 ASCII 字符，又称半角字符。汉字也是一种字符，因数量较多，为汉字分配的存储空间为 2 字节，最多可以存储 $2^{16}-1$ 个汉字字符，又称全角字符。C 语言把汉字字符当成两个半角字符进行处理。

2.4 数据的表示形式——常量与变量

实质上，程序是编程者编写的用于命令计算机执行一系列操作以达到某种处理目的的代码序列。程序的处理对象统称为数据，数据在计算机中有两种表示形式：常量和变量。

2.4.1 常量

常量是指在程序代码中书写的数据的具体值，如一个整数 2 022。在程序执行期间，常量的值不会发生变化。

使用 C 语言编程时，经常使用的常量分为整型、实型、单个字符型、字符串型四种。

1. 整型常量

整型常量，即一个具体的整数，如 20。在 C 语言中，整型常量可以使用十进制、十六进制、八进制三种方式来表示。

1）用十进制表示整型常量

十进制是人们日常使用的进位计数制，编程时如果需要表示整型常量，也通常很自然地使用十进制形式，表示十进制数的数码为 0～9 这十个数字符号。

以下各数是合法的十进制整型常量：2 021、2 015、1 234、9 919。

2）用十六进制表示整型常量

C 语言允许用十六进制表示整型常量。十六进制是指按低位满 16 向高位进 1 的进位计数制，表示十六进制数的数码为 0～9 这十个数字符号和 A、B、C、D、E、F 这六个字母符号。为了与十进制数区分，C 语言规定十六进制整型常量在书写时必须以 0X 或 0x 开头。注意：0X 中的 0

是数字 0，切勿混为英文字母 O，后面的 X 大小写均可。

例如，"16"代表十进制数的 16，而"0X16"以 0X 为前缀，C 语言认为它是一个十六进制数，它代表的数值是十进制数的 22。

以下各数是合法的十六进制整型常量：

0X2A（十进制数为 42）、0XA0（十进制数为 160）、0XFFFF（十进制数为 65 535）。

以下各数不是合法的十六进制整型常量：

5A（无前缀 0X，表明是十进制数，而表示十进制数的符号没有字母 A）、0X3H（前缀 0X 表明是十六进制数，但 H 不是表示十六进制数的数码符号）。

3）用八进制表示整型常量

八进制是指按低位满 8 向高位进 1 的进位计数制，表示八进制数的数码为 0～7 这八个。C 语言规定用八进制表示整型常量必须以 0 开头，即以 0 作为八进制数的前缀。C 语言还规定，八进制数是无符号数（unsigned），不能用来表示负数。

以下各数是合法的八进制整型常量：

015（十进制数为 13）、0101（十进制数为 65）、0177777（十进制数为 65 535）。

以下各数不是合法的八进制数：

256（无前缀 0，被视为十进制数）、0392（包含了非八进制数码 9）、-0127（不能表示负数）。

C 语言虽然允许使用十六进制、八进制表示整型常量，但大多数程序员习惯上还是使用十进制，编程时使用十六进制、八进制比十进制更为方便的场合很少。C 程序中是根据前缀来区分不同进制数的。因此在书写常数时不要把前缀弄错从而造成结果出错。

【例 2.1】 将十进制整数 21 分别按十进制、十六进制、八进制输出。

```
#include <stdio.h>
main()
{
    printf("十进制: %d\n",21);
    printf("十六进制: %x\n",21);
    printf("八进制: %o\n",21);
}
```

运行结果：

十进制: 21
十六进制: 15
八进制: 25

程序说明：

三条 printf()语句中，双引号里的%d 的位置用 21 这个十进制数的十进制整数形式输出，%x 的位置用 21 的十六进制形式输出，%o 的位置用 21 的八进制形式输出。计算机会将十进制形式的 21 转换为十六进制、八进制。需要注意的是，%o 中的 o 是英文字母，不要误输入为数字 0。

2. 实型常量

在 C 语言中，实型常量只能用十进制形式表示，不能用八进制形式和十六进制形式表示。在源代码中书写实型常量时，可以有两种形式：小数形式和指数形式。

小数形式如：0.123、12.3、0.1、-3.14 等。

指数形式如：1e5、1.2E+4、3.0e-2、7.02E-12 等，其中，e 或 E 代表以 10 为底，e 后的数字指 10 的次幂。如 3.0e-2 代表 3.0×10^{-2}。

3. 字符常量

字符常量是指由一对单引号（''）括起来的单个字符，例如，'a'、'A'、'#'、'+'等，而'ABC' 不是字符型常量。这里，一对单引号只是字符常量的定界符，不是字符常量的一部分。

编程时使用最多的字符常量是英文字母。C语言把字符视为一个无符号整数，字符的ASCII值就是把该字符当成整数时的数值，如字符'A'，其 ASCII 值为 65，可以把字符 'A'当成 65 使用。

【例 2.2】 验证字符可以当成一个整数进行操作。

```c
#include <stdio.h>
main()
{
    printf("%d\n", 'A');        //把字符A按十进制整数形式输出
    printf("%c\n", 65);          //把十进制整数65按字符形式输出
    printf("%c\n", 'A'+3);       //把字符A当成一个整数加3之后的和，按字符形式输出
}
```

运行结果：

```
65
A
D
```

程序说明请参见注释内容。

使用字符常量时要注意数字字符和数字的区别。例如，用单引号界定的 '5' 表示字符 5，而不是数值 5，字符 5 的 ASCII 码值是 53，在计算机内部存储时的二进制编码为 00110101，而数值 5 不是 ASCII 字符，在计算机内部存储时的二进制形式为 00000101。也就是，字符 '5' 如果用作整数，它的值是十进制的 53，而数字 5 的值就是 5。

【例 2.3】 观察输出结果，理解数字字符和数字的区别。

```c
#include <stdio.h>
main()
{
    printf("\n数字5的整数值=%d", 5);
    printf("\n字符'5'的整数值=%d", '5');
}
```

运行结果：

```
数字5的整数值=5
字符'5'的整数值=53
```

4. 转义字符

转义字符是一种特殊的字符常量。转义字符以反斜线"\"开头，后跟一个字符，如\n，或者后跟一个三位的八进制数，这个八进制数代表的是这个字符的 ASCII 值。转义字符具有特定的含义，不同于字符原有的意义，故称"转义"字符。常见转义字符及其功能见表2-1。

表 2-1 常见转义字符及其功能

转义字符	功能	ASCII 值(十进制形式)
\0	空字符（NULL）	0
\n	换行符（LF）	10
\r	回车符（CR）	13
\t	水平制表符（HT）	9
\v	垂直制表（VT）	11
\a	响铃（BEL）	7
\b	退格符（BS）	8
\f	换页符（FF）	12
\'	单引号	39
\"	双引号	34
\\	反斜杠	92
\?	问号字符	63
\ddd	任意字符	三位八进制
\xhh	任意字符	两位十六进制

使用转义字符时需要注意以下问题：

（1）组成转义字符的字符只能使用小写字母。

（2）转义字符\v 的功能是垂直制表，\f 的功能是换页，这两个转义字符如果用于控制屏幕输出，则对屏幕没有任何影响，如果用于控制打印机输出，则打印机执行其规定的操作。

（3）转义字符多数用于表示控制代码，以约定某种控制作用，如\n，输出它时不会输出一个符号，而是执行光标换行的功能。

\'、\\、\"、\?，这四个转义字符约定将'、\、"、?视作纯粹的字符。

C 语言规定用一对单引号''作为字符常量的定界符，如'a'表示字符 a，用一对双引号""作为字符串常量的定界符，如"我喜欢 C 语言"，用反斜杠\代表转义字符的开始标记，如\n。也就是C 语言为'、\、"这三个字符规定了定界符之类的其他功能，不再是纯粹的字符。当字符常量中使用单引号和反斜杠，以及字符串常量中使用双引号和反斜杠时，必须使用上面这种转义字符表示。如要表示字符'，不能写作'''，只能写作'\''，表示字符\也不能写作'\'，而必须写作'\\'，以避免歧义，因为'''会将前两个'视为定界符，第三个'成为多余，'\'会将\'视为转义字符'，造成少了一个定界符'。这都是语法错误。

当双引号"和反斜杠\是字符串的组成字符时，也必须使用转义字符的形式以避免歧义。比如要输出"他说："我喜欢 C 语言""这句话，要输出的字符串中包括有"这个字符，因为 C 语言规定一对双引号作为 printf()函数中的定界符，即一对双引号界定的内容是要输出的内容。但如果上面那句话直接写作 printf("他说："我喜欢 C 语言"");，则系统会认为前两个"配成一对，其后的字符不在这一对双引号界定范围，造成语法错误。要想把"作为字符串的内容，则必须写作\"。写作 printf("他说：\"我喜欢 C 语言\"");，则\"会显示为"，达到目的。字符串两端的定界符"不是字符串的组成字符，因此，它不会被显示出来。

使用转义字符\ddd 或者\xhh 可以表示 C 语言字符集中的任意一个字符。

\ddd 反斜杠后面的 ddd 是一个 3 位的八进制数，这个八进制数是哪个字符的 ASCII 值，就代表是哪个字符的转义字符表示形式，即将一个数值转义为字符。如字符 A 的 ASCII 值为十进制数 65，它对应的八进制数为 101，则\101 表示把数 101 转义为字符 A。\xhh 后跟的两位 hh 是十六进制数，如字符 A 的 ASCII 值用十六进制表示为 41，则\x41 同样表示转义为字符 A。

对于英文字母这些可显示字符，用上述八进制、十六进制转义字符的表示方式徒增麻烦，并无必须要这样做编程场景。\ddd、\xhh 主要用于表示那些不在附录 A 中的、不可显示但具有某种控制功能的字符，如"响铃"这个不可显示但有控制功能的"字符"的 ASCII 值为 7，则执行 printf("%c", '\7');会响铃一声。

【例 2.4】 用转义字符\ddd 来表示字符。

```
#include <stdio.h>
main()
{
    printf("\n字符A的八进制数=%o", 'A');
    printf("\n八进制数101代表的字符=%c", '\101');
}
```

运行结果：

```
字符A的八进制数=101
八进制数101代表的字符=A
```

【例 2.5】 转义字符的使用。

```
#include <stdio.h>
main()
{
    printf("  ab  c\tde\rf\n");
    printf("hijk\tL\bM\n");
    printf("you say \" I love C \"\n");
}
```

运行结果：

```
f ab  c de
hijk    M
you say " I love C "
```

程序说明：

语句 printf(" ab c\tde\rf\n");的功能是先输出 ab c，此时 a 前面有两个空格字符，然后碰到转义字符\t，横向跳到下一制表位置。

语句 printf("you say \" I love C \"\n");中的转义字符\"是为了输出字符串中的"，如果没有转义字符的标记反斜线符号\，则 printf()中格式字符串就会被分割成三部分,"you say "、I love C、"\n"，而 C 规定 printf()中格式字符串只能有一对双引号来界定，因此出错。所以，当需要输出"时，必须使用转义字符。

5. 字符串常量

字符串常量是由一对双引号括起的字符序列。例如，"CHINA"、"C program"、"$12.5" 等都是字符串常量。

字符串常量和字符常量是两个不同的概念,它们之间有以下区别:

(1)字符常量由一对单引号界定起来,字符串常量由一对双引号界定起来。

(2)字符常量只能是单个字符,字符串常量则可以含 0 个或多个字符,含 0 个字符的字符串""称为空字符串,而仅包含空格字符的字符串" "称为空格字符串,空字符串和空格字符串是两个不同的概念。空字符串的长度为 1,空格字符串的长度是包含的空格字符个数+1。

(3)字符常量在计算机内存储时占 1 字节的内存空间。字符串常量占的内存字节数等于字符串中字节数加 1。字符串结尾处会默认增加 1 字节,存放特殊字符'\0'(ASCII 码为 0),作为字符串结束的标志。

例如,字符串 "C program" 在内存中的存储形式如图 2-2 所示。

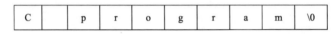

图2-2　字符串"C program" 在内存中的存储形式

系统自动在最后一个字符后增添字符串的结束标记'\0',它也要占用 1 字节的存储空间。因此,有 9 个字符的字符串"C program"的长度为 9+1=10。

字符常量'a'和字符串常量"a"虽然都只有一个字符,但在内存中的存储情况是不同的。

字符'a'在内存中占 1 字节的存储空间,字符串"a"在内存中要占 2 字节的存储空间,在内存中的存储形式如图 2-3 所示。

图2-3　字符常量'a'和字符串常量"a"在内存中的存储形式

6. 符号常量

编程时,有时候某个常量可能在程序中多处用到,并且这个常量的值所包含的符号又比较多,例如,若取圆周率的值Π=3.1415926,下面例 2.6 的程序用于求一个给定半径的圆的面积和周长,其中,Π这个常量的值 3.1415926 被用到了 2 次,并且如果想提高所求面积和周长的准确度,就需要增加Π值小数点后的数字个数,如把 3.1415926 改为 3.14159265358979,这会令编程者觉得输入的字符太多,在输入时也出现遗漏或者输入错误的概率比较大。此时,可以使用符号常量,如例 2.7,通过#define PI 3.1415926 语句,定义一个符号 PI,使其等同于 3.1415926,C 语言在对例 2.7 的源程序进行编译时,会将所有的 PI 统一替换为 3.1415926,实现和例 2.6 同样的功能。这样,首先输入 PI 只需输入 2 个字符,减少输入量和出错机会,其次还有一个便利,就是若将#define PI 3.1415926 修改为#define PI 3.14159265358979,则编译时程序中所有的 PI 均同时被修改,既减少了输入字符的数量,又能避免多处修改出现遗漏或者输入错误。

【例 2.6】求圆的面积和周长。

```
#include <stdio.h>
main()
{
    float R;   //分配一块能存储单精度数的存储空间,并将这个存储空间命名为R
    scanf("%f",&R);//从键盘输入一个数,存入R对应的存储空间中
```

```
    printf("面积=%f\n",3.1415926*R*R);      //求半径为R中所存储值的圆面积
    printf("周长=%f\n",2*3.1415926*R);      //求半径为R中所存储值的圆周长
}
```

【例 2.7】 使用符号常量求圆的面积和周长。

```
#include <stdio.h>
#define PI 3.1415926              //定义符号常量PI
main()
{
    float R;
    scanf("%f",&R);                //从键盘输入一个数,存入R对应的存储空间中
    printf("面积=%f\n",PI*R*R);    //求半径为R的圆的面积,%f替换为PI*R*R的值
    printf("周长=%f\n",2*PI*R);    //求半径为R的圆的周长,%f替换为2*PI*R的值
}
```

符号常量在使用之前必须先定义,其一般形式为:

`#define 标识符 常量`

#define 是一条预处理命令（预处理命令都以"#"开头),称为宏定义命令,其功能是把该标识符定义为其后的常量值。一经定义,以后在程序中所有出现该标识符的地方均代之以该常量值。

习惯上符号常量的标识符用大写字母,变量标识符用小写字母,以示区别。

使用符号常量有以下好处:

（1）见名知意。编程者通常会使用能表达常量含义的单词或字母作为符号常量的名字,便于记忆,又能根据名字猜到该常量的含义,增加了程序的可读性。

（2）避免反复书写,减少输入错误。

（3）一改全改,提高效率。

对编程者而言,编程时如果需要用到常量,直接在源代码中书写即可。编程时需要使用常量的机会并不多,编程者只需掌握整数、实数、字符这些常量的书写形式即可。

2.4.2 变量

变量也是数据在程序中的一种表示方法,相对于常量而言,变量的特点是在程序运行过程中,它的值（量）是可以发生变化的。几乎每个程序都要用到变量,因此,读者必须对变量的实质有清楚的理解,合理使用变量。

程序是一个处理数据的过程。程序中有些数据,其值在程序运行过程中可能会发生变化,或者需要经过程序的运算才能得到,这时候就不能用常量来表示这个数据,而必须要用变量来表示。所谓变量,实质上是计算机在内存中分配的一块用来存储数据的存储空间。变量声明成功,也就是为变量分配存储空间之后,往里面存储的数据就是该变量的值。编程者看到的和使用的是变量的名字,而实质上是对该变量所对应的一块存储空间进行操作。一个变量所分得的存储空间的大小取决于未来它所存储数据的类型。比如要用来存储一个整型数,这块空间就占4字节,如果是用来存储一个字符,则这块空间只占1字节。

1. 内存变量

　　C 语言规定，对内存的使用要依据内存单元（以字节或字为单位）的地址，而内存单元的地址是一个无规律的编号，不便记忆。为减轻难度，C 语言通过引入变量，对内存单元地址进行了一定程度的透明化处理，即对于很多场合，编程者只需知道有内存地址的存在，但并不需要知道这个地址数是多少，也不必直接使用地址去访问存储单元。引入变量后，把原本应该按地址访问变成了依据变量名进行访问。变量的名字是编程者自定义的标识符，记变量名要比记那个毫无规律的 16 位二进制数地址容易得多。

　　C 语言对内存的使用主要是通过定义变量。所谓定义变量就是通知计算机在内存中分配一块存储空间并为成功分配的存储空间命名，这个名字就是变量名。定义变量之后，编程者通过变量的名字来使用这块存储空间。使用内存又称访问内存，就是从变量对应的存储空间里读（取）数据或者向变量对应存储空间里写（入）数据。

　　C 语言所说的变量，主要是指内存变量，即为变量所分配的存储空间在内存中。还有一种变量称为寄存器变量，这个变量所分配的存储空间在 CPU 的寄存器中。内存和寄存器都是存储器，但从物理性能上，寄存器的读写速度远大于内存的读写速度。即对寄存器变量的读写要比内存变量的读写速度快。但寄存器变量受数量和编译器设置的限制，很多情况下编译器会自动把寄存器变量优化为内存变量，用处不多，故本书不对寄存器变量进行介绍。本书以后内容中所出现的变量一词，都是内存变量的简称。

　　读者应深刻理解变量类型、变量地址、变量名、变量值的区别与联系。

　　变量类型：指变量所要存储数据的类型。在定义变量时指定，系统根据数据类型与存储空间大小的约定，决定所分配存储空间的大小。

　　变量地址：一个变量对应的是内存中为其分配的一块存储空间，把这块存储空间的首字节的地址称为这个变量的地址。编程者可以直接按地址访问变量，但由于变量地址用一个 16 位的二进制数表示，没有规律，不便识记，因此这种方式并不常用。但编程者需要理解这种按"地址"索骥的内存访问机制。这里，所谓访问变量，就是按地址找到为变量所分配的存储空间，然后往这个空间里存储数据，或者从这个空间里取出所存储的数据。

　　需要强调的是，正确地、深刻地理解如上所述的变量、为变量分配的存储空间、变量地址这三个概念，是建立编程思想和计算思维的基础。程序是用来处理数据的，当待处理的数据量较大，或者数据的表达结构较为复杂时，编程者需要全面、科学地考虑如何存储这些数据才能使后期对这些数据的访问能够准确、快速，这个数据存储就和变量有非常密切的关系。而一旦读者对变量有了正确、深刻的认识，则 C 语言的数组、指针、结构体等知识就变得非常简单了，因为它们也是变量，其实质思想都是如何分配存储空间。

　　变量名：变量的名称。为了编程者使用方便，为变量确定的名称标识符，多用英文字母或者英文单词作为变量名。变量名由编程者确定，要遵守 C 语言标识符的命名规定，为方便录入和记忆变量名，变量在命名时要做到"见名知意、尽量简单"。

　　变量值：变量的值，是指存储在变量所对应的存储空间里的数据。

　　变量名、变量值和变量地址之间的关系如图 2-4 所示。

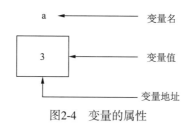

图2-4 变量的属性

2. 变量的数据类型

定义变量是为了存储数据,而数据有不同类型之分,C 语言按变量所要存储数据的类型确定变量的类型。如若一个变量要用来存储整数,则这个变量就是整型变量。

如前文所述,变量实际上对应的是内存中分配的一块存储空间。那么这一块存储空间有多大?即系统为每个类型的变量分配多少字节的存储空间?变量所分配的存储空间的大小很关键,因为它决定着其所能存储的数据值的范围大小。C 语言规定,根据变量所存储数据的类型不同而分配不同大小的空间。比如为一个整型变量分配 4 字节,为一个字符型变量分配 1 字节,为一个双精度实型变量分配 8 字节。这样做,既保证所分配空间能存储的数据范围满足编程者的大部分使用场景,又可以总体上不浪费存储空间。而如果三者都分配相同大小,比如都分配 4 字节,则存储字符时会浪费 3 字节,而存储双精度数时空间又不够用。

变量的类型决定着为变量分配的存储空间的大小,即所分配的存储空间由几个字节组成。C 语言规定:存储数据要使用变量,根据所要存储数据的类型不同,为变量分配不同大小的存储空间。而一旦存储空间分配确定,就限制了数据的表示范围。比如对于整型数据,可以定义一个 int 类型的变量去存储,C 语言规定 int 类型的变量要占用 4 字节的存储空间,即 $4\times 8=32$ 个二进制位(bit)大小。其中,首位用作符号位,1 代表负数,0 代表正数。一个 n 位的二进制整数,若首位用作符号位,则其所能存储数据的大小范围为:$-2^{n-1} \sim 2^{n-1}-1$,若首位不用作符号,则所能存储数据的大小范围为 $0 \sim 2^n-1$。

表 2-2 列举了 C 语言提供的各种整数型变量及其占用的存储空间大小。

表 2-2 C 语言提供的基本变量类型

类 型 名 称	关 键 字	所占存储空间大小/字节	能存储的数据范围
整型	int	4	$-2^{31} \sim 2^{31}-1$
字符型	char	1	$0 \sim 255$
长整型	long	4	$-2^{31} \sim 2^{31}-1$
加长整型	long long	8	$-2^{63} \sim 2^{63}-1$
短整型	short	2	$-2^{15} \sim 2^{15}-1$

例 2.8 的 C 程序可用于验证表 2-2 有关不同类型变量所分配存储空间大小。程序中 sizeof(char)用于求出 char 类型所分配的存储空间字节数。

【例 2.8】C 语言常用的基本数据类型所占存储空间大小。

```
#include <stdio.h>
main()
{
    printf("char型变量所占字节数为 %d\n",sizeof(char));
```

```
        printf("short型变量所占字节数为 %d\n",sizeof(short));
        printf("int型变量所占字节数为 %d\n",sizeof(int));
        printf("long型变量所占字节数为 %d\n",sizeof(long));
        printf("long long型变量所占字节数为 %d\n",sizeof(long long));
        printf("float型变量所占字节数为 %d\n",sizeof(float));
        printf("double型变量所占字节数为 %d\n",sizeof(double));
}
```

运行结果：

```
char型变量所占字节数为 1
short型变量所占字节数为 2
int型变量所占字节数为 4
long型变量所占字节数为 4
long long型变量所占字节数为 8
float型变量所占字节数为 4
double型变量所占字节数为 8
```

注意：无论哪种类型的变量，其所存储的数据都有大小范围的限制。表 2-2 给出不同类型的变量所存储数据的大小范围，若将超出范围的数值强行存储，则系统会做截断处理。

【**例 2.9**】验证当所存储的数值超出变量存储范围时的输出。

```
#include <stdio.h>
main()
{
    int i;              //定义整型变量i，所能存储的最大整数是2147483647，即2^31-1
    i=123456789;
    printf("%d\n",i);
    i=12345678911;      //为变量i所赋值超出int类型所能存储的最大整数
    printf("%d",i);
}
```

运行结果：

```
123456789
-539222977
```

程序说明：

第 1 行语句 int i;定义一个整型变量 i。第 2 行将整数 123456789 存入变量 i 中，这个整数没有超出整型变量所能存储的最大整数，因此第 3 行语句的输出结果是正确的。而第 4 行试图将 12345678911 存入变量 i 中，这个数超出了 4 字节长度的存储空间所能存储的最大整数，于是系统自动对其进行截断处理，造成第 5 行的输出结果并非 12345678911。这是一种逻辑错误，编程者对此要有戒备。

3. 定义变量语句——创建变量

定义变量，又称声明变量，这里的"定义"是个动词，可理解为创建变量，是告知计算机编程者所定义变量的类型和名称，通知计算机按所定义变量的数据类型分配存储空间，并建立所分配的存储空间与变量名的对应关系，使得在变量定义语句之后，可以通过变量名来使用这块存储空间。

定义变量的语句要同时声明所定义的变量类型和变量名称，其中，变量的类型用来通知计算机为此变量分配几字节的存储空间，比如定义的变量类型为整型，则系统就为该变量分配 4 字节的存储空间，如果是字符型，则分配 1 字节的存储空间。变量名称是为了方便使用变量而由编程者按标识符的命名规则设定。

C 语言声明变量时，需告诉计算机被声明的变量属于哪一种数据类型以及变量的名称。

声明变量的语句形式为：

变量类型标识符 变量名；

例如，int a;，其中，int 是变量的类型标识符，表示要定义 int 类型的变量，a 是变量的名称。

如果多个变量同属一个数据类型，也可以采用下面的变量声明语句：

变量类型标识符 变量名1,变量名2,…；

即把所有同类型的变量名用逗号隔开，写成一个语句，用一个数据类型标识符声明。例如，float a,b,c;，定义三个 float 类型的变量，变量名分别为 a、b、c。

C 语言有关定义变量的语法规定。

（1）变量必须先定义后使用。

定义变量，系统在编译时会根据定义变量语句中指定的数据类型，分配相应大小的存储空间，并确定数据的存储方式和允许操作的方式。如果没有变量的定义，则系统无从知道要分配多大的存储空间，这个空间也就不会被分配，编程者也就无法使用这个不存在的存储空间。因此，C 语言编程时，如果用到变量，一定是先定义后使用。否则，如果变量未定义而使用，或者使用变量的语句在前而定义变量的语句在后，则会出现编译错误，"[Error] 'XX' was not declared in this scope"，即名为 XX 的变量在此范围内未声明，单引号括起来的 XX 是未先定义而使用的变量名。

例如，有代码段：

```
a=3*5;
int a;
```

这里变量 a 就是先使用而后定义，这在编译时会报错，提示不认识 a。

（2）声明变量语句中变量类型标识符是数据类型的名称，有两种情形：一种是系统提供的基本数据类型，如 char、int、float、double；另一种情况是编程者自定义的结构体 struct 类型。如果要声明结构体类型变量，则该结构体数据类型应先定义。

（3）变量名是变量的标识符，由编程者命名，必须是 C 语言合法的标识符。变量命名要做到见名知意，变量名不宜过长。且同一层级的代码段中，不能定义同名的变量，即变量不能重复定义。

例如，有代码段：

```
int a,b;
int a;                  //语法错误，变量a被重复定义
if(b>0)
{
    int a;              //无错
}
```

第 1 行已经定义了变量 a，第 2 行与第 1 行是同一层级，故第 2 行重复定义变量 a，出现语法错误。而第 4 行、第 6 行这一对大括号，把第 5 行相比第 1 行降了一个层级。第 5 行定义的变量 a 称为局部变量，其作用范围限于它所在的那一对大括号括起来的代码段，与第 1 行定义的变量 a 是两个不同的变量，这在语法上是允许的。

4．使用变量——为变量赋值

定义变量就是通知系统为变量分配存储空间，变量定义之后具有了变量名和系统为它分配的存储空间。使用变量可以有多种方式，最自然、最简单的是按变量名使用的方法。学习了指针之后，还可以借助指针来使用变量。

【例 2.10】一个使用变量的简单程序

```
#include <stdio.h>
int main()
{
    int c, f;              //变量的定义，通知系统分配存储空间
    f=100;                 //变量的赋值，将100存储到f所分配的存储空间中
    c=5*(f-32)/9;          //计算机会计算=右侧的表达式的值，并将结果存入变量c中
    printf("f=%d, c=%d\n",f,c);    //按整数格式输出变量f, c的值
}
```

运行结果：

```
f=100, c=37
```

使用变量就直接按变量名。如第二行的 f=100;指出了变量 f，这个 100 就存储到变量 f 中，而不会是存储到变量 c 中。

变量定义之后第一次为变量赋值称为变量初始化，或者称为变量赋初值。有两种方式：

（1）在定义变量的同时给变量一个初始值，例如：

```
int a=5, b=3,c;
```

（2）先使用一条语句定义变量，再使用一条语句赋初值。例如：

```
int a;
a=5;
```

如果变量定义之后没有给变量赋初值进行初始化，则变量的值是不确定的，多数情况下是 0，但也可能是一个非常大的数。因此，定义变量之后，必须要为变量赋初值。

注意：可以在同一条语句中定义多个同类型的变量并分别赋初值，例如，int x=1,y=1,z=1;，但这个语句不能写成 int x=y=z=1;，这个语句是有语法错误的，因为只有逗号才能分隔不同的变量，这句话相当于定义一个名为"x=y=z"的变量并赋初值 1，而"="是不能作为标识符组成字符的。

2.4.3 变量使用注意事项

本节通过一些例子，进一步说明各种基本类型的变量在使用时应注意的问题。

1．整型变量

C 语言提供了多个可用于定义整型变量的关键字，最常用的是 int，还有 short、long、long long，

含义不同。short 为短整型，占 2 字节的存储空间。全称应为 short int，一般简写做 short。long 为长整型，占 4 字节的存储空间，全称应为 long int，一般简写做 long。long long 可称为加长整型，占 8 字节，全称应为 long long int，一般简写做 long long。为变量所分配的存储空间越大，其所能存储数值的范围就越大，但同时会占用较多的内存空间。那么，当需要存储一个整数时，编程者依据什么原则在这四种整型关键字中选择呢？这需要编程者对所要存储的数据范围做出估计，然后从节约内存空间的角度，按"够用"的原则选择。short 占用存储空间少，但存储的数值范围比较小，而 long long 可以存储数的范围太大，占用的存储空间又比较多。由于大多数情况下，人们需要计算机处理的整数一般在 $-2^{31} \sim 2^{31}-1$ 范围之内，因此，选择占 4 字节存储空间的 int 类型就可以满足需求。

例 2.11 验证了系统为不同关键字定义的整型变量分配的存储空间大小，请注意与例 2.8 的区别。

【例 2.11】显示系统为各种类型的变量所分配的存储空间大小（字节数）。

```
#include <stdio.h>
int main()
{
    char c;
    int i;
    short int m;
    long j;
    long long k;
    float x;
    double y;
    printf("char型变量所占字节数为 %d \n",sizeof(c));
    printf("int型变量所占字节数为 %d\n",sizeof(i));
    printf("short型变量所占字节数为 %d\n",sizeof(m));
    printf("long型变量所占字节数为 %d\n",sizeof(j));
    printf("long long型变量所占字节数为 %d\n",sizeof(k));
    printf("float型变量所占字节数为 %d\n",sizeof(x));
    printf("double型变量所占字节数为 %d\n",sizeof(y));
}
```

运行结果：

```
char型变量所占字节数为 1
int型变量所占字节数为 4
short型变量所占字节数为 2
long型变量所占字节数为 4
long long型变量所占字节数为 8
float型变量所占字节数为 4
double型变量所占字节数为 8
```

程序说明：

程序中的 sizeof(c) 用于求出系统为变量 c 分配的存储空间字节数，也可以写作 sizeof c。例 2.8 中用的是 sizeof(int) 来返回系统约定为 int 类型分配的存储空间字节数，只能写作 sizeof(int)，若写作 sizeof int 则出现语法错误。

所谓编程者在确定变量类型时所依据的"够用"原则，是指编程者对内存的使用应精打细算,即要思考如何在保证数据表示的精度不受损失或者虽有截断但四舍五入后的精度仍在可接受的范围这个前提下,尽量少用存储空间。这是选择使用什么类型的变量的考量因素。

如有 10 000 个整数要存储,自然要定义 10 000 个 int 型变量,这样,就会占用 10 000×4 字节的存储空间。如果已知这些数都介于 0~255 之间,则定义 10 000 个字符型(char)变量也可以实现准确存储,不会因存储不下而发生数据的截断,按 char 类型存储所占用的存储空间只是 10 000 字节,比按 int 型变量存储节省了 30 000 字节。C 语言把 char 型变量也当成一个无符号的 8 位二进制整数使用,其数值范围为 0~255。但如果这 10 000 个整数有个别整数大于 255 或者小于 0,则就不能使用 char 型变量来存储了,因为准确存储数据是首要的、必需的,在确保准确存储的前提下,根据数据的范围再考虑能不能节省一点存储空间。

有关整数的表示范围是告诉编程者,计算机内存储数据是有范围的,因此不能在程序中写一个非常大的数,即便写了,在运行的时候也会进行截断处理,即超出最大可表示值的时候,自动从 0 算起。比如,假设计算机能表示的最大的数是 99,如果输入一个数 101,则超出 99 后自动从 0 算,也就是 100 在存储时被截掉了百位上的 1,成了 0,101 被截断为 1。

例 2.12 验证了 C 语言对超过最大可表示值时的数,自动进行截断处理。

【例 2.12】 验证超出可表示最大整数时的数据输出结果。

```
#include <stdio.h>
main()
{
    printf("%d\n",999999999);
    printf("%d\n",9999999991);
    printf("%d\n",9999999992);
}
```

运行结果:

```
999999999
1410065399
1410065400
```

程序说明:

程序中语句 printf("%d\n",999999999);中的%d,是规定后面的数 999999999 按整数输出。这个数在可表示的整数范围之内,因此正常输出。但语句 printf("%d\n",9999999991);要输出的数 9999999991 已经超出计算机能表示的整数范围,实际输出的数是截断之后的 1410065399,这是不准确的,这会产生逻辑错误。第 3 个 printf 语句要输出的 9999999992 比第 2 个 printf 语句语句要输出的 9999999991 大 1,它实际输出的数也比第 2 个 printf 语句实际输出的数大 1。这个例子可以说明,当编程者在程序中书写的整数超过 C 语言规定的最大数时,C 语言对其进行了截断处理。提醒编程者在使用大整数时,要注意计算机表示整数有范围限制,超出数值范围的整数,会做截断处理,从而产生逻辑错误。

例如,下面的程序段,编程者的本意是让语句 s=s+i;循环执行 9999999991 次,但事实上 9999999991 这个数由于超过了计算机能表示的最大整数值,截断为 1410065399,造成只循环执行 1410065399 次,即没有达到编程者预设的要循环 999999991 次目的,从而产生逻辑错误。

```
int i,s;
for(i=1;i<=9999999991;i++)
{
    s=s+i;
}
```

2. 实型变量

实型数据指实数，C 语言中实型数据专指带小数部分的数。特别地，如果一个整型数值 5，若将其用作实型数值，则须在其后补写小数点，即写作 5.或 5.0。

C 语言把实型数据分为单精度和双精度两种，单精度用 float 表示，双精度用 double 表示。所谓单精度和双精度，是指实数在计算机中存储和使用时，能精确存储多少位有效位。单精度能精确存储 7 位有效位，双精度能精确存储 16 位有效位，之后位数的数字已经是不准确了。

C 语言规定，一个 float 类型的变量分配 4 字节，一个 double 类型的变量用 8 字节存储。单精度实数和双精度实数在存储时所占的存储空间字节数及数值范围见表 2-3。

表 2-3　C 语言实型数据分类

类 型 名 称	数据说明符	所占字节数	有 效 位 数	数值的范围(绝对值)
单精度类型	float	4	7 位	$3.4 \times 10^{-38} \sim 3.4 \times 10^{38}$
双精度类型	double	8	16 位	$1.7 \times 10^{-308} \sim 1.7 \times 10^{308}$

【例 2.13】 验证 float 类型和 double 类型的变量所存储的数据能精确到多少位有效位。

```
#include <stdio.h>
main()
{
    float x=5.5555555567;          //定义float类型的变量并赋一个有效位多于7位的实数
    double y=5.55555555555555555;
    printf("x=%.16f\n",x);          //按实数形式输出小数点后16位数字
    printf("y=%.16f\n",y);
}
```

运行结果：

x=5.5555553436279297
y=5.5555555555555554

程序说明：

本例中，x 定义为 float 类型的变量，用它存储实数时，无论该数有多少位数字，它只能准确存储有效位 7 位，因此，虽然程序中给 x 赋的值 5.5555555567 有 11 位数字，但第 7 位以后的数值都没有准确存储。语句 printf("x=%.16f\n",x);中的格式说明符%.16f，其中的 16 指显示数值时小数点后显示 16 位，因此虽然赋给 x 的数小数点后只有 10 位，但仍然输出小数点后 16 位。但从第 7 位开始的数字都不是程序中赋予 x 的数的相应位数的数字，即从第 7 位开始，所输出的数值已经不准确了。

类似地，y 定义为 double 类型，它只能准确存储 16 位有效位，虽然输出了小数点后 16 位，但不保证第 16 位所输出的数值是准确的。

当把一个实型常量（如 5.5555555567）存储到一个 float 类型的变量（如 x）时，无论编程

者给出的实型常量小数点后有多少位有效数字，计算机都只能根据 float 变量所能存储的有效数字的位数，在实型常量中按从左向右的方向截取数据。

实型变量的 float 型和 double 型之间的区别在于，double 型变量的有效位数比前者多、精度更高。对于一个有较多位数数字的实数，如有 20 位数字，超出了 double 类型变量的有效数字存储范围，计算机无法精确存储 16 位后面所有值，只能表示实际值的近似值。因此，使用实型变量时，无论是 float 还是 double，都会存在误差。

3. 字符型变量

定义字符型变量的关键字为 char，一个 char 型变量在内存中占一个字节，只能存储一个 8 位二进制数对应的字符，即这里说的字符主要是 ASCII 半角字符。将一个字符常量（如'A'）放到一个字符变量中，实际上不是把'A'这个符号存储到 char 变量中，而是将该字符的 ASCII 值作为一个无符号整数存储到变量对应的存储单元中。因此，char 型数据可以当作一个整数使用，不过它的范围在 0~255。一个字符型数据既可以按字符形式输出，也可以以整数形式输出。例如，char a ='A';与 char a=65;的功能都是将字符'A'存储到字符型变量 a 中，这是因为字符'A'的 ASCII 码是整数 65。

【例 2.14】大写字母与小写字母之间相互转换。

分析：同一个英文字母，大写字母的 ASCII 值和小写字母的 ASCII 码值相差 32，大写字母加 32 就是小写字母，小写字母减 32 就是大写字母。

程序如下：

```c
#include <stdio.h>
main()
{
    char c1,c2;                //定义两个char型变量
    c1='A';                    //将大写字母A存入变量c1
    c2='b';                    //将小写字母b存入变量c2
    c1=c1+32;                  //c1中所存储的值加32，变成小写字母a的ASCII值
    c2=c2-32;                  //c2中所存储的值减32，变成大写字母B的ASCII值
    printf("%c,%c\n",c1,c2);   //按字符的格式输出变量c1、c2所存储的字符
}
```

运行结果：

a,B

2.5 人机交互——数据的输入/输出

2.5.1 数据输入/输出的概念

可以把程序归结为处理数据的过程。从数据流的角度，程序的执行过程可分解为：输入源数据→进行数据处理→输出结果数据。这里说的"处理"有很多种，比较常见的是"计算"和"查询"。要进行"数据处理"，就必须把待处理的源数据给程序，这称为输入数据。程序按照编程者设计的算法对获取的源数据进行处理之后，处理的结果数据通常需要输出，以便让程序的使用者看到程序的运行结果。因此，数据的输入/输出是程序要实现的最基本功能。

在讨论程序的输入/输出功能如何实现时，需要注意以下几点。

（1）这里说的输入/输出是以计算机主机为主体而言的。输入是指通过计算机的输入设备（如键盘、鼠标、硬盘、扫码设备等）将数据送入计算机。输出是指将数据经由计算机的输出设备（如显示器、打印机等）展示给用户。数据有多种形式，如文字、声音、图像、视频等，但本节讨论的数据只包含数值型（int、float、double）和字符型（char）这两类，并且，输入是指通过键盘输入，输出是指输出到计算机的显示器。对于音频、视频、图像，以及文件的输入/输出，将在本书第9章介绍。

（2）C程序的输入和输出功能是通过调用C标准函数库stdio.h中的相关函数来实现的。

头文件stdio.h中定义了很多标准输入/输出函数，其中最常用的有printf()、scanf()，这两个函数通过格式符字符串的有关规定，可以实现整数、实数、字符串、单个字符的输入或输出，是对各种数据类型通用的输入/输出函数。还有两对输入/输出函数，getchar()、putchar()专门用于实现单个的字符输入或输出，gets()、puts()专门用于实现字符串的输入或输出。这两对函数所能输入/输出的数据类型有严格的规定，比如，不能用gets()获取一个整型数据，无论用户输入什么字符，gets()都只会将其视为一个字符串。

（3）需要用预处理指令#include先把头文件stdio.h包含到程序中，才能调用这三对输入/输出函数，否则，程序在编译时会报语法错误。

C程序中的预处理指令是通知计算机做一些准备工作。C语言提供了多个预处理指令，#include只是其中最常用的一个，功能是用来包含头文件。为什么要#include头文件？因为头文件的主要内容是已经编写好的函数，编程中可以根据要实现的功能，直接"拿来"使用，即调用函数。而要调用某个头文件中的函数，一定要在调用之前，用#include把该头文件"包含"到当前正在编写的程序中。如果先调用头文件里的函数而后才包含该头文件，就会出现语法错误而至编译失败。编程者要养成将程序要用到的所有预处理指令集中放在程序文件开始位置的良好习惯。

stdio.h这个头文件中，除了有printf()这些函数的声明，还包含了一些与标准输入/输出操作有关的变量、宏。在调用标准输入输出库函数时，可以写作#include <stdio.h>，或#include "stdio.h"，即对头文件名的界定，可以用一对尖括号<>，有时也可以用一对双引号""。二者的区别是：用尖括号形式时，系统从存放C编译系统的子目录中去找所要包含的文件，这称为标准方式。如果用双引号形式，在编译时，编译系统先在用户的当前目录（一般是用户存放源程序文件的子目录）中寻找要包含的文件，若找不到，再按标准方式查找。如果用调用系统库函数而要包含系统提供的相应头文件，通常用标准方式，这样系统可以快速找到该头文件。如果要调用的函数在编程者自己编写的头文件中，这种文件通常存放在当前程序所在的目录中，这时应当用双引号形式，否则编译系统只会在C编译系统所在的安装路径中寻找，当然找不到所需的头文件。如果该头文件不在当前目录中，可以在双引号中写出文件的完整路径（如#include "D:\CTest\ myfile1.h"），以便系统能从中找到所需的文件。

2.5.2 格式输出函数printf()

printf()和scanf()可以按编程者设定的格式实现数据的输入、输出，称为格式输入、输出函数。

C 程序中通常用 printf()和 scanf()函数来实现数据输出和输入。

1. printf()函数的参数说明

printf()函数的功能是按编程者指定的格式输出数据，它默认的输出设备是显示器，即如果不做重定向设置，调用 printf()函数实现的输出都是显示在计算机屏幕上。

函数原型：

```
int printf(char * format [,argument,…]);
```

函数功能是按规定格式向输出设备输出数据，并返回实际输出的字符个数，若出错，则返回负数。通常，编程者只关注要输出的内容，需要用到该函数返回值的机会很少。

调用 printf()函数的一般形式为：

```
printf("格式控制字符串" [,待输出的数据列表]);
```

例如，printf("a=%d\n",a);函数名后的一对括号()里的数据称为函数的参数，编程者通过参数把待处理的数据传递给函数。函数 printf()的参数分两部分。

1）格式控制字符串

它是 printf()函数的第一部分参数，功能是设置要输出数据的格式。组成格式控制字符串的字符有格式控制符、普通字符、转义字符三种，编程者根据需要从三者中选择组合而成，如 printf("a=%d\n",a);中的格式控制字符串就由这三种字符组成。其中，"a="是普通字符，%d 是一种格式控制符，而\n 是转义字符。

格式控制符有两个作用：一是它在源代码中是一个输出位置占位符，如在 printf("a=%d\n",a);中，%d 表示在字符=与\n 之间要输出一个数，至于这数是谁，要由执行这条语句时变量 a 的值确定，程序员在编写代码时，只能指出要输出 a 的位置，而不能把 a 的值直接写在代码里，这就是占位作用。执行这个语句时，会在%d 的位置输出后面变量 a 的值。%d 的第二个作用是控制计算机把变量 a 的值以十进制整数的形式输出。

调用 printf()函数时，格式控制字符串必须有且只能有一个。如果需要控制多个输出项，应将对应的格式控制符拼接成一个格式控制字符串，当然也可以使用多个 printf()函数，每个 printf()输出一个数据。如 printf("a=%d,b=%d",a,b);，把两个%d 拼接起来，按照位置顺序对应关系，第一个%d 的位置输出 a 的值，第二个%d 的位置输出 b 的值。

普通字符是指格式控制字符串中没有以%或者\开头的字符，如 a=这两个字符，执行时原样输出。格式控制字符串可以全由普通字符组成，比如 printf("Hello! C world");作用是将双引号里的字符原样输出。

转义字符是指以\开头的字符，输出转义字符的含义是执行转义字符规定的操作，比如转义字符\n 是"回车换行"，则输出\n 就是执行将光标下移到下一行行首位置的操作。

2）待输出的数据列表

函数 printf("格式控制字符串",待输出的数据列表)的第二部分参数是"待输出的数据列表"，用于列出要输出的数据，这部分参数的个数由"格式控制字符串"中的格式控制符的个数确定，也即"格式控制字符串"中有几个%开头的格式控制符，第二部分参数就必须列出对应个数的数据列表。特别地，如果格式控制字符串中没有包含以%为标志的格式控制符，如 printf("Hello! C world");，则是纯粹为了输出双引号中的字符，这是允许的，此时，printf()函数就不能有第二部分参数。

这个参数列出的数据须是表达式形式，当然这个表达式可以是由单个的常量、变量组成。如果待输出的数据不止一个，须用逗号隔开各个数据项。如 printf("a=%d,b=%d",a,b)中，输出项有 a、b 两个，中间要用逗号隔开。同时在格式控制字符串中，应使用%d 之类的格式控制符，预设输出数据列表中的各个数据的位置。输出数据列表中的数据必须和格式控制字符串中的格式控制符一一对应，按位置对应顺序控制数据的输出。

如 printf("a=%d",a); 前面有一个%d，后面就必须给出在输出时要占据%d 位置的值，这里用变量 a 给出。而 printf("a=%d,b=%d",a,b);中，前面有两个%d，则后面就必须给出两个数据，这里通过变量a 和 b 给出，用半角状态的逗号","隔开。格式控制字符串的第一个%d 用"待输出数据列表"中的第一个数据变量 a 的值替换，第二个%d 用第二个数据变量 b 的值替换。

看几个使用 printf()的例子，请注意理解后面的注释。

```
printf("Hello! C world");      //在屏幕上显示Hello! C world
printf("%d",a);                //将变量a的值以十进制整数形式输出
printf("a=%d",a);              //双引号里的a=原样输出，%d的位置以十进制整数形式输出变量a的值
printf("a=%d,b=%d",a,b);       //第一个%d所在的位置显示a的值，第二个%d显示b的值
printf("3*5=%d",3*5);          //双引号里的3*5=原样输出，%d用表达式3*5的计算结果15替换
```

2. printf()函数的格式控制符

格式控制符约定数据的输出格式，以%开始，以类型字符结束，中间可增添一些控制输出格式的可选项。完整的形式为：

% [标志] [输出最小宽度] [.精度] [长度] 类型字符

"[]"表示该项为可选项，即该项并不是必需的，由编程者根据实际需要自己确定是否书写它，如果不书写它，输出时有关这个选项的控制采用默认值。这里方括号只是说明该项是可选项的一个标记，而不是可选项的组成字符，因此输入可选项时，不能输入方括号字符[]。格式控制符各部分功能说明如下。

（1）%：格式控制符的开始标志。

（2）类型字符：类型字符用以约定该位置要输出数据的类型，有多种格式字符，见表 2-4。

表 2-4　printf()函数的格式控制符及功能

格式控制符	说　　明	例　　子	输出结果
%d	以带符号的十进制形式输出整数	printf("%d",-20);	-20
%o	以无符号的八进制形式输出整数	printf("%o",65);	101
%x	以无符号的十六进制形式输出整数	printf("%x",255);	ff
%u	以无符号的十进制形式输出整数	printf("%u",567);	567
%c	以字符形式输出单个字符	printf("%c",65);	A
%s	输出字符串	printf("%s","ABCD");	ABCD
%f	输出实数，默认小数点后输出 6 位	printf("%f",567.789);	567.789001
%e	以标准指数形式输出实数	float a=567.789; printf("%e",a);	5.677890E+02

续上表

格式控制符	说明	例子	输出结果
%g	选用 f 和 e 格式中输出宽度较小的格式，不输出无意义的 0	float a=567.789000; printf("%g",a);	567.789
%p	按十六进制输出变量的地址	int a; printf("%p",&a);	输出变量 a 的地址

表中，%d、%f、%c 最为常用。

说明：格式字符是单个字符，本书为了避免混淆，添加了%，只有以%开头，才被解释为格式字符。在%与格式字符之间，可以根据数据的类型和输出格式要求，通过添加[标志][输出最小宽度][.精度][长度]这些可选项中的某几个，实现较为规整的输出。

（3）标志：标志字符用来约定数据输出的形式，如左对齐等，通常要和"输出最小宽度"等可选项配合使用才有效果，见表 2-5。

表 2-5 标志字符组成及功能

字符	说明	例子	输出结果
-	要与输入最小宽度同时使用方起作用。左对齐，即右侧以空格补足最小宽度。不输入-时为默认的右对齐	printf("a=%-8d|",1234); printf("a=%8d",1234);	a=1234 | a= 1234
0(数字)	不足的空位用 0 填充，只对右对齐有效。左对齐后面不能补 0	printf("a=%08d",1234); printf("a=%-08d|",1234);	a=00001234 a=1234 |
+	约定在正数前显示正号（+）	printf("%+d",1234);	+1234
#	当把数据按八进制形式输出时显示前导符号 0，按十六进制数输出时显示前导符号 0x	printf("%#o",255); printf("%#x",255);	0377 0xff
.精度	对浮点数表示输出 n 位小数，末位四舍五入；对字符串表示截取的字符个数	printf("%.4f",3.14159); printf("%.4s","abcdefg");	3.1416 abcd

（4）输出最小宽度：约定输出的最少位数，若待输出数的实际位数多于设定的这个宽度，则按实际位数输出，若实际位数少于定义的宽度则补以空格，如果同时标志为 0，则以 0 补齐。

（5）精度：以".n"的形式指出输出数据小数点后位数，如.7 表示小数点后要输出 7 位，如果原数小数点后多于 7 位，则将第 8 位向第 7 位四舍五入后截断。

（6）长度：长度格式符为 h、l 两种，h 表示按短整型量输出，l 表示按长整型量输出。这个控制符很少使用。

3．printf()的 4 种常用格式控制符

1）%d 格式符

控制按十进制整数形式输出。默认为右对齐按实际长度输出，正数不输出符号+，负数输出负号-。可以指定输出数据的域宽（所占的列数），如用"%5d"中的 5 指定输出数据占 5 列，输出的数据显示在此 5 列区域的右侧。

%d 按整型数据的实际长度输出。

%md 以 m 指定的字段宽度输出，如数据的位数小于 m，则左端补以空格；若 m 前面有"0"，

则左端补 0。

%-md 以 m 指定的字段宽度输出，左对齐。

%ld 输出长整型数据。l 是小写字母，不是数字 1。

2）%f 格式符

用来以小数形式输出实数。分两种方式。

（1）不指定输出数据的长度：由系统根据数据的实际情况决定数据所占的列数。实数中的整数部分全部输出，小数部分只输出 6 位，第 7 位向第 6 位四舍五入后截断。例如，printf("%f",123.4567896);输出 123.456790。

（2）指定数据宽度和小数位数：用%m.nf，m 表示数据显示总列数，n 表示小数点后显示的位数，如%7.4f，表示总列数为 7，小数部分列数为 4。小数部分设定的列数 n 是必定保证的，但总列数 m 在 m<=n，或者实际的整数部分列数+n>m 时，m 的设定将失效，数据按实际位数输出。如 printf("%5.6f",123.4567896);与 printf("%10.6f\n",123.4567896);输出的数都是 123.456790。%5.6f 中的总宽度 5 的设置是失效的。

特别地，如果把小数部分的输出位数指定为 0，则不输出小数点及其后的小数部分。如 printf("a=%5.0f",123.4567896);输出 a=　　123，即按右对齐只输出整数部分，若不足 m 列，则左侧用空格补齐。

上面所举例子中的输出项是单独一个常量，而通常 printf()要采用格式控制符控制输出的是变量。在使用变量时，还要考虑变量在存储数据时会产生的截断情况。

如将一个小数点后超过 20 位数分别存入 double 类型变量和 float 类型变量，从输出结果观察数据在存储时发生的截断。

```
double x=0.12345678901234567891;    //将小数点后超过20位数存入double变量x中
printf("x=%.20f\n",x);
float  y=0.12345678901234567891;    //将小数点后超过20位数存入float变量y中
printf("y=%.20f\n",y);
```

输出结果：

```
x=0.12345678901234568000
y=0.12345679104328156000
```

虽然都是由格式控制符%.20f 约定输出小数点后 20 位，但将数据存入 double 类型变量时，会在小数点后第 17 位发生四舍五入并截断，也就是小数点后前 16 位是准确的。而将数据存入 float 类型变量时，会在小数点后第 8 位发生四舍五入并截断，也就是小数点后前 7 位是准确的。这是由变量的存储精度确定的，与格式控制符%.20f 设置的精度 20 无关。

%f 整数部分全部输出，小数部分输出 6 位（四舍五入）。

%m.nf 右对齐，输出数据共占 m 列，小数占 n 位。只有 m 时，当 m 大于字符串长度则需补足 m 列，当 m 小于字符串长度则 m 的设置失效，等同于%f。

%-m.nf 左对齐，输出数据共占 m 列，小数占 n 位。

%lf 以双精度输出

3）%c 格式符

%c 的位置用来输出一个字符。如 printf("%c",'a');运行时显示字符 a。输出项用字符常量表示，也可以用 ASCII 值表示，如 printf("%c",97);同样输出字符 a，因为 a 的 ASCII 为 97。

可以指定域宽，如 printf("|%5c|",'a');运行时显示| a|，即以右对齐方式输出字符 a，前面补齐 4 个空格。

4）%s 格式符

用来输出一个字符串。如 printf("%s","CHINA");，运行时显示 CHINA。

可以设置输出域宽和对齐方式。

%ms 输出字符串占 m 列，右对齐。m 小于字符串长度时原样输出，大于字符串长度时不足补空格，下同。

%-ms 输出字符串占 m 列，左对齐。

%m.ns 输出字符串前 n 个字符，占 m 列，右对齐。

如 printf("%3s,%-6s,% -5.2s,%4.3s,%.3s,","hello","hello","hello","hello","hello");

输出结果为：hello,hello ,he   , hel,hel,

【例 2.15】printf()格式控制符之%d、%c 应用举例。

```
#include <stdio.h>
main()
{
    int a=88,b=89;
    printf("%d %d\n",a,b);
    printf("%d,%d\n",a,b);
    printf("%c,%c\n",a,b);
    printf("a=%d,b=%d",a,b);
}
```

运行结果：

```
88 89
88,89
X,Y
a=88,b=89
```

程序说明：

本例中四次输出了 a,b 的值，但由于格式控制字符串不同，输出的结果也不相同。第四行的输出语句格式控制字符串中，格式控制字符串两个%d 之间加了一个空格（非格式字符），所以输出的 a,b 值之间有一个空格。第五行的 printf 语句格式控制字符串中加入的是非格式字符逗号，因此输出的 a,b 值之间加了一个逗号。第六行的格式串要求按字符型输出 a,b 值。第 7 行中为了提示输出结果又增加了非格式字符串。

【例 2.16】printf()格式控制符之%d、%f、%c 应用举例。

```
#include <stdio.h>
main()
{
    int a=15;
```

```
        float b=123.1234567;
        double c=12345678.1234567;
        char d='p';
        printf("a=%d,%5d,%o,%x\n",a,a,a,a);
        printf("b=%f,%lf,%5.4lf,%.4lf \n",b,b,b,b);
        printf("c=%lf,%f,%8.4lf\n",c,c,c);
        printf("d=%c,%8c\n",d,d);
}
```

运行结果：

```
a=15,   15,17,f
b=123.123459,123.123459,123.1235,123.1235
c=12345678.123457,12345678.123457,12345678.1235
d=p,       p
```

程序说明：

第 7 行中以四种格式输出整型变量 a 的值，其中"%5d"要求输出宽度为 5，而 a 值为 15 只有两位故先输出 3 个空格符号再输出 15。

第 8 行中以四种格式输出实型单精度变量 b 的值。其中"%f"和"%lf"格式的输出相同，说明"l"字符对"f"类型无影响。"%5.4lf"指定输出的总位数宽度为 5，.4 表示小数点后数字个数为 4，因为加上小数点已经等于 5 了，也就意味着没有位置可输出整数部分，这时候 C 语言就自动把总长度 5 的设置作废，数据按实际位数输出，但小数点只显示 4 位数字，第 4 位以后的数字如果有也被截去。%.4lf 中略去对总宽度的设定，输出结果和%5.4If 格式相同，未设定总宽度，意味着数据按实际位数输出，小数点后只保留 4 位小数，第 4 位以后的数字将被截去。

第 9 行输出双精度实数，"%8.4lf"由于指定精度为 4 位故截去了超过 4 位的部分。

第 10 行输出字符型变量 d 的值，其中"%8c"指定输出宽度为 8，故在输出字符 p 之前补加 7 个空格。

说明：printf()函数输出时，输出对象的数据类型应与对应的格式控制符的功能匹配，否则将可能会出现逻辑错误。

例如：

```
float y=0.12345678901234567891;   //将小数点后超过20位数存入float变量y中
printf("y=%d\n",y);
```

运行结果：y=1073741824，这是一个错误的结果，是一种逻辑错误。错误的原因是 y 是 float 类型，而%d 要求 y 按整数形式输出，格式控制符与输出对象的数据类型不一致。

类似地：

```
int a=900;
printf("%f\n",a);
```

运行结果：0.000000，也是错误的。

格式控制符除了 X,E,G 外，其他必须用小写字母，如%d 不能写成%D。

如果想输出字符%，应该在"格式控制字符串"中用连续两个%表示。如 printf("%%");，输出一个%。

2.5.3 格式输入函数scanf()

scanf()函数的功能是从键盘、文件或者其他数据源中获取数据，并按编程者在格式字符串中指定的数据类型格式，存储到给出地址的存储空间或者文件之中。通常所获取的数据是从键盘输入，所存储到的位置是通过变量给出的存储空间地址。scanf()最常用的功能是接收用户从键盘输入的数据并存储到指定变量中。

1. scanf()的参数说明

函数原型：

```
int scanf(const char* format,...);
```

调用 scanf()函数的一般形式为：

```
scanf("格式控制字符串",存储位置的地址列表);
```

scanf()函数要求提供的参数分为两部分（需要注意的是，不一定是只有两个参数），其中，第一部分参数是格式控制字符串，编程者用它来指定接收的数据按什么类型进行存储，第二部分参数用来指定将数据存储到什么位置，如果要接收的数据多于一个，这部分参数要一对一地依次为这些输入的数据列出相应的存储位置地址，也就是这部分参数可能不止一个。使用 scanf()函数，这两部分参数都必须要有。例如：

```
int a,b;                //定义两个整型变量a、b，为存储数据做好存储位置准备
scanf("%d",&a);         //接收用户从键盘输入的数据，并按整型格式存入变量a的存储空间
scanf("%d%d",&a,&b);    //将获取到的第一个整数存入a中，第二个整数存入b中
```

scanf()函数获取数据的来源默认是键盘，程序运行到 scanf()函数时会停下来，等待用户从键盘输入数据。scanf()函数按格式字符串中格式字符的数据类型约定，对获取的数据进行截取、分割并存入第二部分参数所列出的、对应的存储位置里。

1）格式控制字符串

scanf()函数的格式控制符由%开头的格式字符构成，用于指定所要接收的数据的类型，即约定是接收整数、实数、单个字符还是字符串，以便能对用户输入的字符序列进行截取、分割。如 scanf("%d",&a);，格式控制符为%d，约定按整数接收。如果用户用键盘输入字符序列 98AK41，则系统会截取第一个非数字字符 A 前面的 98 作为要输入的整数,将其存入变量 a 的存储空间里。如果改为 scanf("%c",&ch);，格式控制符为%c，约定按单个字符接收，同样输入 98AK41，则系统只截取第一个 9 并将其作为字符 9（注意不是数值 9）存入变量 ch 中。

scanf()函数的格式字符串也可以包括普通字符,但不能包含\n 之类的具有某种功能的转义字符。与 printf()函数不同，scanf()函数包含普通字符要求用户按原样输入，否则将不能对输入的字符序列进行正确的分割、截断。如 scanf("a=%d",&a);中包含普通字符 a=，在运行时，用户应输入 a=98，如果没有输入普通字符 a=而直接输入 98，则将获取不到真正想要的数值 98。由于程序的用户通常不会看到源代码，因此不会得知源代码中 scanf()函数的普通字符是什么，从而会因未正确输入普通字符导致不能正确获取数据，这是一种逻辑错误，因此，不要在 scanf()函数的格式控制字符串里设置普通字符，除非编程者和运行程序的用户都清楚在格式控制字符串中设置了哪些普通字符。

如果非要在格式控制字符串中设置普通字符，则一般是逗号","这些起分隔作用的字符。如 scanf("%d,%d",&a,&b);中两个%d之间的逗号是普通字符，它在输入数据时起分隔作用，如用户输入34,56，则系统依据逗号，将34与56分隔为两个整数，分别存入变量a与b中。作为普通字符的逗号，在输入时也必须原样输入。

2）存储位置的地址列表

这部分参数用来指定将数据存储到什么位置，是所输入数据存储位置的地址列表。因为多数情况是将数据存储到变量中，因此，这个存储位置是内存中为变量所分配的存储空间。

在 scanf("%d%d",&a,&b);中，&a 代表变量a所分配的存储空间的首地址。所谓将数据存储到变量a中，实际上是将数据存储到内存中为变量a分配的存储空间中，scanf()要求给出变量a分配的存储空间的地址，这个地址并不要求编程者知道，需要指出时，用求变量地址运算符&即可，如&a。

格式控制字符串中有几个格式控制符，则"存储位置的地址列表"这部分参数中必须包含相同数量的存储位置。如 scanf("%d%d",&a,&b);中，格式控制字符串中有两个格式控制符%d，表示要从用户输入的字符序列中截取出两个整数。对应的，第二部分参数要有两个存储空间地址和格式控制符中的两个%d按先后位置对应，第一个整数存储到第一个变量a的存储空间中，第二个整数存储到第二个变量b的存储空间中。

2. scanf()函数的格式控制符

scanf()函数的格式控制符的一般形式为：

%[*][输入数据宽度][长度]类型字符

其中方括号[]中的项为可选项，可选项若不输入，系统将取默认规则，各项的意义如下。

（1）%：格式字符串的开始标志。

（2）类型字符：类型字符用以约定所接收数据的类型，有多种格式字符，功能见表2-6。

表2-6 scanf()函数的格式控制符及功能

格式控制符	说　　明	例　　子
%d、i	用于输入有符号十进制整数	int a;　scanf("%d",&a);
%u	用于输入无符号十进制整数	int a;　scanf("%u",&a);
%o（字母,非数0）	用于输入无符号八进制整数	int a;　scanf("%o",&a);
%x、X	用于输入无符号十六进制整数	int a;　scanf("%x",&a);
%c	用于输入单个一个字符	char a;　scanf("%c",&a);

%s	用于输入字符串，并将字符串送到一个字符数组中	char a[10]; //分配10个char类型的存储空间
		scanf("%s",a); //数组名就是地址

%f、e(E)	用于输入float浮点数据，输入时用小数点形式或指数形式均可	float a; scanf("%f",&a);
%lf	用于输入double双精度浮点数据	double a;　scanf("%lf",&a);

其中，%d用于控制输入整数，%f用于输入单精度实数，%c用于输入单个字符，%s用于把输入的字符序列当作一个字符串。这四个格式控制符最为常用。

(3)"*"可选项:用于表示该输入项,读入后不赋予相应的变量,即跳过该输入值。例如,scanf("%d %*d %d",&a,&b);。

当输入为:1 空格 2 空格 3 回车,则截取 1 存储到变量 a,2 被%*d 控制跳过,然后截取 3 存储到变量 b。*多用于控制从文件中读取数据时有意地隔过一列数据。

(4)输入数据宽度:指定输入字符序列中截取的宽度,即字符个数。宽度值是一个十进制整数。例如,scanf("%5d",&a);输入 12345678,系统只从输入的这个字符序列的开始位置取 5 个字符,即把 12345 赋予变量 a,其余部分用于为下一个格式控制符对应的变量赋值,若其后没有格式控制符,则舍弃。又如,scanf("%4d%4d",&a,&b);输入 12345678,将把 1234 赋予变量 a,而把 5678 赋予变量 b。

(5)长度:长度格式符为 l 和 h,l 表示输入长整型数据(如%ld)和双精度浮点数(如%lf)。h 表示输入短整型数据。此可选项很少使用。

3. scanf()函数常用的格式控制符及截取、分隔规则

scanf()函数与缓冲区:

缓冲区是在内存空间中预留的存储空间,用于缓冲输入或输出的数据。缓冲区根据其对应的是输入设备还是输出设备,分为输入缓冲区和输出缓冲区。

缓冲区用于在输入输出设备和 CPU 之间"中转"数据。输入输出设备的速度远远低于 CPU 速度,若因极慢速的输入/输出而独占 CPU,则在等待输入输出数据的同时,CPU 也不能去处理其他任务,成为系统的性能瓶颈,若将输入/输出的数据先送至缓冲区,此时 CPU 可以用于处理其他任务,则能提高计算机整体多任务处理性能。

当输入数据时,所输入的数据都先存放在缓冲区,按【Enter】键后,才会将缓冲区中字符序列交给 scanf()函数。执行 scanf()函数,程序会先检查输入缓冲区中是否有数据。如果没有,就等待用户输入。用户输入的每个字符都会以排队的方式暂时保存到缓冲区,直到按【Enter】键,认为一次输入结束,此时 scanf()函数才把缓冲区中的数据一次性读取。如果缓冲区有数据,哪怕是一个字符,scanf()函数也会直接读取,不会再等待用户输入。

scanf()函数从缓冲区中读取的数据,要按照格式控制字符串中格式控制符的控制进行截取、分隔,然后存储到相应的存储位置中。不同格式控制符所约定的截取规则不同。

1)%d——输入整型数据

%d 约定从缓冲区的字符序列截取一个整数。截取的规则是从缓冲区的第一个字符开始,碰到第一个非数字字符时,截断,其后的内容作为下一个格式控制符控制的输入内容,如果后面没有格式控制符,则舍弃。

当有多个格式控制符控制输入多个数据时,可以使用空格键、【Tab】键、【Enter】键作为数据之间的分隔符。分隔符只起分隔数据的作用,分隔符本身不应作为字符被读取并存储。

【例 2.17】%d 格式控制符的使用。

```
#include <stdio.h>
main()
{
    int a,b;
```

```
    scanf("%d",&a);
    printf("a=%d\n",a);
    scanf("%d%d",&a,&b);           //包含多个格式控制符时如何分隔数据
    printf("a=%d,b=%d\n",a,b);
    scanf("a=%d,b=%d ",&a,&b);     //带普通字符的格式控制字符串
    printf("a=%d,b=%d\n",a,b);
}
```

程序说明：

对 scanf("%d",&a);，如果输入 78a89，则截取第一个非数字字符 a 前的 78，该语句只有一个格式控制符%d，因此后面的 a89 将被丢弃。如果输入的第一个字符不是数字，如 a23，则认为输入的整数为 0。

scanf("%d%d",&a,&b);两个%d 格式控制符，要求获取两个整数。这两个整数一般通过输入一个空格键隔开，即 12 空格 34 回车，这样系统就会把空格前的整数 12 存入 a 中，把空格后的整数 34 存入 b 中，而空格符不被读取。空格符也可以连输多个，系统会把这两个整数之间的所有空格滤掉。也可以用【Tab】键、【Enter】键作为分隔符，像这种连续输入多个整数的，建议使用【Enter】键分隔，即输入一个数据后就输入【Enter】键，然后再输入第二个数据，直至所有数据输入完毕。

scanf("a=%d,b=%d",&a,&b);执行时，要按 a=XX,b=YY（回车）的形式输入，其中，XX 和 YY 是用户要输入的两个整数，而 a= ,b=是格式控制字符串的普通字符，须原样输入。系统会过滤输入字符序列中的普通字符，而只把 XX 和 YY 读出分别存储到变量 a 与 b 中。

特别地，整型变量占 4 字节的存储空间，也就是 32 位二进制数，其最大正整数为 2147483647，如果用户输入的数超过 2147483647，则存储时也会截断，如存入 2147483648，则再次从变量读出时的数据却是-2147483648，这是一种数据溢出的逻辑错误，应注意避免。

当一个程序中出现多个 scanf()函数时，如果某一个 scanf()函数执行时所获取的字符序列出现问题，比如应使用空格分隔而使用了逗号，或者输入了全角状态的字符，则错误字符之后系统不再进行截取，并且连带后面所有的 scanf()函数均不再执行，但程序能正常运行结束，不过因为有些 scanf()函数没有执行，因此不会获取数据并存入变量，造成变量中的数据并非为用户所输入，这是一种逻辑错误。如 scanf("%d%d",&a,&b); 本应用空格隔开两个整数，如果使用了其他符号，如小数点或者逗号，如 34.56，则第 1 个整数 34 会正确接收，而第 2 个整数 56 就不会被接收，并连带以后的 scanf()函数不再执行。

2）%c——输入单个字符

%c 用于约定接收一个单个字符。C 语言把从键盘输入的符号都称为字符，这里说的字符是指半角状态，汉字和全角状态的符号会当成两个单字符的组合体。

【例 2.18】用%c 输入单个字符。

```
#include <stdio.h>
main()
{
    char c1,c2,c3;              //为char变量c1、c2分配存储空间
    scanf("%c",&c1);            //接收一个字符并存入变量c1的存储空间
    printf("%c",c1);
    scanf("%c%c",&c2,&c3);      //连续输入两个字符，分别存入两个变量
```

```
        printf("%c%c",c2,c3);
}
```

程序说明：

scanf("%c",&c1);约定把缓冲区中字符序列的第一个字符存储到 char 变量 c1 中。

注意： 缓冲区的所有内容都会被视为字符，包括空格和\n 等转义字符。一个%c 约定截取一个字符，若有连续多个%c，如 scanf("%c%c",&c1,&c2);，则连续截取。

注意的是，换行符\n 原本作为缓冲区输入结束标记，一般不会把它作为所输入的字符，但%c 会将其作为字符读入，如例 2.18 运行时，若输入"a 回车 bc 回车"，其中在 a 与 b 之间输入"回车"的本意是作为分隔符，实现将字符 a、b、c 分别存储到 c1、c2、c3 中，但系统把两个 scanf()函数连续执行，对缓冲区中字符序列 "a 回车 bc 回车" 进行分割读取，因此，先截取字符 a 存入 c1，紧接截取"回车"作为字符存入 c2，然后将截取字符 b 存入 c3，由此产生未能在变量 c2、c3 正确存入预设的字符，是一种逻辑错误。由于之后没有 scanf()函数，则缓冲区中 c 及以后的字符全部被舍弃。

如果连续的%c%c 之间没有空格，则缓冲区字符序列中的空格也被作为普通字符被 scanf()函数读取。例如，scanf("%c%c%c",&a,&b,&c);，若输入为：d 空格 e 空格 f，则把字符 d 存储到变量 a 中，空格符存储到变量 b 中，字符 e 存储到变量 c 中。当输入为：def 时，才能实现把字符 d、e、f 分别存储到变量 a、b、c 中。

如果在格式控制字符串连续的%c%c 之间加入空格作为分隔符，例如，

```
scanf ("%c %c %c",&a,&b,&c);
```

则输入时各数据之间可加空格。输入为：d 空格 e 空格 f，能把字符 d、e、f 分别存储到变量 a、b、c 中。当然，若输入时不加空格，如输入：def，系统会把 scanf()中的空格自动忽略，同样把字符 d、e、f 分别存储到变量 a、b、c 中，不会因未输入空格而出错。

3）%s——输入字符串

字符串是由 0 个或多个字符排在一起组成，如"abc""123"等。有关字符串的语法规定后文会有详细介绍，这里读者只需知道字符串是由多个单字符组成，存储字符串需要一个由多个字节组成的存储空间，字节的个数要多于字符串中字符的个数，如要存储字符串"abc"，则存储空间至少要有 4 字节。通常以字符数组的形式给出字符串的存储空间，这个在后文会有详细介绍。

格式控制符%s 在接收字符串时，把空格作为分隔符，这样如果将"we love C"作为一个字符串输入时，系统会只截取第一个空格前的 we 作为输入的字符串，这个问题读者需留意。scanf()函数通过%s 不能获取包含空格的完整字符串，但在英文句子表达时，把空格作为单词之间的分隔符非常普遍和必须，因此，不建议在 scanf()函数中使用%s 接收字符串数据。

【例 2.19】 用%s 输入字符串。

```
#include <stdio.h>
main()
{
    char a[10],b[10];         //定义两个字符数组
    scanf("%s%s",a,b);        //从缓冲区中分割出两个字符串分配存入数组a与数组b
```

```
        printf("串a=%s\n串b=%s",a,b);   //输出两个字符串，需用数组名指出字符串的首地址
}
```
运行结果：
```
输入：
    we love C
输出：
    串a=we
    串b=love
```
程序说明：

输入的字符序列 we love C 存入缓冲区后，scanf()函数视空格为分隔符，将 we 存入数组 a，将 love 视为第二个字符串存入数组 b，而 e 之后的空格及字符 C 回车，均被舍弃。

定义数组即分配指定字节个数的存储空间，如 char a[10];即分配地址连续的 10 个字节的存储空间作为 char 型字符数组，数组名 a 就是数组所占存储空间的地址。因此 scanf("%s%s",a,b);中，数组的名字 a、b 本身就是地址，因此可以直接使用，当然，使用&a 也是可以的。

4. 使用 scanf()函数的注意事项

输入实型数据时不能指定精度。例如：
```
float f;
scanf("%7.2f",&f);       //输入123.456
printf("%f",f);          //输出0.000000，证明输入的123.456并没存储到变量f中
```
输入 double 类型数据必须使用%lf，输入 float 类型数据必须使用%f。例如：
```
double d;
scanf("%f",&d);          //输入123.456，应使用 %lf
printf("%f",d);          //输出0.000000，证明并未将输入的123.456存储到变量f
```
格式控制字符串中的格式控制符必须和存储数据的变量类型一致，否则，不能实现将输入数据存储到变量中。例如：
```
int d;                   //为整型变量d分配存储空间
float e;                 //为单精度变量e分配存储空间
scanf("%f",&d);          //将输入数据按单精度格式存入整型变量d，类型不一致，失败
printf("%d\n",d);        //按%d(整型)格式输出d的值
scanf("%d",&e);          //将输入数据按整型格式存入float类型变量e，类型不一致，失败
printf("%f",e);          //按%f(单精度)格式输出e的值
```
运行结果：
```
输入：100
输出：1120403456
输入：23.456
输出：0.000000
```

输出结果和输入数据不相同，说明类型不一致会造成数据存储失败。这是一种逻辑错误。

如果是存入变量中，则存储位置参数须是变量的地址，而不能是变量名。

scanf()函数要求给出用于存储数据的位置，如果是存入变量中，则对应的存储空间的地址要用取地址运算符&后跟变量名的方式给出，如&a。如果忘记了&而只给出变量名，则会出现逻辑错误。如 scanf("%d",a);，系统会把 a 的值作为一个地址，如 a 的值为 100，则 scanf()函数读取的

数将存储到以 100 为地址的存储空间里，并没有存储到预想的变量 a 中。这种逻辑错误虽然 scanf() 函数能正常执行，但存在两个风险，一是后文若需要用变量 a 的值，则从 a 中取出的值并不是 scanf() 函数读取的数据；二是以 a 中原值为地址的存储空间并没有被申请，直接往这个存储空间里存储数据会造成程序崩溃。

scanf() 函数在遇到不符合要求的数据时，会读取失败，scanf() 函数的调用终止，其后所有的 scanf() 函数均不再执行，但程序会继续正常运行。这样，因未能执行 scanf() 函数，则显然不能将预设的数据存储到变量中，造成逻辑错误。

在输入数值数据时，如输入空格、回车、【Tab】键或遇非法字符（不属于数值的字符），认为该数据结束。

2.5.4 输入/输出单个字符的函数

C 的 stdio.h 头文件中提供了使用简便、专门用于输入和输出单个字符的函数 putchar() 和 getchar()。

1. putchar() 函数

putchar() 函数的功能是输出单个字符。使用形式为：

```
putchar(字符);
```

其中 () 里的参数是要输出的字符，可以用字符常量、字符变量、字符的 ASCII 值、转义字符等多种形式。例如：

```
putchar('A');           //字符常量的方式指出要输出大写字母A
putchar(x);             //输出字符变量x中存储的字符
putchar('\101');        //输出转义字符'\101'，101是转义字符的八进制的ASCII
putchar(65);            //输出ASCII值为十进制数65的字符，65是A的ASCII值
putchar('\n');          //输出换行符，光标换到下一行行首
putchar('abc');         //输出字符'c'，若参数用单引号界定了多个字符，则只输出最后一个字符
```

如果让 putchar() 函数输出控制字符，如'\n'，则执行相应的控制功能，不会在屏幕上显示该控制字符。

2. getchar() 函数

getchar() 函数的作用是从键盘上读入一个字符并把它的 ASCII 值作为函数值返回。

当调用 getchar() 函数时，程序就等着用户输入字符。getchar() 函数只接收 1 个字符，但用户可以输入多个字符，这些字符被存放在缓冲区中，直到用户按【Enter】键确认视为一次输入结束。当用户按【Enter】键之后，getchar() 函数开始读取缓冲区中的第一个字符，并将它的 ASCII 值返回，同时将读取的字符输出到屏幕上。如用户在按【Enter】键之前输入了不止一个字符，其他字符会保留在缓存区中，等待后续 getchar() 函数调用读取。也就是说，如果缓冲区中有字符尚未读取完，执行后续的 getchar() 函数调用时，程序不会再停下来等待用户输入，而是直接读取缓冲区中的字符，直到缓冲区中的字符读完后，如果此时程序中还有 getchar()，才停下来等待用户输入新的数据。

使用 getchar() 函数，要先定义存储字符的 char 型变量。然后将 getchar() 的返回值存储到 char

型变量。例如：

```
char ch;        //定义字符型变量ch用来存储获取的字符
ch=getchar();   //getchar()函数返回用户输入的第一个字符的ASCII值，将其存入变量ch中
putchar(ch);    //显示char型变量ch存储的字符
```

ch=getchar();与 scanf("%c",&ch);功能相同，而 putchar(ch);与 printf("%c",ch);功能相同，但使用 getchar()、putchar(ch)不需设置格式控制字符串，比 scanf()函数易用。

【例 2.20】编程实现从键盘输入一个小写字母，在显示屏上显示对应的大写字母。

分析：同一个字母，大写字母的 ASCII 值比小写字母少 32，如 A 的 ASCII 值是 65，而 a 的 ASCII 值是 97。因此，解决本问题，可以从键盘输入一个小写字母的 ASCII 值，将其减去 32 再输出就显示为大写字母了。

```
#include<stdio.h>
main()
{
    char c1;            //定义字符型变量c1，用于存储获取的字符
    c1= getchar();      //getchar()函数返回获取字符，存入变量c1中
    putchar(c1-32);     // c1-32求出对应大写字母的ASCII值，使用putchar()函数输出
}
```

运行结果：

输入：g
输出：G

小　结

本章主要介绍了 C 语言中与数据描述有关的问题，首先介绍了 C 语言的字符集和标识符，接着介绍了 C 语言基本数据类型中的整型、实型和字符型数据类型，然后讲解了常量、变量的基本概念，最后介绍了数据的输入输出函数。通过本章的学习，读者应掌握 C 语言的各种数据类型的存储特点及取值范围，掌握 C 语言中常量的表示、变量的定义和使用，掌握利用格式输入/输出函数正确输入输出数值的方法，并能通过编写简单的程序解决实际生活中的问题。

习　题

一、单选题

1. 下列不合法的常量是（　　）。
   A. '\2'　　　　　　B. " "　　　　　　C. '3'　　　　　　D. '\483'
2. 以下 C 语言标识符不正确的是（　　）。
   A. ABC　　　　　　B. Abc　　　　　　C. a_bc　　　　　　D. ab.c
3. 下列字符串是合法标识符的是（　　）。
   A. _HJ　　　　　　B. 9_student　　　　C. long　　　　　　D. LINE 1
4. 以下可以正确表示字符型常量的是（　　）。
   A. "c"　　　　　　B. '\t'　　　　　　C. "\n"　　　　　　D. 297

5. 字符串"\\\22a,0\n"的长度是（　　）。
   A. 8　　　　　B. 7　　　　　C. 6　　　　　D. 5
6. 若有说明：double a;则正确的输入语句为（　　）。
   A. scanf("%lf",a);　B. scanf("%lf",&a);　C. scanf("%f",a);　D. scanf("%f",&a);
7. 以下程序段的输出结果是（　　）。
```
float a=57.666;
printf("%010.2f\n",a);
```
   A. 0000057.66　　B. 57.66　　C. 0000057.67　　D. 57.57
8. 若变量c定义为float型，当从终端输入283.1900后按【Enter】键，能给变量c赋以283.19的输入语句是（　　）。
   A. scanf("%f",&c);　　　　　　B. scanf("%8.4f",&c);
   C. scanf("%6.2f",&c);　　　　D. scanf("%lf",&c);
9. 已知int a,b;，用语句scanf("%d%d",&a,&b);输入a,b的值时，不能作为输入数据分隔符的是（　　）。
   A. ，　　　　B. 空格　　　　C. 回车　　　　D. 【Tab】键
10. 下面的变量定义中正确的是（　　）。
    A. char:a,b,c;　　B. char a;b;c;　　C. char a,b,c;　　D. char a,b,c

二、填空题

1. C语言语句句尾用_____结束。
2. 在C语言程序中，用关键字_____定义字符型变量，用关键字_____定义基本整型变量，用关键字_____定义单精度实型变量，用关键字_____定义双精度实型变量。
3. 已知字母a的ASCII码为97，以下程序的输出结果是_____。
```
#include <stdio.h>
main()
{
    char ch1='a',ch2='z';
    printf("%d,%d\n",ch1,ch2);
    return 0;
}
```
4. 若m为float型变量，则执行以下语句后的输出为_____。
```
m=1234.123;
printf("-8.3f\n",m);
printf("10.3f\n",m);
```
5. 当运行以下程序时，在键盘上从第一列开始输入123456789（回车），则程序的输出结果是_____。
```
#include<stdio.h>
main( )
{
    int a;
    float b,c;
```

```
    scanf("%3d%3f%3f",&a,&b,&c);
    printf("a=%d,b=%f,c=%f\n",a,b,c);
    return 0;
}
```

三、编程题

1. 编程定义一个 int 型的变量，初值为 65，依次按字符、十进制、八进制、十六进制格式输出该变量的值。

2. 输入圆的半径，求圆的面积。

3. 输入一个数字字符，将其转换为对应的数字并输出。

4. 输入一个字符，找出它的前驱字符和后继字符，并按 ASCII 码值从小到大的顺序输出这 3 个字符。

5. 输入两个实数，输出它们的和与差。

第 3 章
C 程序的基本构成——运算符、表达式、语句

学习目标

- ★ 熟悉运算符及其功能
- ★ 掌握各种表达式的使用
- ★ 了解数据的类型转换规则
- ★ 理解 C 程序的语句

重点内容

- ★ 运算符
- ★ 表达式及表达式的值
- ★ 简单语句与复合语句

编程实质上是把解决问题的过程归结转化为一系列的运算，运算分算术运算和逻辑运算两种。C 语言定义了一些代表某种运算的符号，如用半角字符"+"代表要做相加运算，用"&&"代表要做两个逻辑值的"与"运算。由运算符和操作数构成表达式，由表达式构成语句，而 C 程序的源代码由一行行的语句组成。

3.1 C语言的运算符与表达式

1. 运算符的定义及分类

程序是通过对数据的加工处理从而达到解决问题的目的，而数据处理，实质就是本节所说的运算。C 语言根据参与运算的操作数的数据类型和运算要达到的目的把运算进行了分类，并规定了一些符号来表示这些运算。例如，式子"3+5"中，3 和 5 是两个参与运算的数据，称为操作数（又称运算量），而"+"称为运算符，在这里用来表示要做把其左右两端的两个数"相加"的运算。

运算符是用于描述某种操作的符号。C语言规定的运算符范围很宽，把除了控制和输入/输出以外的基本操作都作为一种运算，约定了相应的符号以便在程序代码中表示这种运算。C语言的运算符分为以下十类。

（1）算术运算符：用于数值运算。包括加（+）、减（-）、乘（*）、除（/）、求余（又称模运算，%）、自增（++）、自减（--）、正号（+）、负号（-）共9种。

（2）关系运算符：用于比较运算。包括大于（>）、小于（<）、等于（==）、大于或等于（>=）、小于或等于（<=）和不等于（!=）共6种。

（3）逻辑运算符：用于逻辑运算。包括：与（&&）、或（||）、非（!）3种。

（4）赋值运算符：用于为变量赋值，分为简单赋值（=）、复合算术赋值（+=，-=，*=，/=，%=）和复合位运算赋值（&=，|=，^=，>>=，<<=）三类共11种。

（5）条件运算符：?:，用于条件求值，需要三个操作数。

（6）逗号运算符：,，用于把若干个表达式组合成一个表达式，如 t=a,a=b,b=t。

（7）指针运算符：用于取内容（*）和取地址（&）两种运算。

（8）求字节数运算符：sizeof，用于计算数据类型所占的字节数，如 sizeof(int)。

（9）位操作运算符：参与运算的量按二进制位进行运算。包括位与（&）、位或（|）、位非（~）、位异或（^）、左移（<<）、右移（>>）六种。

（10）特殊运算符：有括号()，下标[]，成员（→，.）等几种。

另外，根据参与运算的运算量的个数，把运算符分为单目、双目、三目。运算符所表达的运算需要几个运算量，就称作几目运算符。

单目运算符只有一个运算量，如"-6"中的"-"号，代表取负的运算，这里只有一个操作数6。单目运算符不多，主要有取负"-"和逻辑非"!"。

双目运算符需要两个运算量，如"3+5"中的"+"号是个双目运算符，它需要提供两个运算量，分布在运算符的左右两侧。

三目运算符需要三个运算量，只有一个三目运算符，就是条件运算符，"条件?表达式 1:表达式 2"，例如，a>b?a:b。

2. 表达式及其值

在 C 语言中，用若干个运算符将若干个运算量（如常量、变量和函数等）连接起来的式子称为表达式，用于在程序代码中表达要让计算机执行何种运算。如 3+2 是个表达式，意思是要让 3 和 2 进行相加运算。a>b 也是个表达式，意思是比较变量 a 的值是否大于变量 b 的值。表达式 i=i+1 的意思是先取出变量 i 的值，加 1 之后把所求的和赋值给变量 i，"赋值"就是"存入"的意思。特别地，C 语言把单个的常量、变量、函数也视为表达式，如 a、3、sin(3)等。

C 语言规定，任何表达式都有一个值，不同类型的表达式的值有不同的规定。

单个量组成的表达式的值就是这个量本身，如表达式 3 的值就是 3，表达式 a 的值就是变量 a 的值。

算术运算表达式，其值就是按表达式进行运算的结果。如表达式 3+5 的值为 8。

关系表达式，其值根据表达式中的比较关系是否成立而定，如果成立，值为 1，表示逻辑"真"，如果不成立，值为 0，表示逻辑"假"。如表达式 5<3 是不成立的，故值为 0。

赋值表达式，其值是所赋的值，如表达式 i=3 将 3 赋给了变量 i，表达式 i=3 的值就是 3。

执行以下语句，观察并理解输出结果。

```
printf("%d",3+2);
printf("%d",5<3);
int i;
printf("%d",i=3);
```

3．运算符的优先级和结合性

1）运算符的优先级

优先级是指对一个表达式中同时出现多个不同运算符时执行顺序的规定，如表达式 3+2*5/3 中，同时出现了+、*、/三个运算符，优先级是指这三个运算符的执行顺序。优先级很重要，因为执行顺序不同，表达式的计算结果可能不同。在表达式中，优先级较高的先于优先级较低的进行运算，如表达式 3+2*5，因为*的优先级高于+，所以先计算 2*5，再将其结果与 3 相加。

C 语言关于运算符的优先级是从全部运算符整体考虑进行划分的，共分为 15 级，见表 3-1 第一列所示，其中 1 级最高，15 级最低。

表 3-1 运算符的优先级和结合性

优先级	运算符	功能	运算量的个数	结合性
1	( )	圆括号、函数参数表		左结合性
	[ ]	下标运算		
	→	指向结构体成员		
	.	引用结构体成员		
2	!	逻辑非	1	右结合性
	~	按位取反		
	++	自增		
	--	自减		
	-	求负		
	(类型标识符)	强制类型转换		
	*	间接访问		
	&	取址		
	sizeof	计算字节数		
3	*	乘法	2	左结合性
	/	除法		
	%	求余		
4	+	加法	2	左结合性
	-	减法		
5	<<	左移	2	左结合性
	>>	右移		
6	< <= > >=	关系运算	2	左结合性

续表

优先级	运算符	功能	运算量的个数	结合性
7	==	等于	2	左结合性
	!=	不等于		
8	&	按位与运算	2	左结合性
9	^	按位异或运算	2	左结合性
10	|	按位或运算	2	左结合性
11	&&	逻辑与运算	2	左结合性
12	||	逻辑或运算	2	左结合性
13	?:	条件运算	3	右结合性
14	= += -= *= /= %= >>= <<= &= ^= |=	赋值运算	2	右结合性
15	,	逗号运算		左结合性

C语言规定，可以通过给表达式的一部分加圆括号()，提升被一对圆括号括起来的表达子式的优先级，比如表达式(3+2)/5 表达子式 3+2 被括起来之后，就先计算 3+2，再计算除以 5。建议读者编程时在表达式中恰当使用()，这样不至于让阅读者因为记不清不同运算符的优先级而对表达式有错误的理解。

编程者常用的运算符并不多，初学者首先要知道有优先级的规定，其次记住：乘除>加减>比较>或与>赋值，即可知晓大多数表达式的运算顺序。编写表达式时若记不清优先级，可以通过加括号来明确执行顺序。

2）运算符的结合性

结合性是指对具有相同优先级的运算符执行顺序的规定，见表 3-1 第五列。

C语言把各运算符的结合性分为两种，即左结合性（自左至右）和右结合性（自右至左）。例如，算术运算符的结合性是自左至右，即先左后右。最典型的右结合性运算符是赋值运算符，如 x=y=z，由于"="的右结合性，应先执行 y=z 再执行 x=(y=z)运算。有些表达式，具有相同优先级的两个运算符出现在同一个运算量两侧，如表达式 8/2*4 中 2 两侧的*与/，此时，这两个运算符执行顺序不同，得到计算结果会不相同。对于表达式 8/2*4，因/和*的优先级相同，此时需要根据结合方向的规定确定计算次序，如果/和*是左结合，则应先计算 8/2，结果为 4，再计算 *4，结果为 16，该表达式相当于(8/2)*4；如果/和*是右结合，则应先计算 2*4，结果为 8，然后计算 8/8，结果为 1，此时，相当于执行 8/(2*4)。可见，不同的结合性，会带来不同的结果。

如果相同优先级的运算符没有出现在同一个运算量的两侧，如 3*2-8/2 中，*/的执行顺序对结果没有影响。

运算符的优先级和结合性，后文将结合不同类型的运算符进行详细介绍。这里通过表 3-1，先从整体上对运算符的优先级和结合性建立初步的认识。

3.1.1 算术运算符和算术表达式

1. 算术运算符

算术运算是指对数值型数据进行的运算，常见的算术运算是加、减、乘、除，C 语言增加了一个求余数运算符%，并对+、-这两个符号的功能做了扩充，除了表示加、减运算之外，还可以按单目运算符分别用来表示取正、取负操作。算术运算符的符号、名称及功能见表 3-2。

表 3-2 算术运算符

运算符	名称	功能	举例	表达式的值
+	正号	做取正值运算	+a	a 的原值
-	负号	做取负值运算	-a	a 的相反数
*	乘号	做乘法运算	a*b	a 和 b 的乘积
/	除号	做除法运算	a/b	a 除以 b 的商
%	求余	做求余数运算	a%b	a 除以 b 的余数
+	加号	做加法运算	a+b	a 加 b 的和
-	减号	做减法运算	a-b	a 减 b 的差

说明：

（1）用*表示乘运算符，用/表示除运算符，用%表示求余数。

（2）对除运算/，规定两个整数相除的结果须为整数。例如，5/3 的结果值为 1，只保留商的整数部分，截去了小数部分，不四舍五入。如果除数或被除数中有一个为负值，多数 C 编译系统采取"向零取整"，即取整后向零靠拢，因此-5/3 的值为-1。

如果参与除运算的两个操作数中有带小数点的数，则相除的结果就以 double 类型表示，也就是不再将商的小数部分全部截掉，而是保留小数点后 15 位的准确数字。对于常量，C 语言认为只要带小数点的数都是实数。如 5.0，被视为实数，则 5.0/2 的结果就是 2.5，而 5/2 的结果是 2。C 语言对除运算的这个规定读者应理解并会灵活应用。

【例 3.1】除运算符对整数和带小数点数的不同处理示例。

```
#include <stdio.h>
main()
{
    printf("%d,%d\n",5/3,-5/3);
    printf("%f\n%.20f\n",5.0/3,5.0/3);
}
```

运行结果：

```
1,-1
1.666667
1.66666666666666670000
```

本例中，5/3、-5/3 的结果均为整数。而 5.0/3 由于有带小数点的数参与运算，因此结果也保留小数点后 15 位。printf("%f, %.20f\n",5.0/3,5.0/3);中的%f 默认显示小数点后 6 位，%.20f 约定显示小数点后 20 位，但其中只有前 15 位数字是准确的。

（3）求余数运算符%，又称为模除，形如 A%B，功能是计算整数 A 除以整数 B 的余数，如表达式 8%3 的运算结果为 2，若 A 能被 B 整除，则余数为 0，如 4%2 的运算结果为 0。%要求参加运算的操作数必须为整数。例如，printf("%f",5.6%2);中要执行 5.6%2，因 5.6 不是整数，程序在编译时会报错，"[Error] invalid operands of types 'double' and 'int' to binary 'operator%'"，意思是让一个 double 类型的数据和一个 int 类型的数据进行%操作是非法的。

除%运算符以外，其他的算术运算符的操作数都没有强制的要求，例如，可以执行 5.6+2、5.6/2、'A'+32。

（4）"-"运算符："-"运算符有两个含义，最常用的是作为减法运算符，需要两个操作数，为双目运算符，"-"也可用作负号运算符，此时为单目运算符，如-x，-5 等，功能是求后跟操作数的相反数。需要注意的是，对于表达式-x，是将变量 x 的值的相反数作为该表达式的值，而变量 x 中保持原值。请注意例 3.2 中，5+-x 这个表达式是有意义的，其中的-就是用作负号运算符，并且因为单目运算符的优先级高于双目运算符，所以表达式 5+-x 将先运算它的子表达式-x，即把 x 值的相反数作为-x 的值，然后再和 5 相加，完成整个表达式的计算。

（5）"+"运算符："+"运算符也有两个含义，但主要是用作加法。如果用作正号运算符，意思是取后跟操作数的原值，这和直接使用操作数得到的结果一样，画蛇添足，因此+几乎没有当正号运算符的使用场景。

【例 3.2】 +、-运算符的应用。

```
#include <stdio.h>
main()
{
    int x=-5;
    printf("%d,%d,%d,%d\n",+x,-x,x,5+-x);
}
```

运行结果：
```
-5,5,-5,10
```

2．++和--，两个特殊的加、减运算符

C 语言编程具有灵活、简洁的特点，所谓灵活，是指对几乎所有的操作，C 语言都提供了不止一种实现方法。而简洁，是指同样完成一个功能，C 语言可以写出更简洁的代码，也就是代码的字符个数最少。本节介绍的++和--这两个运算符可以说是这方面的一个例子。

1）自增 1 运算符++

自增 1 运算符记为"++"，其功能是将它操作的变量的值加 1 以后再赋给该变量，实现将变量中的值加 1。++是单目运算符，规定其运算量必须是变量，因为只有变量才有空间存储加 1 之后的新值。如 i++是正确的，用变量 i 存储增 1 之后的值，而 6++是错误的，因为 6 是个常量，它不是一块存储空间，不能存储增 1 之后的值。

++运算符有前缀和后缀两种使用形式，即++可以出现在变量的左侧，如++i，称为前缀，也可以出现在变量的右侧，如 i++，称为后缀，后缀方式比较常用。这两种表达式都可以使变量 i 的值增 1，但这两种表达式的值却不相同。前缀表达式++i 的值是执行了+1 运算之后变量 i 的值，后缀表达式 i++的值是执行+1 运算之前变量 i 的值。例如，若变量 i 的值为 5，表达式++i 的值是 6，而表达式 i++的值为 5。无论是++i 还是 i++，执行之后变量 i 的值都是 6。

如果单纯从实现将变量的值增加 1 的角度考虑，i++等价于 i=i+1，++i 也等价于 i=i+1。i=i+1 是最符合人们习惯的书写形式，它先执行 i+1 这个表达子式，即将变量 i 的值取出加上 1 作为这个表达子式的值，此时变量 i 的值仍为原值，然后执行 i=，即将刚才计算的 i+1 这个表达子式的值赋给变量 i，从而实现将变量 i 的值增加 1 的操作。引入++运算符的原因是，对变量进行+1 操作是经常、重复多次做的，i++与++i 同样实现 i=i+1 的功能，但比 i=i+1 少输入 2 个字符，且变量名只输入一次，如果变量比较长时，少输入的字符个数会更多，这样，代码既显得简洁，又能让编程者输入较少的字符。

【例 3.3】 ++运算符的功能及前缀、后缀形式的功能区别。

```
#include<stdio.h>
main()
{
    int m=5,n=5;
    printf("表达式m++=%d\n",m++);    //%d位置输出的是表达式m++的值，而不是m的值
    printf("m++之后的m=%d\n",m);
    printf("表达式++n=%d\n",++n);
    printf("++n之后的n=%d\n",n);
}
```

运行结果：

```
表达式m++=5
m++之后的m=6
表达式++n=6
++n之后的n=6
```

程序说明：

printf("表达式 m++=%d\n",m++);双引号""中格式控制字符串中的%d 的位置要显示表达式 m++的值，而不是变量 m 的值。后缀表达式 m++的值按规定等于执行 m++之前变量 m 的值，故为 5。此语句执行之后，m 的值已经加 1 变为 6，故紧接着的 printf("m++之后的 m=%d\n",m);输出的变量 m 的值是增 1 之后的新值，故为 6。printf("表达式++n=%d\n",++n);验证前缀表达式的取值，前缀表达式++n 的值是变量 n 增 1 之后的值，故为 6，而下一句 printf("++n 之后的 n=%d\n",n);，输出的是 n 增 1 之后的变量 n 的值，故为 6。

++运算符的根本功能是实现变量的值增加 1，因此，编程者多是在需要让变量的值增 1 时，出于代码简洁的原因才使用自增 1 运算符++。事实上，也几乎没有必须要使用++表达式的值的场景。因此，从代码简洁、易懂的编码角度，建议只使用自增 1 运算符++的能让变量的值增 1 的功能，这样，前缀和后缀就效果相同了。不建议编程者刻意使用自增 1 表达式的值，但读者要熟悉这里介绍的前缀表达式++i、后缀表达式 i++的值的规定，以便能看懂别的编程者刻意使用表达式值的代码含义。另外，很多考试也会在++表达式值上面出题。

2）自减 1 运算符--

自减 1 运算符记为 "--"，其功能是将它操作的变量的值减 1 以后再赋给该变量。例如，i--相当于 i=i-1。

自减 1 运算符--除了让变量的值减 1 之外，其他如前缀表达式和后缀表达式的取值、运算

量必须是变量的规定都和运算符++一样。结合例 3.4，先分析输出结果，再运行程序，验证输出结果。

【例 3.4】 --运算符的功能及前缀、后缀形式的功能区别。

```
#include <stdio.h>
main()
{
    int m=5,n=5;
    printf("表达式m--=%d\n",m--);    //%d位置输出的是表达式m--的值，而不是m的值
    printf("m--之后的m=%d\n",m);
    printf("表达式--n=%d\n",--n);
    printf("--n之后的n=%d\n",n);
}
```

运行结果：

```
表达式m--=5
m--之后的m=4
表达式--n=4
--n之后的n=4
```

程序说明：
按表达式的值去理解这两个运算符前缀和后缀两种形式的不同，比较自然，也比较容易理解。

3）关于++、--这两个运算符的语法规定

（1）++和--的操作对象都必须是变量，不能用于常量和表达式。

例如，5--和（a-b）++都是非法的。

（2）++和--的结合方向为自右向左。

（3）优先级：（+、-、++、--） → （*、/、%） → （+、-）

3. 算术表达式及其值

1）算术表达式

算术表达式是用若干个算术运算符将若干个运算量连接起来的式子。运算量可以是常量、变量、函数。以下是几个算术表达式的例子，其中，a、b、c、d、i 是变量的名字：

```
a*b+c/d              //计算a乘b的积，然后与c除以d的商相加求和
2*a+PI*r*r
c*sin(x)+d*cos(x)    //sin(x)和cos(x)是函数，分别求出x的正弦值、余弦值
i++
```

算术表达式的书写规则：

（1）要遵从运算符和它操控的运算量的书写顺序要求。双目运算符要求两个运算量且在运算符左右两侧，单目运算符有的需要出现在运算量的左侧，如取负运算符（-a），++的前缀表示（++a），求类型的字节数运算符 sizeof（sizeof（int））。有的出现在运算量的右侧，如 i++等。

（2）用*表示乘且不能省略。自然语言书写数学公式在数和变量相乘时会将乘运算符省略，如 2a，但 C 语言的算术表达式中乘号*不能省略，需写作 2*a。

（3）只能使用纯文本字符构成，不能使用上标、下标、平方根号等。

自然语言书写的数学公式里可以有上下标、求和符号、开根号，而在 C 语言编程时，这些

功能都必须改换某种途径来实现。C 语言的算术表达式只能由排在同一行的运算符和运算量组成。如数学公式 $x = \frac{-b + \sqrt{b^2 - 4ac}}{2a}$，需写作 x=(-b+sqrt(b*b-4*a*c))/(2*a)，这里 sqrt()是求平方根的函数。而 $\sum_{i=1}^{10} i$，需写作 1+2+3+4+5+6+7+8+9+10。

虽然 C 语言对算术表达式的规定比较宽松，用户可以比较自由地书写，但建议读者，在实现运算功能的前提下，书写表达式要优先做到易看懂、无歧义，然后再追求简洁。如像 j=i++-j++ 之类的式子要避免，或者通过加圆括号()来明确其含义，以免给阅读程序者带来误解和麻烦。如果多用变量能使表达式更易看懂，就不要为节省几个存储空间而少用变量。

2）算术表达式的值

算术表达式的值就是该表达式的计算结果。如表达式 3+2 的计算结果是 5，表达式 3+2 的值就是 5。

在进行%运算符操作时，如果被除数的绝对值小于除数的绝对值，那么表达式的值就为被除数的值，结果的符号取决于被除数，如果被除数是负数，不管除数正负，结果都为负，如果被除数为正，不管除数正负，结果都为正。

由自增、自减运算符构成的表达式的值规定如下：

用作前缀时，把执行加 1 或者减 1 运算之后的变量的值作为表达式的值。

用作后缀时，把执行加 1 或者减 1 运算之前的变量的值作为表达式的值。

4．算术运算符的优先级和结合性

算术运算符的优先级为：

（+、-、++、--） 高于 （*、/、%） 高于 （+、-）

前面第一个括号里的+、-是单目的正号运算符、负号运算符，后面括号里的+、-是双目的加法运算符、减法运算符。当一个表达式出现多个不同优先级的运算符时，按优先级确定执行顺序。

例如，3+2*5，*运算符的优先级高于加法运算符，先算 2*5，然后再算+运算。

算术运算符的结合性为左结合，即对表达式中同时出现相同优先级的运算符时，按从左向右的顺序依次计算。如 6*4/12，应先算 6*4，再算/12，结果为 2。若先算 4/12，则结果为 0。

例如，j+++k 等价于(j++)+k。式中变量 j 如果先和++结合，则等价于(j++)+k，含义是表达式 j++的值和 k 的值相加，如果 j 先和+结合，则等价于 j+(++k)，含义是 j 和表达式++k 的值相加，这是两个不同的表达式。如果没有优先级的规定，则这个表达式就出现了二义性，这是不允许的。因为单目运算符++的优先级高于双目运算符+，因此，j+++k 等价于(j++)+k。

如果++与+混用较多，例如，i+++++j，则应该通过加括号的方法确定计算次序，否则，编译时将报语法错误，[Error] lvalue required as increment operand。i+++++j 应写为(i++)+(++j)。

5．整数、实数、字符间的混合运算

C 语言中，各种类型数据可以进行混合运算，例如 200+'B'+7.65-9877.55*'a'。如果一个双目运算符两侧的运算量的数据类型不同，则先自动进行类型转换，使二者具有同一种类型后再运算。

整型、实型、字符型数据间可以进行混合运算，在运算之前需将所有运算量的数据类型转换为相同。算术表达式会进行自动转换，转换规则如下：

（1）进行+、-、*、/运算的两个数中若有一个数为 float 或 double 型，则将两个数均先转换为 double 型再运算，表达式的值是 double 型。

（2）字符（char）型数据可与整型数据直接进行运算，就是把字符的 ASCII 值与整型数据进行运算。例如，12 + 'A'，由于字符 A 的 ASCII 值是 65，相当于 12 + 65，等于 77。如果字符型数据与实型数据进行运算，则将字符的 ASCII 值转换为 double 型数据，然后进行运算。

以上的转换是编译系统自动完成的，用户不必过问。

3.1.2 关系运算符和关系表达式

1．关系运算符

所谓关系运算就是比较运算，就是将两个运算量进行大、小、相等与否的比较，判断比较的结果是否符合运算符所代表的含义。如运算符>代表大于，表达式 5>3 是判断 5 是否大于 3，如果 5 确实大于 3，则 5>3 的比较结果就是关系成立，否则，就是关系不成立。

C 语言提供了 6 种关系运算符，关系运算符的符号、名称及功能见表 3-3。

表 3-3　关系运算符

运算符	名　　称	功　　能	举例	表达式的值
==	等于	判断左右两侧的数据的值是否相等	a==b	a 与 b 相等则为真，用整数 1 表示，否则为 0
!=	不等于	判断左右两侧的数据的值是否不相等	a!=b	a 与 b 不相等则为真，用整数 1 表示，否则为 0
>	大于	判断左侧的数据是否大于右侧的数据	a>b	a 大于 b 则为真，用整数 1 表示，否则为 0
<	小于	判断左侧的数据是否小于右侧的数据	a<b	a 小于 b 则为真，用整数 1 表示，否则为 0
>=	大于或等于	判断左侧数据是否大于或等于右侧的数据	a>=b	a 大于或等于 b 时值为 1，否则为 0
<=	小于或等于	判断左侧数据是否小于或等于右侧的数据	a<=b	a 小于或等于 b 时值为 1，否则为 0

特别提醒：

C 语言用于判断两个运算量相等与否的关系运算符是==，即两个连写的等号=，两个=之间不能有空格。C 语言把单个等号=用作赋值运算符，读者应对这两个运算符的区别高度清醒，二者不可错用。若将==错用为=，会造成逻辑错误。

>=代表大于或等于，二者有一个成立，即认为>=关系成立。如 3>=3 是成立的，因为它满足 3 等于 3。>=这两个符号之间也不能有空格。

2．关系运算符优先级与结合性

在这 6 个关系运算符中，<、<=、>、>=的优先级相同，高于==和!=，==和!=的优先级相同。

关系运算符都是双目运算符，其结合性均为左结合。

关系运算符的优先级低于算术运算符，高于赋值运算符。

3．关系表达式及其取值规则

关系表达式是用关系运算符连接运算量得到的表达式，例如，a>4、a>3+4 等。

C 语言规定：关系表达式的值是逻辑值"真"或"假"，分别用整数 1 和 0 来表示。即关系表达式成立，其值为 1；关系表达式不成立，其值为 0。

虽然组成关系表达式的运算量也可以是一个表达式，甚至可以是一个关系表达式，例如，(a>4)<i++，但强烈建议读者不要刻意去书写这样的表达式，而是写成由单个关系运算符连接的简单关系表达式。当关系运算符连用时，如表达式 3<a<5，其含义并不是判断变量 a 的值是不是在开区间(3,5)之间，而是等价于(3<a)<5，即先做比较 3<a，再用表达式 3<a 的值去判断是否小于 5，因为无论表达式 3<a 是否成立，其值要么为 1，要么为 0，都是小于 5 的。因此，无论 a 取何值，表达式 3<a<5 的值都是为 1，这显然与编程者书写这个表达式所要表达的操作要求大相径庭。

特别提醒，不要让一个实数类型的变量和一个实数进行比较，因为实型数据在实型变量中存储时，系统会根据精度进行舍入，当实型变量和实型常量进行比较时，比较结果往往不一定正确，如例 3.5。

【例 3.5】关系表达式的值。

```
#include <stdio.h>
main()
{
    float x=3.15,y=3.15;
    printf("%d\n",x==3.15);      //将输出0，系统判为不成立
    printf("%d\n",x<3.15);       //将输出0，系统判为不成立
    printf("%d\n",x>3.15);       //将输出1，系统判为成立
    printf("%d\n",3.15==3.15);   //将输出1，系统判为成立
    printf("%d\n",x==y);         //将输出1，系统判为成立
}
```

运行结果：

```
0
0
1
1
1
```

程序说明：

printf("%d\n",x==3.15);的功能是将比较运算符==的运算结果按整数输出。上例可见，可以对两个实型常量进行比较，也可以对两个实型变量进行比较，而如果让一个实型变量和一个实型常量进行比较时，有时计算的结果是错误的。

实际上，对两个实型变量进行比较时，有时结果也是错误的，如例 3.6。

【例 3.6】分析下面程序的运行结果。

```
#include <stdio.h>
main()
{
    float x,y=0.3;
    y=y*11;                    //y中应存入3.3，但实际所存的数不一定精确等于3.3
    x=3+0.3;                   //x中应存入3.3，但实际所存的数不一定精确等于3.3
    printf("x=%f,y=%f\n",x,y); //输出的x和y的值
    printf("%d",x==y);         //将会输出0，判为不成立
}
```

运行结果：

```
x=3.300000,y=3.300000
0
```

程序说明：

如果将上例中的所有的 3 都改为 4，或者 5，都会输出 1，判为成立。

计算机无法将实数的某些小数部分精确地用二进制数来表示，造成实型数据在运算时有误差，进而导致用"=="运算符判断两个实际是相等的实数时，判断为不相等的错误结论。编程者应注意避免依据有实型数据参与比较运算的比较结果去做判断。

4. 注意事项

（1）C 语言中可以对实数进行大于或者小于的比较，但应避免对实数作相等或不等的判断。

由于客观原因，实数数据在内存中存放时会受限，不能完全表示出小数点后所有的数据，会有一定的误差。所以，很难比较它们是否相等。

如果一定要进行比较，则可以用它们的差的绝对值与一个很小的误差值（如 1e-6）相比，如果小于此数，则认为它们是相等的。

例如，比较 1.0/3.0*3.0 和 1.0 是否相等。

分析：如果用关系表达式"1.0/3.0*3.0==1.0"比较它们是否相等，得到的结果为 0（即不相等）。要想比较 1.0/3.0*3.0 和 1.0 是否相等，可以改写为"fabs(1.0/3.0*3.0–1.0)<1e-6"。当表达式的值为 1 时，说明两者之间的误差非常小，就认为它们是相等的。

（2）一个表达式中含有多个关系运算符时，一定要注意它与数学式的区别。这种关系表达式应该按照 C 语言的语法来计算，和数学中的不等式是两码事，不能混为一谈。

例如，数学式 5>x>3 表示 x 的值大于 3 并且小于 5，若编程时这样写关系表达式 5>x>3，则表示 5 与 x 比较的结果（1 或 0）再与 3 比较，结果为 0。

如果想要表示"x 的值大于 3 并且小于 5"，就必须用逻辑表达式"x>3 && x<5"来表示。

（3）注意区分"="与"=="。

3.1.3 逻辑运算符和逻辑表达式

1. 逻辑运算符

计算机能做的运算只有两种，算术运算和逻辑运算，关系运算虽然也可以说是一种运算，但计算机是把它转换成算术运算来实现的。编程实质上就是把解决问题的步骤转化为一系列的算术运算和逻辑运算。逻辑运算的规则与算术运算的规则完全不同，在很多场景都是一种无可替代的运算。

C 语言提供了 3 个逻辑运算符，分别是与运算符&&、或运算符||、非运算符!，&&与||是双目运算符，! 是单目运算符，|是字符\所在键的上档字符，逻辑运算符的符号、名称及功能见表 3-4。

表 3-4　逻辑运算符

运算符	名称	示例	功能
&&	与运算符	a&&b	a 和 b 同时为真时，运算结果才为真；否则为假
||	或运算符	a||b	a 和 b 有一个为真，运算结果为真，同时为假时结果为假
!	非运算符	!a	a 为真时，运算结果为假；a 为假时，运算结果为真

参与逻辑运算的运算量是一个逻辑值。逻辑值只有"真""假"这两个，C 语言规定，用 0 表示"假"，所有不是 0 的数都可以用来表示"真"。如 2、3.14 作为逻辑值时都代表"真"。

2．逻辑运算符的优先级与结合性

!运算符优先级高于算术运算符，与自增自减运算符同级。

&&运算符优先级高于||，两者的优先级都低于关系运算符，高于赋值运算符。

逻辑非是右结合，逻辑与、逻辑或是左结合。

例如，按照运算符的优先顺序可以得出：

```
a>b&&c>d      等价于 (a>b)&&(c>d)
!b==c||d<a    等价于 ((!b)==c)||(d<a)
a+b>c&&x+y<b  等价于 ((a+b)>c)&&((x+y)<b)
```

3．逻辑表达式及其取值规则

由逻辑运算符连接的式子称为逻辑表达式。

1）与运算表达式

形如：表达式 1 && 表达式 2，例如，a>3 && a<5。

书写时，运算符&&与它左右两侧的表达式之间可以紧挨着，但习惯上要隔一个空格以便容易阅读，但组成运算符的&&必须紧挨着。

与运算表达式的取值规则：当表达式 1 和表达式 2 的值同时为"真"时，与运算表达式的值才为"真"。组成逻辑表达式的表达式 1 和表达式 2 可以是各种类型的表达式，是取表达式 1 的值和表达式 2 的值进行运算。但通常，表达式 1 和表达式 2 应该是关系表达式才有意义，它表示判断表达式 1、表达式 2 所表达的关系是否同时成立。虽然写出 a=2 && 2 之类的与运算表达式没有语法错误，但没有操作的意义。与运算的规则见表 3-5。

表 3-5 与运算的规则

表 达 式 1	表 达 式 2	&&表达式
0	0	0
1	0	0
0	1	0
1	1	1

当需要判断变量 a 的值是否在开区间(3,5)时，逻辑表达式应写作 a>3 && a<5。即只有表达式 a>3 与 a<5 同时成立时，才说明 a 是一个大于 3 且小于 5 的数。这个判断关系不能写作 3<a<5，式子 3<a<5 表达的根本不是 a>3 同时 a<5 的意思。

复杂的与运算表达式由多个&&运算符连接多个表达式组成，形式如下：

表达式1 && 表达式2 && ...&& 表达式n

在计算与运算表达式的值时，从左向右依次计算表达式 1、表达式 2……表达式 n 的值，但如果某个表达式的值是 0,则其后的表达式便不再计算，因为已经确定该与运算表达式的值为 0,这就是与运算符的短路特性。

例如，若有 a = 0; b = 1;则执行语句 c = a++&&(b=3);后，a、b、c 的值分别为多少？

分析：表达式 c= a++&&(b=3)相当于 c= ((a++) &&(b = 3))，表达式 a++的值为 0, a 的自增

值为 1。根据与运算符的短路特性，表达式 a++ &&(b=3)的值为 0，c 的值为 0。由于表达式 b=3 没有被执行，所以 b 的值不变。

因此，a 的值为 1，b 的值为 1，c 的值为 0。

2）或运算表达式

形如：表达式 1|| 表达式 2，例如，a<3 || a>5。只要表达式 1 与表达式 2 有一个值为"真"（非 0），或运算表达式的值就为"真"（非 0）。或运算的规则见表 3-6。

表 3-6 或运算的规则

表 达 式 1	表 达 式 2	|| 表 达 式
0	0	0
1	0	1
0	1	1
1	1	1

当需要判断变量 a 的值是否在开区间(3,5)之外时，逻辑表达式应写作 a<=3 || a>=5。表达式 a<=3 和 a>=5 不可能同时成立，但只要有一个成立，即可说明 a 的值在开区间(3,5)之外。

复杂的或运算表达式由多个||运算符连接多个表达式组成，形式如下：

表达式1 || 表达式2 || ... || 表达式n

在计算或运算表达式的值时，从左向右依次计算表达式 1、表达式 2……表达式 n 的值，但如果某个表达式的值是 1，则其后的表达式便不再计算，因为已经确定该或运算表达式的值为 1，这就是或运算符的短路特性。

例如，若有 a = 1; b = 1; c=0; 执行语句 d = --a || b-- || (c= b+3); 后，a、b、c、d 的值分别为多少？

分析：--a 的值为 0，a 的值为 0；b--的值为 1，b 的值为 0。根据或运算符的短路特性，--a || b-- || (c=b+3)的值为 1，d 的值为 1。由于 c = b+3 没有被执行，所以 c 的值不变。

因此，a 的值为 0，b 的值为 0，c 的值为 0，d 的值为 1。

3）"非"运算表达式

"非"运算符!是个单目运算符，它出现在表达式的左侧，形如：!表达式 1，例如，!a<4，因!的优先级高于关系运算符，故!a<4 等价于(!a)<4。

如果表达式 1 的值为 0，则"!表达式 1"的值为!0，记为 1。若表达式 1 的值为非 0 的数，如为 5，则"!表达式 1"的值为 0。

"非"运算表达式只对一个表达式求"非"，即不能写为!表达式 1 !表达式 2...。

【例 3.7】写出能够判断下面条件的逻辑表达式。

（1）条件"长度分别为 a、b、c 的三条线段能够组成三角形"。

逻辑表达式：(a+b>c)&&(a+c>b)&&(b+c>a)

按照+、>、&&这三个运算符的优先级，上面的表达式中，不加()也是可以的，但明显加了括号的更容易理解，建议读者养成这样的代码书写习惯。

（2）条件"|x|是一个两位数"。

逻辑表达式：x>=10&&x<=99||x>=-99&&x<=-10

（3）条件"y 年是闰年"，能被 4 整除但不能被 100 整除的年份或者能被 400 整除的年份是闰年。

逻辑表达式：y%4==0&&y%100!=0||y%400==0

（4）条件"x、y 落在圆心在(0,0)半径为 1 的圆外、中心点在(0,0)边长为 2 的正方形内"。

逻辑表达式：x*x+y*y>1&&x>-1&&x<1&&y>-1&&y<1

3.1.4 赋值运算符和赋值表达式

1. 赋值运算符

1）简单赋值运算符

简单赋值运算符只有一个，用=表示。形如：运算量 1=运算量 2，功能是将赋值运算符=右侧的运算量 2 的值存储到运算量 1 中，运算量 2 可以是任意类型的表达式，但运算量 1 必须是单独的一个变量，因为"赋值"实际上是将右侧表达式的值存入左侧运算量所对应的存储空间里，如果运算量 1 不是变量，则运算量 2 的值将无处存储，也就不能实现赋值。

下面的使用形式都是正确的：

```
float x=3.14;
int a,b,c;
a=2;              //将2存储到变量a中
a=2*10;           //将表达式2*10的结果存入变量a中
a=a+1;            //将变量a中的值加1的和存入变量a中
x=sin(a)*x;       //右侧的运算量是一个调用了函数的表达式
a=(a>1)&&(a<5);   //右侧的运算量是一个逻辑表达式
```

C 语言规定，赋值表达式的值是执行该赋值表达式所赋给左侧变量的值。对于普通赋值表达式，=右侧表达式的值就是赋给左侧变量的值。如 c=3，=右侧表达式的值为 3，将其赋给了变量 c，也就是存储到变量 c 对应的存储空间里，这个值就是赋值表达式 c=3 的值。又如 a=b=c=3;，赋给变量 b 的是表达式 c=3 的值，赋给变量 a 的是表达式 b=c=3 的值。

需要说明的是，C 语言规定，出现在赋值运算符=右侧的变量名，是使用该变量的值，出现在=左侧的变量名，是使用该变量对应的存储空间。如 a=a+1，=右侧表达式 a+1 中的变量名 a，是取出 a 存储的值。而=左侧的变量名 a，是要使用变量 a 对应的存储空间，即将=右侧表达式的值存入左侧变量中，并且从右向左结合。

因此，下面的使用形式有语法错误，不能编译通过。

```
34=2;            //左侧是整数34，它不是变量，没有对应的存储空间，无法存储右侧的2
sin(x)=5.6;      //左侧是个函数，它也没有对应的存储空间
3+a=5;           //+的优先级高于=，等价于(3+a)=5，表达式3+a是个值，没有存储功能
```

2）复合赋值运算符

C 语言通过在赋值运算符=之前加上其他二目运算符构成了多个复合赋值运算符。C 语言提供的常见的 5 个复合赋值运算符的符号及功能见表 3-7。

表 3-7 复合赋值运算符

运算符	功　能	实例，c 是变量名，A 是表达式
+=	加然后赋值运算符，先把右侧表达式的值与左侧变量的值相加，然后把和赋值给左侧变量	c+=A 等价于 c=c+(A)
-=	减然后赋值运算符，先把左侧变量的值减去右侧表达式的值，然后把差赋值给左侧变量	c-=A 等价于 c=c-(A)
*=	乘然后赋值运算符，把左侧变量的值乘以右侧表达式的值的结果赋值给左侧变量	c*=A 等价于 c=c*(A)
/=	除然后赋值运算符，把左侧变量的值除以右侧表达式的值的结果赋值给左侧变量	c/=A 等价于 c=c/(A)
%=	求余数然后赋值运算符，求左侧变量的值除以右侧表达式的值的余数，并赋值给左侧变量	c%=A 等价于 c=c%(A)

例如，a+=5 等价于 a=a+5，x*=y+7 等价于 x=x*(y+7)，r%=p*3 等价于 r=r%(p*3)。

复合赋值表达式相比普通赋值表达式，可以少输入一次变量名，当变量名比较长时，可以减少输入的代码量，除此之外，并无好处。

由复合赋值运算符构成的表达式的值是实际赋给复合赋值运算符左侧变量的值，是复合赋值运算符左侧变量的值和右侧表达式的值进行运算之后的值。如表达式 a+=3*6，所赋给变量 a 的值是右侧表达式 3*6 的值加上变量 a 的值，这个值作为复合赋值表达式 a+=3*6 的值。

2．赋值运算符的优先级和结合性

所有的赋值运算符的优先级都是相同的，赋值运算符具有右结合性，即表达式中出现多个赋值运算符时，从右向左依次执行。

例如，a=b-=c+=3，等价于 a=(b-=(c+=3))，先计算表达式 c+=3，再依次向左执行赋值。

赋值运算符的优先级除高于逗号运算符之外，低于其他任何运算符。

3．"="与"=="的不同

C 语言把"="用作赋值运算符，而把连写的两个赋值号"=="用作判断两个数是否相等的关系运算符。因为日常生活中人们用"="表示相等与否的判断，因此，初学者容易把"="用作"==",造成逻辑错误。例如，if(a==2) printf("%d",a);在这个语句中，关系表达式 a==2 用来判断变量 a 的值是不是 2，如果 a 等于 2，表达式 a==2 的值就为 1，代表逻辑值"真"，如果 a 不等于 2，表达式 a==2 的值就为 0，代表逻辑值"假"。而对于 if()语句，若()里的表达式的值为 0，就不执行后面的语句，如果为非 0 的数，就执行后面的语句。因此执行这个语句时，只有当 a 等于 2 时，才会执行 printf("%d",a);输出 a 的值。

如果写成了 if(a=2) printf("%d",a);，也就是把关系表达式 a==2 误写为赋值表达式 a=2，则会造成逻辑错误。因为 if()只关注()里表达式的值是 0 还是非 0，并不要求()里面必须是关系表达式，而 if(a=2)里赋值表达式 a=2 的值是所赋给变量 a 的值 2，2 是一个非 0 的数，C 语言把非 0 的数一律视作逻辑值"真"，于是 if()括号里面，无论 a 的原值是不是 2，因表达式 a=2 的值都一定是

2,这样就一定会执行 printf("%d",a);输出 a 的值。

按 C 语言语法,这样写并不违反语法规定,不会有语法错误,但并不能实现编程者的本意,这种极有可能导致得不到正确的结果的逻辑错误,一定要高度警惕,着力避免。

3.1.5 条件运算符和条件表达式

1. 条件运算符

C 语言提供了一个条件运算符,形如:子表达式 1?子表达式 2:子表达式 3,是 C 语言唯一的三目运算符,即要有三个子表达式来充当运算量。例如,表达式 a>b?a:b。

条件运算符的关键字符是?与 :,因此,条件表达式又称?表达式,称为?表达式更符合它的特点,便于读者记忆。

条件运算符构成的表达式称为条件表达式。在计算条件表达式的值时,先计算子表达式 1 的值,如果不为 0,则将子表达式 2 的值作为该条件表达式的值,否则,把子表达式 3 的值作为该条件表达式的值。

子表达式 1 通常是一个关系表达式,用于作某种判断。子表达式 2 和子表达式 3 的形式不限,只要是个表达式就符合语法规定。特别地,子表达式 2 和子表达式 3 也可以是一个条件表达式,即条件表达式可以嵌套。

如表达式 a>b?a:b,执行时首先计算子表达式 a>b 的值,如果值为 1,把子表达式 a 的值作为该条件表达式的值,否则,就把子表达式 b 的值作为该条件表达式的值。该条件表达式可以用来求 a、b 两个数中的最大者。

如表达式 a>b?(a>c?a:c):(b>c?b:c)的功能是求出 a、b、c 三者之间的最大数。请读者仔细分析此语句以加深对条件表达式的理解。

2. 条件运算符的优先级与结合性

条件运算符的优先级比赋值运算符高,比前面介绍的其他运算符都低。

条件运算符的结合性为"先右后左"。表达式中若出现多个条件表达式时,将从右向左依次执行。

例如,a>b?(a>c?a:c):(b>c?b:c)和 a>b?a>c?a:c:b>c?b:c 的执行顺序是不一样的。

条件表达式的几种常用情形如下:

(1)求变量 t 的符号。

f=t>=0?1:-1;,若变量 t 的值>=0,条件表达式的值为 1,否则为-1,赋给变量 f。

(2)求三个变量 x、y、z 中的最大者,使用条件表达式的嵌套。

s=(s=x>y?x:y)>z?s:z;,表达式 x>y?x:y 的值是 x、y 中的大者,赋值给变量 s,赋值表达式 s=x>y?x:y 的值也就是 s 的值再与 z 比较,s 与 z 中的大者再赋值给 s。

(3)字符变量 ch 若为小写英文字母则改为大写,其余字符不变。

ch=(ch>='a'&&ch<='z'?ch-32:ch);,当变量 ch 的值是某个小写英文字母时,逻辑表达式 ch>='a'&&ch<='z'的值为 1,此时返回 ch-32 作为条件表达式的值。因为同一个英文字母,小写的 ASCII 值比大写的 ASCII 值大 32,因此 ch-32 就是把小写字母的 ASCII 值变为大写字母的 ASCII

值。如果 ch 不是小写字母，逻辑表达式 ch>='a'&&ch<='z'的值为 0，则把 ch 的值作为条件表达式的值返回，即保持 ch 中的字符不变。

（4）输出 int 型变量 x 的绝对值。
(x>0)?printf("%d",x):printf("%d",-x);

（5）嵌套使用时考虑"先右后左"的结合律。
表达式 a>b?a:c>d?c:d，与 a>b?a:(c>d?c:d)等价。

3.1.6 逗号运算符和逗号表达式

逗号(,)多用作程序代码中的分隔符，如在 int m,n,k;中用来分隔多个变量名，或者用于分隔函数的多个参数，如 printf("%d%d",m,n);。逗号还可以用作运算符，称为逗号运算符。

1）逗号表达式的构成

把逗号作为运算符，连接若干个子表达式构成的表达式称为逗号表达式，形如：

```
表达式1,表达式2,...,表达式n
```

2）结合性

逗号运算符的结合性是自左至右，依次计算表达式 1、表达式 2……表达式 n。

3）优先级

逗号表达式的优先级是所有运算符里最低的。

4）逗号表达式的值

逗号表达式的值等于表达式 n 的值。表达式 n 是逗号表达式的最后一个子表达式，它是最后一个被计算的表达式。在很多情况下，使用逗号表达式并非要得到整个逗号表达式的值，而只是从左到右依次计算组成逗号表达式的表达式 1、表达式 2……表达式 n 这 n 个子表达式的，真正刻意构造逗号表达式并只为了获取逗号表达式的值的场景不多。

例如：

```
a=3*5,a*4
```

表达式 a=3*5 和 a*4 被逗号隔开形成逗号表达式。先计算 a=3*5，把 15 存入变量 a，接着计算表达式 a*4，值为 60，a*4 是最后一个子表达式，它的值就是整个逗号表达式的值。

```
a=3*5,a*4,a+5
```

这个逗号表达式由三个子表达式、两个逗号运算符构成，整个逗号表达式的值是最后一个子表达式 a+5 的值，为 20。

```
x=(a=3,6*3)
```

括号括起来的 a=3,6*3 是一个逗号表达式，但整个表达式是一个赋值表达式，是将逗号表达式的值赋给变量 x。因为逗号表达式优先级最低，因此，如果没有括号，即 x=a=3,6*3，则是一个逗号表达式，两个子表达式分别是 x=a=3 和 6*3。

3.1.7 不同类型数据之间的类型转换

在众多的编程语言中，C 语言对变量类型的规定最为严格。变量的数据类型实质上是用于约定为该变量分配多大的存储空间的，而所分配存储空间的大小又决定着所存储数据的大小范围，计算机原则上只能进行相同类型数据之间的运算。比如，C语言规定，在基本数据类型中，相同类型的数据进行加、减、乘、除四则运算，计算结果的数据类型也取同一类型，如进行3+2的计算，操作数3和2都是整数，计算结果5也用整数形式表示。但计算3除以2时，要求其结果也必须是整数，因此C语言就约定将3除以2的结果1.5的小数部分截断，并不四舍五入，变为整数1，但如果是3.0/2.0，因为3.0虽然小数点后是0，但其是实型数据表示形式，其结果也是实型的1.5。

但是，现实问题中确实又经常碰到不同类型的数据之间要进行计算，最多的是整型和单精度实型数据之间，如求圆周长的公式2πR，2是整数，而π是个实型的数据，遇到这样的情况，C语言如何处理呢？

C语言提供了三种类型转换方式：自动转换、赋值转换和强制转换，来解决上述不同类型的数据进行运算的问题。这里说的运算主要指加减乘除之类的算术运算。

其中自动转换和赋值转换又称为隐式转换，是无须编程者指明而由系统根据参与运算的操作数的情况自动进行，强制转换又称为显式转换，必须由编程者用类型关键字指明要把哪个数据转换成哪种类型。

1. 自动转换

不同类型数据运算时可直接在语句里写出原数，系统将先进行自动转换，将两个操作数转换成相同类型后再进行计算。自动转换发生在不同数据类型的量混合运算时，由编译系统自动完成。自动转换对编程者是透明的，即编程者无须指出，系统将自动进行转换。但编程者要清楚系统是先做了类型转换的。自动转换规则是：占用存储空间少的数据类型自动转换为所有参与运算的数据中占用存储空间最多的那个数据的类型。这句话中说的数据既可以是常量，也可以是变量。比如，执行5.4除以2，5.4是实型，2是整型，则计算机先自动将2转换成实型数据2.0再执行除运算，得到的结果也是实型，为2.7。

自动转换遵循以下规则：

（1）自动转换按数据占用存储空间由少到多的方向进行，以保证精度不降低。如int型和double型运算时，先把int型转成double型后再进行运算。转换方向如图3-1所示。

（2）所有的浮点运算都是以double进行的，即使仅含float单精度量运算的表达式，也要先转换成double型，再作运算。

（3）char型数据参与加减乘除等算术运算时，系统会先将其转换为参与运算的占用存储空间最多的那个数据的类型。

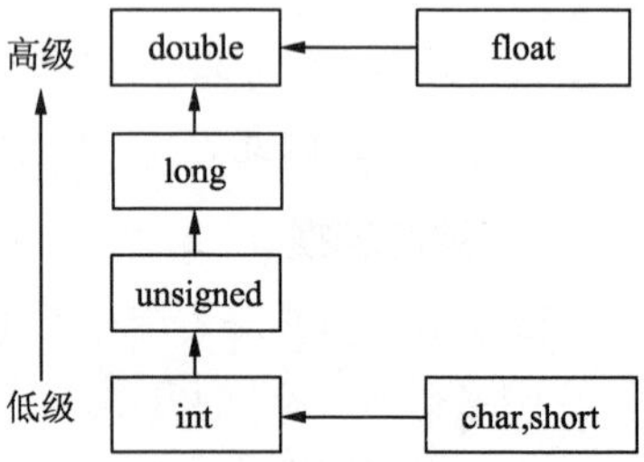

图3-1 类型转换规则

（4）若两种类型的字节数相同，且一种有符号，一种无符号，则转换成无符号类型。

2. 赋值转换

如果赋值运算符两侧的数据类型不相同，系统将自动进行类型转换，即把赋值号右侧表达式值的类型强制换成左侧变量的类型。具体规定如下：

（1）实型数据赋给整型变量，舍去小数部分。

（2）整型数据赋给实型变量，数值不变，但将以浮点形式存放，即增加小数点及其后若干位 0。

（3）字符型数据赋给整型变量，由于字符型为一个字节，而整型为两个字节，故将字符的 ASCII 码值放到整型变量的低 8 位中，高 8 位为 0。

（4）整型数据赋给字符型变量，只把整数的低 8 位赋给字符变量。

【例 3.8】 赋值时自动发生的类型转换举例。

```
#include <stdio.h>
main()
{
    int a,b=322;
    float x,y=8.88;
    char c1='k',c2;
    a=y;          //实型数据赋给整型变量，存入a的值是实型数据8.88截断小数之后的8
    x=b;          //整型数据322赋给float类型变量x，322后补小数点及6位0，即322.000000
    printf("a=%d,  x=%f\n",a,x);
    a=c1;         //字符型数据赋给整型变量，赋的是该字符的8位ASCII值
    c2=b;         //整数赋给字符型变量，只截取低8位
    printf("a=%d,  c2=%c\n",a,c2);
}
```

运行结果：

```
a=8,  x=322.000000
a=107,  c2=B
```

程序说明：

本例验证了上述赋值运算中类型转换的规则。a 是 int 型变量，将 float 变量 y 的值 8.88 赋给它时，只能截取整数部分，因此把 8 赋给了 a。x 为 float 型变量，将 int 型变量 b 的值 322 赋给它时，会扩展增加小数部分。char 型变量 c1 的值赋给 int 型变量 a 时，自动变为整型。int 型变量 b 的值赋给 char 型变量 c2 时，只能截取其低 8 位成为字符型。因为 b 的值是十进制整数 322，存储时转换为 32 位的二进制数，其低 8 位为 01000010，即十进制的整数 66，按 ASCII 值对应于字符 B，因此，按%c 输出变量 c2 时，输出字母 B。

3. 强制转换

强制类型转换是通过在程序中明确使用类型转换运算来实现的。其一般形式为：

（类型说明符）（表达式）

其功能是把表达式的运算结果强制转换成类型说明符所表示的类型。需要注意的是，强制转换的是值，而非表达式中的变量，表达式中出现的变量类型仍保持原类型。

例如，(int) a，不管变量 a 是什么类型，前面的(int)会将 a 中存储的值取出来并强制转换为 int 类型。需要注意的是，变量 a 的类型并未被转换，变量 a 中所存储的值的类型也没有改变。因此，这种改变只对本行语句起作用，并不是执行此语句之后，变量 a 的类型就被强制转换了。

(int)(x/y)，先按变量 x 和变量 y 的类型，自动转换为相同类型后开始计算，然后把计算结果强制转换为整型，这里转换的是 x/y 的值，而变量 x，y 及其值的类型保持不变。

使用强制转换时应注意以下问题：

类型说明符必须加括号，被转换的表达式如由单个变量组成可以不加括号，否则，也必须加上括号以避免产生歧义。例如，若把(int)(x+y)写成(int)x+y，则(int)优先与变量 x 结合，成了把变量 x 的值转换成 int 型之后再与变量 y 的值相加，而(int)(x+y)是将 x+y 的值强制转换。

强制转换为了本次运算的需要而对表达式的值进行转换，不会改变表达式中变量的类型。当精度高的类型向精度低类型转换时，系统会将小数点的有效数字舍弃，从而发生精度损失问题。如 double 类型的数据被强制转换为 float 类型时。

【例 3.9】 强制类型转换举例。

```
#include <stdio.h>
main()
{
    float f=5.75;
    printf("强制转换为int的f=%d\n",(int)f);
    printf("强制转换之后f=%d\n",f);
}
```

运行结果：

```
强制转换为int的f=5
强制转换之后f=5.750000
```

程序说明：

本例表明，(int)f 将变量 f 中存储的数 5.75 取出并将其强制转为 int 型，这样会将小数点后的有效数字舍弃，因此输出整数 5。但这种强制转换只是对从变量 f 中取出的值进行强制转换，而对变量 f 的类型及其存储的数据 5.75 并没有转换，所以，紧接着要输出的变量 f 的值仍然是原值 5.75。

编程者所书写的计算表达式，很多情况下通过自动转换、赋值转换就会自动地、正确地转换后并进行运算，真正需要特别指出的强制转换的使用场合并不多，因此，编程者只需了解数据的存储及转换规则，通常不必过于关注数据类型转换问题。

3.2 C语言的语句

编写程序时，无论描述数据，还是描述操作，都是以"语句"来表现。一个 C 程序的源代码是由若干行语句组成的，即 C 程序的执行部分是由语句组成的，程序的功能通过执行语句实现。C 语言中的语句可分为 6 类，分别是声明语句（定义变量语句）、表达式语句、函数调用语句、复合语句、空语句和流程控制语句。

1. 声明语句

声明语句用来命名标识符，以便能在程序中使用。例如：

```
int x;
char ch[15];
void fun(int n);
```

以上声明语句分别声明了 int 类型的变量 x、字符类型的数组 ch 和 void 类型的具有一个整型参数的函数 fun()。

常用的声明语句是声明变量的语句，又称定义变量，由声明变量类型的关键字、变量名、分隔符、语句结束标记符分号组成，即通知计算机，按数据类型为变量在内存中分配存储空间，并把所分配存储空间的地址和变量名建立对应关系。例如：

```
int m;              //声明一个int类型的变量m，关键字int和变量名m之间要用空格隔开
float x,y=1.23;     //声明两个float类型的变量，变量名分别为x、y，变量名之间用逗号隔开
```

2. 表达式语句

3.1 节中介绍的各种表达式，都可以在表达式后面加上分号";"构成表达式语句。把表达式写成语句就可以让计算机执行了，执行表达式语句就是计算表达式的值。计算机不执行表达式，只执行语句。单独一个表达式写在程序中，是一种语法错误，一个表达式要让计算机求出其值，需要将其写成表达式语句，也就是在其后加上分号";"。例如：

```
x=y+z;              //赋值表达式变成赋值语句
i++;                //自加1语句，i值增1
m>n?m:n;            //条件表达式语句
b==5;               //关系表达式语句
x&&y++||z;          //逻辑表达式语句
i=1,j=2,k=3;        //逗号表达式语句
```

语法上，任何类型的表达式加上半角的分号";"，都构成一个合法的语句。但上面六种语句，只有赋值表达式构成的语句才有单独操作的意义。对于条件表达式、关系表达式、逻辑表达式，往往需要和其他的关键字、表达式配合使用，如 if(b==5) printf("%d",b);，单独将这些表达式用作语句，虽然没有语法错误，但不能完成表达操作的目的，因此，较少将这些表达式单独作为语句使用。

半角的分号";"是构成语句的标志符号，故任何语句都是以分号结尾。

例如，x=y+z 和 x=y+z;是两个不同的概念，前者是一个赋值表达式，而后者是一个赋值语句。编程者对表达式的关注点在于表达式的值，而对语句的关注点在于语句执行的结果。

3. 函数调用语句

函数调用语句由函数名加上分号";"组成，其一般形式为：函数名(实际参数表);。

执行函数语句就是调用函数，例如，printf("C Program");为调用库函数，输出字符串。

有关函数的概念将在后续章节详细介绍，在本节读者只需把函数认为是一段能完成某种功能的代码段。函数包括编程者自定义的函数和 C 语言系统提供的标准库函数，如 scanf()和 printf()就是系统提供的标准库函数。本节为了介绍函数调用语句，只介绍一些常用的标准库函数。

C 语言提供了很多标准的库函数供用户使用，调用库函数时必须用编译预处理命令把相应的头文件包含到程序中，否则编译时会因为系统不识别库函数而报错。

数学库函数 sin(x)、cos(x)、exp(x)、fabs(x)、log(x)的函数声明包含在 math.h 中，因此在程序中须有预编译处理命令：#include <math.h>。

【例 3.10】函数调用语句举例。

```
#include<stdio.h>
#include<math.h>
main()
```

```
{
    int x,a,b;                          //定义3个int型变量
    float y,c;                          //定义2个float型变量
    scanf("%d,%d,%d",&a,&b,&x);         //获取三个整数分别存入变量a、b、x中
    //调用求绝对值函数fabs()、求正弦值函数sin()、求对数函数log()
    y=fabs(a*sin(x)-b*log(x));
    c=sin(3.14*x/180);
    printf("y=%f,c=%f\n",y,c);
}
```

运行结果：

```
输入：2,3,4
输出：y=5.672488,c=0.069721
```

4. 复合语句

把多个语句用括号{ }括起来组成的一个语句称为复合语句。虽然一个复合语句通常由多条单条语句组成，但在程序中一个复合语句仍然被看成是一条语句。其一般形式为：

```
{
    语句1;
    …
    语句n;
}
```

复合语句内的各条语句都必须以分号";"结尾，但在括号"}"外不能加分号。

复合语句多用于选择结构的选择分支和循环结构的循环体，这在后续章节会有介绍。单独的复合语句很少使用，这种复合语句主要是影响变量的作用域。

【例3.11】单独的复合语句举例。

```
#include <stdio.h>
main( )
{
    int a=10;                   //此变量a自本行起存在和起作用
    printf("a=%d\n",a);
    {
        int a=20;               //此变量a仅限在本复合语句中存在和起作用，是局部变量
        printf("a=%d\n",a);     //此a为本复合语句定义的局部变量
    }
    printf("a=%d\n",a);
}
```

运行结果：

```
a=10
a=20
a=10
```

程序说明：

C语言是不允许在同一层级的语句中定义同名的变量的,变量的作用范围自定义它的语句起，到同一层级代码结束止。但像本例这样，使用复合语句，可以在复合语句中定义和复合语句外同名的变量。虽然同名，但却是两个不同变量。C语言规定，复合语句中定义的变量为

局部变量,其作用域仅限于所在的复合语句中。并且,局部变量如果和复合语句外的变量同名,则在复合语句内,所使用的是局部变量,复合语句外定义的那个同名变量,在复合语句内被屏蔽。

因此,本例程序的第一个和最后一个 printf()输出的是前一个变量 a 的值 10。第二个 printf()输出的是局部变量 a 的值 20。这样使用复合语句并无意义,本例借此重述变量的作用域问题。

5. 空语句

只有分号组成的语句称为空语句,空语句是什么也不执行的语句。在程序中,空语句常用来做空循环体。例如:

```
while(getchar()!='\n');
```

本结构的功能是,只要从键盘输入的字符不是回车就重新输入,这里的循环体为空语句。

6. 流程控制语句

流程控制语句用于控制程序中语句的执行流程,程序中的语句不一定必须按语句出现的顺序执行,有些时候需要跳转、分支,此时需要使用控制语句。C 语言有九种控制语句,可分成以下三类:

(1) 条件判断语句:if 语句和 switch 语句。
(2) 循环执行语句:do...while 语句、while 语句和 for 语句。
(3) 流程转向语句:break 语句、goto 语句、continue 语句和 return 语句。

小　结

本章介绍了 C 语言的运算符、表达式和语句,先从整体上介绍了 C 语言运算符的定义和分类、表达式的概念、运算符的优先级和结合性,接着详细介绍了算术运算符及其表达式、关系运算符及其表达式、逻辑运算符及其表达式、赋值运算符及其表达式、条件运算符及其表达式、逗号运算符及其表达式以及不同类型数据之间的类型转换,最后介绍了 C 语言的语句,包括声明语句(定义变量语句)、表达式语句、函数调用语句、复合语句、空语句和流程控制语句。通过本章的学习,针对实际问题,读者应该能够正确写出相应的 C 语言表达式,并对 C 语言的各种语句有一定了解。

习　题

一、单选题

1. 设有整型变量 m 值为 8,下列赋值语句正确的是(　　)。
　　A. ++m=6;　　　B. m=m++;　　　C. m+1=8;　　　D. m+1+=8;
2. 表达式(　　)的值是 0。
　　A. 3/5　　　　　B. 3/5.0　　　　C. 3%5　　　　　D. 3<5
3. 已知 int i,a; 执行语句 i=(a=2*3,a*5),a+6;后,变量 i 的值是(　　)。
　　A. 6　　　　　　B. 30　　　　　C. 12　　　　　　D. 36

4. 已知字母 A 的 ASCII 码为 65，且 ch 为字符型变量，则执行语句 ch='A'+'6'-'3';后，ch 中的值为（　　）。
    A. E   B. 68   C. 不确定   D. C
5. 表达式 9>5>2 的值为（　　）。
    A. 0   B. 1   C. 3   D. 语法错误
6. 设 x、y、t 均为 int 型变量，则执行语句 x=y=3;t=++x||++y;后，y 的值为（　　）。
    A. 3   B. 不定值   C. 4   D. 1
7. 下列能正确计算 x 绝对值的语句是（　　）。
    A. x>=0?x:-x;   B. x<=0?x: -x;   C. x<0?x:-x;   D. !x<=0?x: -x;
8. 设 a 为整型变量，以下不能正确表达数学关系：10<a<15 的 C 语言表达式是（　　）。
    A. 10<a<15   B. a>10 && a<15
    C. a==11||a==12||a==13||a==14   D. !(a<=10) && !(a>=15)
9. 下列只有当整数 x 为奇数时，其值为"真"的表达式是（　　）。
    A. x%2==0   B. !(x%2==0)   C. (x-x/2*2)==0   D. !(x%2)
10. 设 a、b、c 为 int 型变量，且 a=3，b=4，c=5，下面表达式值为 0 的是（　　）。
    A. a&&b   B. a<=b   C. a||b+c&&b-c   D. (a<b)&&!c
11. 表达式 10+5*4%3*2+3/2 的结果为（　　）。
    A. 14   B. 15   C. 14.5   D. 15.5
12. 已知 int m=3，n=4，t=5；则表达式 m*n/t+'A'+(m>n)的值为（　　）。
    A. 68   B. 99   C. 67   D. 100
13. 参与运算的对象必须是整数的运算符是（　　）。
    A. %   B. /   C. %和/   D. *
14. 只有一个（　　）组成的语句，称为空语句。
    A. 逗号(,)   B. 冒号(:)   C. 分号(;)   D. 句号(.)
15. C 语言中，关系表达式和逻辑表达式的值是（　　）。
    A. 0   B. 1   C. T 或 F   D. 0 或 1

二、填空题

1. 表达式(1/2)*10.0 的值为_____。
2. 表达式((a=3*5,a*4),a+15)的值是_____，执行后 a 的值是_____。
3. 若有数据定义 int x=3,y=2;float a=2.5,b=3.5;，则表达式(x+y)%2+(int)a/(int)b 的值是_____。
4. 设已定义 int 型变量 x，则 x 大于 5 或者小于 3 对应的符合 C 语言语法的表达式可写为_____。
5. 下面的程序段执行后，m 的值是_____。

```
int i=1,j=2,m;
i++;++j;
```

```
m=(++i)+(j++);
```

三、编程题

1. 输入 3 个整数，计算并输出这 3 个整数的和与平均值，其中平均值保留两位小数。

2. 输入一个华氏温度 F，编程计算并输出与之对应的摄氏温度 C。计算公式为：$C=\dfrac{5}{9}(F-32)$。

3. 输入一个四位数（大于 0），计算这个四位数的个位、十位、百位、千位数字之和。

4. 输入某时长的总秒数，将其转换为 hh:mm:ss 的表示形式。

5. 老师有 n 个糖果，要给 m 个小朋友分糖果，每个小朋友分得的数量是一样多，且要求尽可能地将糖果都分给小朋友。其中 n 和 m 由键盘输入，输出每个小朋友分几个，老师还剩余几个。

第 4 章 程序结构

学习目标

- ★ 掌握顺序结构程序的编写
- ★ 掌握处理选择结构的语句,能用选择语句解决实际问题
- ★ 掌握处理循环结构的语句,能用循环语句解决实际问题
- ★ 了解流程转向的语句的使用

重点内容

- ★ if 语句和 switch 语句
- ★ while 语句、do...while 语句、for 语句以及循环嵌套
- ★ 流程转向语句

源程序的代码只能一行一行地书写,执行程序时,原则上依据语句在源程序中出现的先后顺序依次执行。但是,很多情况下,程序需要根据运行状况进行判断,然后根据判断结果,决定执行哪一块代码、跳过哪一块代码。也就是,根据实际运行情况,并不是必须得把所有代码按照在程序中出现的位置顺序都执行。这种程序执行流程控制框架,分别是选择结构、循环结构,由专用的语句来实现。

4.1 顺序结构

顺序结构是结构化程序设计中自然的、基本的一种结构。它是指按照语句在程序代码中出现的先后次序顺序执行,不跳过任何语句。下面的几个例子,具有明显的顺序结构特点。

【例 4.1】输入任意 2 个整数,输出它们的平均值。

分析:本问题的解决流程可以分以下三步。

(1)需要定义 2 个 int 类型的变量 x、y,用来存储从键盘上输入的 2 个整数。

(2)调用 scanf()函数,以便从键盘上输入 2 个整数并依次存储到变量 x、y 中。

（3）调用 printf()函数，以%.2f 格式输出表达式(x+y)/2.0 的值，即为保留两位小数的平均值。

程序如下：

```c
#include <stdio.h>
main()
{
    int x,y;                            //定义两个int型变量，用于存储输入的2个整数
    printf("请输入两个整数，用空格隔开: \n");    //在屏幕上显示提示信息
    scanf("%d%d",&x,&y);                //用户从键盘输入两个整数，依次存入变量x、y
    printf("平均值=%.2f\n",(x+y)/2.0);    //按%.2f格式显示表达式(x+y)/2.0的值
}
```

运行结果：

```
请输入两个整数，用空格隔开:
3 6
平均值=4.50
```

【例 4.2】输入 3 个实数作为一个三角形的三条边的边长，按照海伦公式求三角形的面积。

分析：求一个三角形面积的海伦公式为 area $= \sqrt{s(s-a)(s-b)(s-c)}$，式中 a、b、c 为三角形的边长，s 为三角形的周长的一半，area 为三角形的面积。算法如下：

（1）定义 float 类型变量 a、b、c、s 和 area 备用。
（2）从键盘上输入三个边长数据存入变量 a、b、c 中。
（3）通过表达式 s=(a+b+c)/2，求出周长的一半并存入变量 s。
（4）通过表达式 area=sqrt(s*(s-a)*(s-b)*(s-c))，求出面积并存入变量 area。sqrt()是一个求平方根的库函数。
（5）以%.2f 格式输出变量 area 的值，即以两位小数的格式显示三角形的面积值。

算法描述如图 4-1 所示。

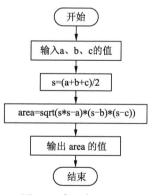

图4-1 求三角形面积

程序如下：

```c
#include <stdio.h>
#include <math.h>              //包含此文件以便能使用它声明的求平方根函数sqrt()
main()
{
    float a,b,c,s,area;            //定义变量
    printf("输入三个边长，空格隔开: ");    //显示操作提示
```

```
    scanf("%f%f%f",&a,&b,&c);          //以%f格式接收三个数,依次存入变量a、b、c
    s=(a+b+c)/2;                        //赋值表达式语句,求出周长的一半存入变量s
    area=sqrt(s*(s-a)*(s-b)*(s-c));    //sqrt()是系统定义的求平方根库函数
    printf("三角形面积=%.2f\n",area);
}
```

运行结果:

```
输入三个边长,空格隔开:
3 4 5
三角形面积=6.00
```

再次运行,如果输入的三个边长不能构成一个三角形,例如:

```
输入三个边长,空格隔开:
6 3 2
三角形面积=-1.#J
```

程序说明:

看到显示的面积值为-1.#J,这是一个错误的数据,说明程序发生了逻辑错误。因为只有任意两边之和都大于第三边的三个边长才能构成三角形,而只有能构成三角形的三个边长,才能通过海伦公式正确求出面积。第二次输入的三个边长 6、3、2,不能构成一个三角形,运行这个程序,所求出的面积自然是错误的。

这个例子说明了顺序结构程序的弊端,一个程序若完全是顺序结构,通常只能解决一些最简单的问题。像例 4.2 这样的问题要避免如上的逻辑错误,需要先判断能否构成三角形,只有能构成三角形的三个边长,才执行求面积表达式语句,如果不能构成三角形时,不能再执行求面积表达式语句,而应该给出错误提示。这就意味着,程序会跳过某些代码,并不会严格按照代码出现的顺序把所有代码都执行,这就不再是顺序结构了。

4.2 选择结构

顺序结构的执行流程过于机械,不会跳转,没有选择,不能随机应变,注定它不能处理复杂的问题。人生充满选择,编程也离不开选择。在数据处理过程中,几乎离不开"选择",就如同直行时遇到三岔路口,必须根据要去的目的地和当时所处的状况,从分叉中选择一条继续前行。而且只能选择其一,选择正确进入下一环节,误入歧途将不能达成目标。

编程会经常遇到不得不做的"选择",几乎是"无选择不程序"。完成选择判断的语句称为选择语句。选择语句会给出一个表达式,计算机根据执行到当前这条选择语句时相关数据的状态,计算表达式的值,根据表达式值是 0 还是非 0 的数,决定执行哪个代码块,完成不同的处理。

如例 4.2 中,为了避免出现三条边长不能构成三角形的逻辑错误,需要加入对输入的三个边长能否构成三角形的判断,如果能构成就计算并输出面积,否则就输出不能构成三角形的提示信息,不再去计算面积。实现方法是在 scanf("%f%f%f",&a,&b,&c);之后加入选择语句:

```
             if(a+b>c && a+c>b && b+c>a)       //任意两边之和大于第三边，能构成三角形
             {
代码块1           s=(a+b+c)/2;                  //赋值表达式语句，求出周长的一半存入变量s
             area=sqrt(s*(s-a)*(s-b)*(s-c));    //sqrt()是系统定义的求平方根库函数
             printf("三角形面积=%.2f\n",area);
             }
代码块2  else                                   //否则，所输入的三个边长不能构成三角形
             printf("所输入的三个边长不能构成三角形\n");   //输出提示信息
```

选择语句就是让计算机根据判断的结果选择相应的处理方式，当程序具有这种判断和选择执行的能力，就具有了最简单的"智能"。使用了选择语句的程序可称为选择结构程序。

C语言提供了 if 和 switch 两个能实现选择结构的语句。if 语句通常用于实现二分支选择，switch 语句多用于实现多分支选择。if 语句通过嵌套，也可以实现多分支选择，switch 语句当然也可以只列出两个分支，实现和 if 语句相同的二分支选择效果。也就是说，通过书写不同的逻辑表达式，可以实现 if 语句与 switch 语句的等价使用。

4.2.1 if…else语句

最基本、最常用的选择结构是二分支选择结构，C 语言使用 if…else 语句实现二分支选择结构。

1. 书写形式

if…else 语句构造了一种二路分支选择结构，其一般形式如下：
```
if (表达式)
    语句1；
else
    语句2；
```

这个选择语句包含关键字 if、else，表达式和语句1、语句2。if、else 分别代表"如果"、"否则"之意。括号里的表达式用来描述判断条件，可简可繁，多是如 a>b 之类的比较表达式，或者 a>3 && a<5 之类的逻辑表达式，当然使用其他类型的表达式也不违反语法规定，比如 if(a%2)、if(2)、if(a=2)、if(a,b,c)等，但多数因起不到判断作用而没有实际意义。语句1和语句2都必须是一条语句，如果要执行的代码块需要包含多条语句，则必须用{}将这些语句包围成一条复合语句。如上节例中的代码块1就是一个复合语句，代码块2就是一条普通的语句。

为了突出结构的层级感，便于阅读，书写时，if 与 else 这两个关键字各占一行并保持左对齐，语句1相对 if 向右缩进3个空格，语句2相对 else 向右缩进3个空格。

2. 执行流程

if (表达式) 语句1; else 语句2;这个选择语句的执行流程是：先计算括号里"表达式"的值，如果是一个非0的数，代表条件成立，则执行语句1，然后执行此选择语句之后的语句，也就是不执行语句2。否则，表示条件不成立，就略过语句1，只执行语句2。如图 4-2 所示，根据表达式的值，在语句1、语句2中选择其一执行。

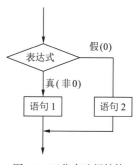

图4-2 双分支选择结构

【例 4.3】 从键盘输入两个整数,把最小的数显示出来。

```c
#include <stdio.h>
main()
{
    int a,b,min;                              //定义三个int型变量
    printf("输入两个整数,用空格隔开: \n");    //显示操作提示
    scanf("%d%d",&a,&b);                      //从键盘输入两个整数依次存入变量a、b
    if(a<b)                                   //如果a<b
        min=a;                                //把a的值存入变量min
    else                                      //否则
        min=b;                                //把b的值存入变量min
    printf("最小的数是: %d\n",min);
}
```

运行结果:

```
输入两个整数,用空格隔开:
223423  324233
最小的数是: 223423
```

本题逻辑简单,计算 if 语句的比较表达式 a<b 的值,如果为真,表明 a<b 成立,执行 min=a;,如果为假,表明 a<b 不成立,也就是 b 是 a、b 中的最小的数,执行 min=b;,实现将 a、b 中的最小的数存入变量 min 中。

3. 语法规则

虽然习惯上采用缩进格式将 if 与 else 写在不同行,但 else 不是一个独立的语句,else 是 if 语句的子句,若把 else 单独作为一条语句,会有语法错误。

语句 1 和语句 2 是一条语句。若 if 与 else 之间的语句多于一条,会把 else 视为与 if 脱离,成为一条单独语句,这是语法错误。else 值控制它后面的一条语句。如果需要 else 控制多条语句但没有用大括号将这些语句界定为一条复合语句,则有可能会出现逻辑错误。

例如:

```c
if(x>y)
{
    x=y;
    y=x;
}
else
{
    x++;
    y++;
}
```

分析:if(x>y)后面的语句"x=y;y=x;"如果没有"{"和"}",会出现语法错误。else 后面的语句"{x++;y++;}"如果没有"{"和"}",则"y++;"语句被认为是选择结构之后的语句。即无论表达式 x>y 的值为 0 还是不为 0,"y++;"都会被执行。而若语句"x++;"与"y++;"用{}界定为一条复合语句,则 y++;只有当 x>y 的值为 0 时才会被执行。

4.2.2 单分支if语句

单分支 if 语句实现单一选择，根据"表达式"的值是 0 还是非 0，决定是否执行"语句"。与 if...else 相比，它能控制的只有一个代码块，当然，这个代码块也可能是个复合语句。如果是复合语句，建议采用分行缩进格式书写，其一般形式如下：

```
if (表达式)
{
    语句序列;
}
```

单分支 if 语句的执行过程是，先计算"表达式"的值，若值为非 0 的数，就执行"语句"，然后执行该单分支 if 语句后面的语句；若值为 0，表明条件不成立，就不执行"语句"，直接执行该单分支 if 语句后面的语句，如图 4-3 所示。

单分支 if 语句适用于满足某种条件需要额外执行一个代码块的情形。如若要输出一个变量的绝对值，如果该变量的值为正数，直接输出该变量即可，如果是负数，将该变量"取负"后，再输出该变量即可。按照这个算法，当判断该变量为负时，多执行一个对该变量取负操作语句，如例 4.4。

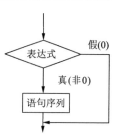

图4-3 单分支选择结构

【例 4.4】从键盘输入一个整数，把这个整数的绝对值显示出来。

```
#include <stdio.h>
main()
{
    int a;                          //定义一个int型变量
    printf("输入一个整数: \n");     //显示操作提示
    scanf("%d",&a);                 //从键盘输入整数存入变量a
    if(a<0)   a=-a;                 //如果a<0，对其取负
    printf("绝对值是%d\n",a);
}
```

运行结果：

```
输入一个整数:
-9
绝对值是9
```

程序说明：

这里，if()语句只控制一个代码块，即当 a<0 时执行 a=-a;，无论 a=-a 执行与否，下面的 printf("绝对值是%d\n",a);一定会执行的。这个单分支 if 语句控制在 a<0 时多执行了一个语句 a=-a;。

4.2.3 if语句的嵌套

一个 if(表达式) 语句1 else 语句2 语句实现一个双分支选择结构。如果其中的"语句1"、"语句2"也是一个 if 语句，这就构成了 if 语句的嵌套。可以通过嵌套的 if 语句实现多分支选择结构。其一般形式如下：

```
if (表达式1)
```

```
{
    if(表达式2)
        语句1;
    [else
        语句2;]
}
[else
{
    if(表达式3)
        语句3;
    [else
        语句4; ]
}]
```

[ ]括起来的部分是可选项,即在上述描述中,内、外层嵌套都可以是不含 else 的单分支 if 语句,这使得 if 语句嵌套的形式非常灵活。

因为 else 子句不能单独出现,因此,使用嵌套的 if 语句要明确每个 else 与 if 的配对关系。配对规则是,else 总是与它上面的、距离它最近的、尚且没有与其他 else 配对的 if 子句匹配。为了便于阅读匹配关系,可以将内嵌的 if 语句用花括号{}括起来作为一个复合语句,以强调匹配关系。

嵌套可以多级,即上面框架中的语句 1、语句 2、语句 3、语句 4 都可以也是个 if 语句。当多级嵌套时,建议按缩进格式书写代码,将处于同一层的 if 和其对应的 else 缩进对齐,如图 4-4 所示。这样书写可以使 if…else 的配对关系清晰,避免出现单独的 else 子句。

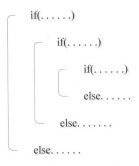

图4-4 缩进对齐方式

【例 4.5】计算个人所得税。

我国个人所得税适用七级超额累进税率,见表 4-1。

表 4-1 个人所得税七级超额累进税率表

全年应纳税所得额	税 率	速算扣除数
不超过 36000	0.03	0
大于 36000 小于等于 144000	0.1	2520
大于 144000 小于等于 300000	0.2	16920
大于 300000 小于等于 420000	0.25	31920
大于 420000 小于等于 660000	0.3	52920
大于 660000 小于等于 960000	0.35	85920
大于 960000	0.45	181920

分析:设应纳税所得额为 320000 元,按超额累进税率进行计算,大于 300000 元的部分按 0.25 的税率,大于 144000 小于等于 300000 的部分按 0.2 的税率,大于 36000 小于等于 144000 的部分按 0.1 的税率,不超过 36000 的部分按 0.03 的税率,公式为(320000-300000)*0.25+156000*0.2+108000*0.1+36000*0.03。也可以把应纳税所得额的全部都按该额度所在

区间的税率计算，然后减去对应的"速算扣除数"。这两种算法结果一样，但后一种算法在 if 语句的条件描述上比较简单。

下面给出一个使用单分支 if 语句写出的程序。

```c
#include <stdio.h>
main()
{
    float salary,Tax;                    //定义float型变量存储应纳税金额和税款
    printf("输入应纳税金额: \n");         //显示操作提示
    scanf("%f",&salary);                 //从键盘输入应纳税金额存入变量salary
    if(salary<=36000) Tax=salary*0.03;
    if(salary>36000 && salary<=144000) Tax=salary*0.1-2520;
    if(salary>144000 && salary<=300000) Tax=salary*0.2-16920;
    if(salary>300000 && salary<=420000) Tax=salary*0.25-31920;
    if(salary>420000 && salary<=660000) Tax=salary*0.3-52920;
    if(salary>660000 && salary<=960000) Tax=salary*0.35-85920;
    if(salary>960000) Tax=salary*0.45-181920;
    printf("应缴个人所得税%.2f元",Tax);
}
```

虽然能正确输出结果，但这种纯由单分支 if 语句构成的程序显得不紧凑；可以改成使用嵌套的 if 语句。

```c
#include <stdio.h>
main()
{
    float salary,Tax;                    //定义float型变量存储应纳税金额和税款
    printf("输入应纳税金额: \n");         //显示操作提示
    scanf("%f",&salary);                 //从键盘输入应纳税金额存入变量salary
if(salary<=36000)  Tax=salary*0.03;
else if( salary<=144000) Tax=salary*0.1-2520;
    else if(salary<=300000) Tax=salary*0.2-16920;
        else if(salary<=420000) Tax=salary*0.25-31920;
            else if(salary<=660000) Tax=salary*0.3-52920;
                else if(salary<=960000) Tax=salary*0.35-85920;
                    else Tax=salary*0.45-181920;
    printf("应缴个人所得税%.2f元",Tax);
}
```

同样能实现正确输出，但 if 语句中的逻辑表达式比单分支 if 语句的逻辑表达式要简单，这是因为嵌套的 if 子句之间的逻辑表达式互相有影响。比如 if(salary<=144000) Tax=salary*0.1-2520;是 if(salary<=36000) ……else 的 else 子句的嵌套，这条语句的条件表达式是 salary<=36000，其 else 满足的条件是 salary>36000，那么 else 子句里面写 if(salary<=144000)，就是在 salary>36000 的前提下同时满足 salary<=144000，也就是单分支 if 语句中的 if(salary>36000 && salary<=144000) Tax=salary*0.1-2520;。这种嵌套可以把表达式写得简单点，但这种逻辑表达，既要做到定义域的逻辑全覆盖，又不能出现逻辑表达交叉，这都会造成程序的逻辑错误。

根据逻辑表达式的不同书写可以写出不同嵌套选择结构。本例若以 300000 元为参照，则写出以下嵌套的 if 语句，能实现同样的功能。

```c
#include <stdio.h>
main()
{
    float salary,Tax;                    //定义float型变量存储应纳税金额和税款
    printf("输入应纳税金额: \n");        //显示操作提示
    scanf("%f",&salary);                 //从键盘输入应纳税金额存入变量salary
    if(salary<=300000)
        if(salary<=144000)
            if(salary<=36000)
                Tax=salary*0.03;
            else                         //salary大于36000且小于等于144000
                Tax=salary*0.1-2520;
        else                             //salary大于144000且小于等于300000
            Tax=salary*0.2-16920;
    else                                 //salary大于300000
        if(salary<=660000)               //salary大于300000且小于等于660000
            if(salary<=420000)           //salary大于300000且小于等于420000
                Tax=salary*0.25-31920;
            else                         //salary大于420000且小于等于660000
                Tax=salary*0.3-52920;
        else                             //salary大于660000
            if(salary<=960000)           //salary大于660000且小于等于960000
                Tax=salary*0.35-85920;
            else                         //salary大于960000
                Tax=salary*0.45-181920;
    printf("应缴个人所得税%.2f元",Tax);
}
```

【例 4.6】计算分段函数：

$$y=\begin{cases} x+20 & x \leqslant -20 \\ x+15 & -20<x \leqslant 0 \\ x-15 & 0<x \leqslant 20 \\ x-20 & x>20 \end{cases}$$

分析：可以用嵌套的 if 语句结构来完成，其算法描述如图 4-5 所示。

程序如下：

```c
#include <stdio.h>
main()
{
    float x,y;
    printf("输入x的值: ");
    scanf("%f",&x);
    if(x>0)
```

```
            if(x<=20)
                y=x-15;
            else
                y=x-20;
        else
            if(x<=-20)
                y=x+20;
            else
                y=x+15;
    printf("y=%f\n",y);
}
```

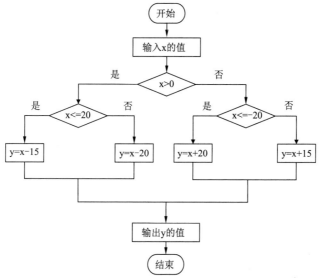

图4-5　用嵌套的if结构解决计算分段函数

运行结果：

```
输入x的值:18
y=3.00
```

【**例 4.7**】从键盘上输入 a、b、c 的值，求方程 $ax^2+bx+c=0$ 的根。

分析：由于 a、b、c 的值不确定，所以分以下几种情况进行分析：

（1）当 a=0，b=0，c=0 时，方程有无数个解。

（2）当 a=0，b=0，c≠0 时，方程无解。

（3）当 a=0，b≠0 时，方程只有一个实根 -c/b。

（4）当 a≠0 时，需考虑 b^2-4ac 的情况：

① 如果 $b^2-4ac>0$，方程有两个不等的实根。

② 如果 $b^2-4ac=0$，方程有两个相等的实根。

③ 如果 $b^2-4ac<0$，方程有两个复数根。

算法描述如图 4-6 所示。

112　C语言程序设计基础

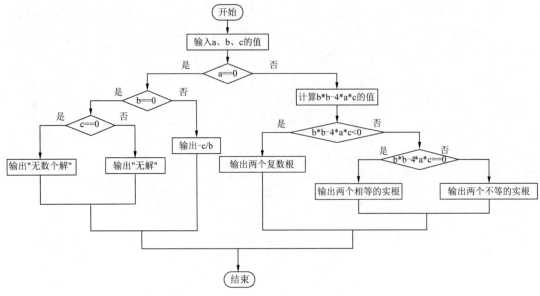

图4-6　求方程$ax^2+bx+c=0$的根

程序如下：

```c
#include <stdio.h>
#include <math.h>
main()
{
    float a,b,c;                    //定义变量
    float t1,t2,ta,disc;            //定义变量
    printf("输入a,b,c:");
    scanf("%f%f%f",&a,&b,&c);       //从键盘输入3个数依次存入变量a、b、c
    if(a==0)                        //在a==0的前提下，执行嵌套的if语句
        if(b==0)
            if(c==0)
                printf("无数个解\n");//满足a==0 && b==0 && c==0,输出"无数个解"
            else
                printf("无解\n");    //满足a==0 && b==0 && c!=0,输出"无解"
        else                        //满足a==0 && b!=0,输出有一个根
            printf("有一个根=%f\n",-c/b);
    else                            //在a!=0时,执行以下程序段
    {
        disc=b*b-4*a*c;
        ta=2*a;
        t1=-b/ta;
        t2=sqrt(fabs(disc))/ta;     //fabs(disc)的功能是求disc的绝对值
        if(disc>=0)
            if(disc>0)
                printf("实数根:\n 根1=%0.2f,根2=%0.2f\n",t1+t2,t1-t2);
            else
                printf("实数根:\n 根1=根2=%0.2f\n",t1);
        else
            printf("复数根:\n根1=%0.2f+%0.2fi,根2=%0.2f-%0.2fi\n", t1,t2,t1, t2);
```

```
        }
    }
```

运行结果：
```
输入a,b,c:1.0 3.0 2.0
实数根：
根1=-1.00, 根2=-2.00
```

程序说明：

由于实数在计算机中存储时，可能会有一些舍入误差，所以判断 float 变量 a 是否为 0 的方法，使用判断 a 的绝对值是否小于一个很小的数（如 1e-6），即把 a==0 写作 fabs(a)<1e-6 更为稳妥。

读者应关注嵌套时各 if 语句的表达式所构成的逻辑是否覆盖全部的取值可能，以及将嵌套的 if 语句改写成单个 if 语句时表达式的变化。

4.2.4 switch语句

虽然嵌套的 if 语句可以实现多分支的选择，但如果分支较多，则嵌套的 if 语句层数多，程序冗长而且可读性降低，容易出现因 if 语句的表达式之间逻辑覆盖不完整或者逻辑覆盖重叠而造成的歧义。C 语言提供一个适合处理多分支选择的语句——switch，其一般形式如下：

```
switch (表达式)
{
    case  常量表达式1: 语句1; [break;]
    case  常量表达式2: 语句2; [break;]
        …
    case  常量表达式n: 语句n; [break;]
    [default: 语句n+1;] [break;]
}
```

其中，括号[]括起来的项属于可选项。

执行过程是，首先计算 switch 括号里表达式的值，然后依次与每个 case 后的常量表达式值相比较，当表达式的值与某个 case 后的常量表达式的值相等时，则执行这个 case 后的语句，直到碰到 break 语句或者右大括号}才结束该选择语句的执行。如果所有 case 子句中的常量表达式的值均不等于 switch 括号里表达式的值，则从 default 处往下执行。

switch 语句的执行过程如图 4-7 所示。

在使用 switch 语句时应注意：

（1）一个 switch 语句的执行部分是一个由若干个 case 分支与一个 default 分支组成的复合语句，switch(表达式)只控制一条语句，因此必须用花括号{}将所有的 case 分支和 default 分支括起来作为一条复合语句。

（2）switch 后的(表达式)通常是一个数值表达式（或字符表达式），结果必须是一个整数或字符。case 子句后的常量表达式一般是一个具体的整数，可以是由几个常量组成的算法表达式，但不能出现变量，而且表达式的结果必须是整数或字符。

（3）case 后的各常量表达式的值必须互不相同，也就是不允许对 switch 的表达式的同一个值有两个以上的 case 与之匹配，那样会导致对同一种情况，出现两种以上的选择处理方案，这会产生歧义。

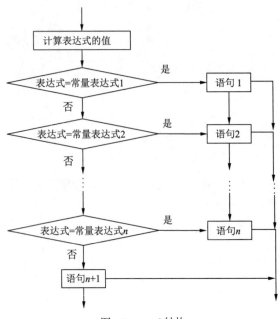

图4-7 switch结构

（4）在每个case分支中允许有多条语句，但无论有多少条语句，都不需要用花括号界定为一条复合语句。实际上所有case分支后的语句地位是平等的，不存在包含从属关系。每个case加上后面常量表达式值构成语句的标号，程序中可以指定跳转到哪个标号所指语句开始往下执行。switch语句是通过表达式与某个case后的常量表达式的值相等来确定要跳转的语句标号的。从标号所指的语句开始执行，直到碰到break语句退出switch结构。如果没有碰到break语句，则顺序往下执行，并不是碰到下一个case就退出switch。

（5）case在实际应用中，通常需要在每个分支的处理语句后加上break语句，目的是执行完该case分支的处理语句后就跳出switch结构，以实现多分支选择的功能。

（6）如果每个分支的处理语句中都有break语句，各分支的先后顺序可以变动，而不会影响程序执行结果。

（7）多个case分支可以共用同一组处理语句。

（8）default子句和case子句一起用于确保涵盖switch表达式的所有取值情况。如果所有的case子句能涵盖switch后表达式的所有取值，则default分支就不必再写。比如switch后表达式有10种取值，而后跟的case已经列出这10个值，那此时就不需要再有default子句了。如果只列出了其中的8种可能取值，则此时就需要使用default分支来通配剩余的两种可能，也就是无论取值8个可能值之外的所有取值，都被认为和default分支匹配。

（9）switch语句允许嵌套。

用switch语句实现的多分支选择程序，可以用if语句和if语句的嵌套来解决。但switch语句一般用于等值比较。

【例4.8】实现四则运算。即从键盘输入由两个整数和一个运算符组成的表达式，根据运算符完成相应的运算,并输出结果。

分析:需要完成四则运算,则要考虑需要有一个 char 型变量,用于储存运算符,还要有两个 int 型变量,用于储存两个操作数。根据运算符的不同,需要考虑以下几种情况:

(1)如果运算符是"+、-、*"中的任意一个,则进行相应的运算。
(2)如果运算符是"/",则应先判断除数是否为0,并作相应处理。
(3)如果运算符不合法,则报错。

算法描述如图 4-8 所示。其中,a 是第一个操作数,b 是第二个操作数,op 是运算符。

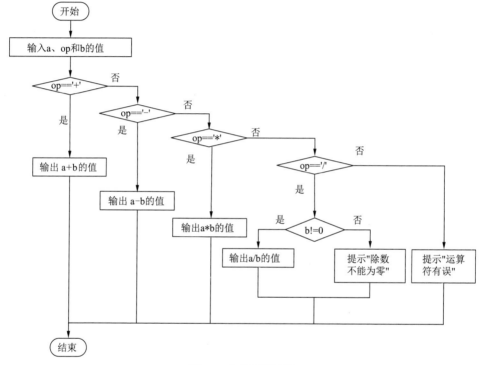

图4-8 实现四则运算

程序如下:
```
#include <stdio.h>
main()
{
    int a,b;                //存放操作数
    char op;                //存放运算符
    printf("按照操作数 运算符 操作数的形式输入算式: \n");
    scanf("%d%c%d",&a,&op,&b);  //将输入的数和运算符依次存入变量a、op、b中
    switch(op)              //把输入的运算符作为表达式的值
    {
        case '+':
            printf("%d+%d=%d\n",a,b,a+b);
            break;
        case '-':
            printf("%d-%d=%d\n",a,b,a-b);
```

```
            break;
        case '*':
            printf("%d*%d=%d\n",a,b,a*b);
            break;
        case '/':
            if(b!=0)
                printf("%d/%d=%d\n",a,b,a/b);
            else
                printf("除数不能为零\n");
            break;
        default:
            printf("运算符有误\n");
    }
}
```

运行结果：

```
按照操作数 运算符 操作数的形式输入算式：
8+9
8+9=17
```

【例4.9】根据输入的学生成绩判断等级：当成绩≥90时，显示 A 级；当 80≤成绩<90 时，显示 B 级；当 70≤成绩<80 时，显示 C 级；当 60≤成绩<70 时，显示 D 级；当成绩<60 时，显示 E 级。

分析：设成绩用 score 表示，并且 score 为整型数据。如果 score≥90，score 可能是 100、99、98、…、90，把这些值一一列出比较麻烦，可以利用两个整数相除，结果自动取整的方法来实现，即当 90≤score≤100 时，score/10 只有 10 和 9 两种情况；如果 80≤score<90，则 score/10 只有 8 这一种情况；如果 70≤score<80，则 score/10 只有 7 这一种情况；如果 60≤score<70，则 score/10 只有 6 这一种情况；如果 score<60，则 score/10 只有 5、4、3、2、1、0 这几种情况，这样的等值比较使用 switch 来解决比较方便。

程序如下：

```
#include <stdio.h>
main()
{
    int score;
    printf("输入成绩:\n");
    scanf("%d",&score);
    switch(score/10)
    {
        case 10:
        case 9: printf("A\n");break;
        case 8: printf("B\n");break;
        case 7: printf("C\n");break;
        case 6: printf("D\n");break;
        case 5:              //50~59分的匹配到此语句，case 5:是个语句位置标号
        case 4:
        case 3:
        case 2:
```

```
            case 1:
            case 0: printf("E\n");break;
            default: printf("输入有误\n");
        }
    }
```
运行结果：

输入成绩：
85
B

程序说明：

如果 score 的值是 90~99，则 score/10 的值等于 9，和"case 9："匹配上，而"case 9："是个语句位置标号，程序直接跳转到以"case 9："为标号的语句开始执行，当碰到 break 语句时，终止该选择结构的执行。

从标号"case 5："一直到标号"case 0："共用同一组语句，假如 score 的值是 50~59，将跳转到标号"case 5："因没有 break 语句，就从"case 4：""case 3："一直往下执行，直至执行到"case 0："子句的 break 方终止该选择语句的执行。

default 子句是指 score/10 的值不在 0~10 的范围，如 score=120，score/10 的值=12，此时就跳转到 default 子句。default 也是一个语句所在位置的标号。

```
switch(表达式)
{
    case 1: 语句1; break;
    case 0: 语句2; break;
}
```
与
```
if(表达式)
    语句1;
else
    语句2;
```

所实现的功能是等价的，可以互相替换使用。这只是说明 C 语言编程灵活，很少有人故意这样用。

4.3 循环结构

设计程序时，经常会碰到有些语句需要多次执行。如果重复执行的语句执行一次就书写一次，则当重复执行次数较多时，代码将冗长无比，不仅增加代码书写工作量，也容易出现多几行或者少几行的逻辑错误。C 语言提供了循环结构，可以把需要重复执行的语句只写一次，代码紧凑、结构清晰、利于阅读和排查错误。

C 语言提供了 3 种基本循环语句结构：while 语句、do...while 语句和 for 语句，它们可以组成各种形式的循环结构。

4.3.1 while语句

while 语句的一般形式如下：
```
while(表达式)
{
    循环体语句;
}
```

while 是关键字，后跟的表达式用来表示循环条件。循环体语句是满足循环条件时需要重复执行的语句。循环体语句只能有一条，可看作是 while 语句的子语句，与 while(表达式)之间不能出现空格、换行符、注释符之外的其他字符，可以写在同一行，但建议换行书写以使结构清晰。while 语句执行循环控制流程如图 4-9 所示。

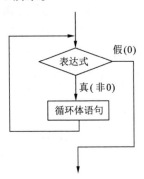

图4-9 while循环执行过程

while 语句用来实现"当"型循环结构，使用 while 语句时，应注意：

（1）while 语句"先计算表达式的值，后执行循环体"。当 while 表达式的值为非 0 的数，即表达式所描述的关系成立时，执行循环体；当 while 表达式的值等于 0 或者在循环体里执行了强制退出循环的语句就退出循环。如果第一次计算表达式的值就等于 0，则循环体一次也不执行，但表达式已执行过计算。

（2）while 语句中用来表示循环条件的表达式多是关系表达式如 while（i<100），或逻辑表达式如 while(i>3 && i<5)，也可以是其他任意形式的表达式，如 while(1)、while(i=3.14)等。表达式的值也不一定非得是整数，是非 0 的实数时，也执行循环体。

（3）while 语句只把其后的一条语句作为循环体，如果循环体代码由多个语句组成，必须用花括号{}括起来，作为一个复合语句。

（4）不能产生"死循环"，所谓死循环是指循环永远不会退出，这也是一种逻辑错误。

通常，while 的表达式是包含变量的关系表达式，循环体里包含改变变量值的语句，每执行一次循环体，循环条件表达式的值应向等于 0 迈进一步，当执行完预设次数的循环之后，表达式的值就变为 0，进而退出循环。如果循环体的语句不能改变表达式的取值，如 while（1）中的表达式 1 的值，永远不会被改变。此时要避免死循环，则必须在循环体里设置满足某条件强制退出循环的语句。例如：

```
int i=100;
while(i>0)  i--;        //循环体的语句i--每执行一次，离表达式i>0成立就接近一步
```

或写作：
```
while(1)
{
    i--;                //循环体的执行不会影响while(1)中表达式的取值，恒为1
    if(i<0) break;      //当i<0时，执行break;强制退出循环
}
```

【例 4.10】用 while 语句编程解决问题"输出 10 个整数中最大的一个数"。
```
#include <stdio.h>
main()
{
    int i,num,max;      //i用作控制循环的变量，num存储输入的整数，max存最大数
    printf("输入10个整数:\n");//显示操作提示
    scanf("%d",&num);   //输入第一个整数存入变量num
    max=num;            //目前只有一个数，显然它就是最大的数，把它存入变量max
    i=1;                //i用来构建表达式，控制循环
    while(i<=9)         //循环条件是i<=9，当i>9时会退出循环
    {
        scanf("%d",&num);   //输入一个整数存入变量num，之前存入num的数被替换
        if(num>max)   max=num; //如果num>max，新输入的num是截至当前的最大数
        i++;            //变量i的值加1，以影响循环条件表达式i<=9的取值
    }                   //退出循环
    printf("最大值=%d\n",max);   //显示求得的最大值，已在循环结束前存入变量max
}
```
运行结果：
```
输入10个整数:
85 90 70 80 30 52 14 87 65 10
最大值=90
```
程序说明：
这里，用了一个 int 型变量 i 来控制循环次数。这种循环控制表达式有多种写法，例如：

```
i=1;
while(i++<10)
{ scanf("%d",&num);
  if(num>max)
    max=num;
}
```

```
i=10;
while(i-->1)
{ scanf("%d",&num);
  if(num>max)
    max=num;
}
```

```
i=1;
while(1)
{ scanf("%d",&num);
  if(num>max)
    max=num;
  if(i++==9) break;
}
```

【例 4.11】编程求 1+2+⋯+100 的值。
```
#include <stdio.h>
main()
{
    int sum=0,n=1;
    while(n<=100)
    {
```

```
            sum=sum+n;
            n++;
        }
        printf("1+2+…+100=%d\n",sum);
}
```

运行结果：

```
1+2+…+100=5050
```

【例 4.12】 从键盘输入一行字符，输出输入的字符总数。

```
#include <stdio.h>
main( )
{
    int n=0;                        //定义变量n用于累计输入的字符个数
    printf("输入字符: \n");          //显示提示信息
    while(getchar()!='\n')          //当输入的字符不是'\n'时进行循环，是\n时退出循环
        n++;                        //循环体，累计已输入的字符数存入变量n
    printf("输入的字符总数=%d\n",n);
}
```

运行结果：

```
输入字符:
hello
输入的字符总数=5
```

程序说明：

getchar()原本应是循环体的语句，但本例巧妙地将其写在 while 的表达式中。

循环体只有一个语句时，可以不写大括号{}，若这个语句比较短，也可以顺手写在 while() 之后。例如，while (getchar()!='\n')   n++;

【例 4.13】 求两个非负整数 u 和 v 的最大公约数。

分析：求最大公约数有多种方法，这里介绍一种最简单的方法，即令 t=u、v 的较小者，判断 u、v 是否同时被 t 整除，如果能，则 t 就是最大公约数，否则，令 t=t-1，再判断 u、v 是否同时被 t 整除，如此循环，直到 u、v 同时被 t 整数。

例如，求 u=36 和 v=24 的最大公约数，令 t=24，u、v 不能同时被 t 整除，就令 t=24-1，再试。

程序如下：

```
#include <stdio.h>
main()
{
    int u,v,t;
    printf("输入u和v:");
    scanf("%d,%d",&u,&v);
    if(u<0 || v<0)                          //u、v不全是非负
        printf("u、v不全是非负");           //出错提醒信息
    else
    {
        t=(u>v)?v:u;                        //将u、v中的小数赋给变量t
        while(u%t!=0 || v%t!=0)             //u、v有至少一个不能整除t，就循环
            t--;                            //通过循环逐个试探求解
```

```
        }
    printf("%d和%d的最大公约数=%d\n",u,v,t);
}
```

运行结果：

```
输入u和v:36,24
36和24的最大公约数是12
```

程序说明：

u%t 是指 u 除以 t 的余数。u%t != 0 是关系表达式，当 u%t 是非 0 时，!=表示的不等于关系成立，表达式 u%t != 0 的值为 1，而 u 能被 t 整除时，u%t 的值是 0，!=表示的不等于关系不成立，此时 u%t != 0 时为 0。

特别地，当 u 不能被 t 整除时，u%t 的值一定是个非 0 的数。C 语言规定，只要是非 0 的数都是逻辑"真"的意思。因此，表达式 u%t != 0 等价于 u%t。因此，while(u%t!=0 || v%t!=0)常被写作 while(u%t || v%t)。

【例 4.14】 输入一个班所有学生一门课的成绩，求全班同学这门课的平均分。

分析：显然本题需要重复多次输入成绩，应使用循环结构。但因为不知道这个班有多少个学生，所以不能书写计数型循环条件（如 while(i<=9)），在输入完所有同学的成绩后退出循环。因此控制循环退出与否的表达式需要寻求其他方法。假设成绩没有负数，则可以把判断输入的成绩是否小于 0 作为表达式。当某次输入的成绩小于 0，就退出循环，否则就执行循环体，完成将输入的成绩累加，并记下已输入的成绩个数。

程序如下：

```
#include <stdio.h>
main( )
{
    float score,s=0,average;  //score存储输入的一个成绩，s用于存储累加输入的成绩
    int n=0;                   //其值表示已输入成绩的人数，初值为0表示尚未录入成绩
    scanf("%f",&score);        //输入第一个成绩，存入变量score
    while(score>=0)            //当输入的成绩不小于0，进入循环
    {
        s=s+score;             //把刚输入的一个成绩累加到变量s
        n++;                   //人数加一
        scanf("%f",&score);    //再输入一个成绩
    }
    if(n!=0)  average=s/n;     //表达式n!=0，即当n不等于0时值为1，也可写作if(n)
    printf("%7.2f",average);
}
```

运行结果：

```
请输入一个班一门课的成绩：
98 97 95 92 90 75 78 56 82 -1
  84.78
```

4.3.2　do...while语句

do...while 语句的一般形式如下：

```
do
{
    循环体语句;
}while(表达式);
```

do…while 称为直到型循环，它先执行循环体语句，然后再计算 while 中用来表示循环条件的表达式。do…while 语句循环执行控制流程如图 4-10 所示。如果表达式的值不等于 0，表示循环条件满足，返回到 do 继续执行循环体，如此循环，直到条件表达式的值等于 0 时方退出循环。当然，条件表达式也可以写成永真，如 while(1)，则此时须在循环体内书写一条 if(满足循环终止条件) break 的强制退出循环的语句，把循环终止与否的判断移到循环体内。

do…while 先执行循环体，再计算 while 中的表达式，无论表达式的值是否为 0，循环体都已经被执行一次。而 while 语句，先计算表达式，如首次计算表达式的值为 0，循环体就一次也不执行。这是二者的区别之处，可以把 while 循环写作 do…while 的形式，但一定要注意这个区别，避免出现多执行一次循环体的逻辑错误。

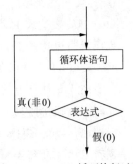

图4-10　do…while循环执行过程

【例 4.15】用 do…while 语句编程求 1+2+…+100 的和。（与例 4.11 用的 while 语句对比）

```
#include <stdio.h>
main()
{
    int sum=0,n=1;
    do
    {
        sum=sum+n;
        n++;
    }while(n<=100);    //此处的分号不能省略，否则语法错误
    printf("1+2+…+100=%d\n",sum);
}
```

运行结果与用 while 语句的结果相同。

使用 do…while 语句时，应注意：

（1）do、while 是关键字，须为全小写，不能拼写错误。

（2）do {…} while(表达式);后面的分号不能少。

（3）do 与 while 之间的循环体只能有一条语句，如果只有一条单语句，大括号{}可以不写，如果有多条单语句，则必须用{}"括"成一条复合语句。

（4）如果不是需要至少执行一次循环体，即无论循环条件是否成立都需要执行一次循环体，建议使用 while 语句。像例 4.13、例 4.14 中的 while 语句，直接改为 do…while 形式都有可能产生错误结果。因为这两个例子的循环条件如果不成立，则循环体一次也不能执行。

4.3.3　for语句

for 语句是一种结构紧凑、使用广泛的循环语句，其一般形式如下：

```
for(表达式1;表达式2;表达式3)
{
    循环体语句;
}
```

for 语句实现循环控制的流程：

（1）执行表达式 1。

（2）计算表达式 2，若值为非 0 的数，则执行循环体，若值为 0，退出循环。

（3）循环体执行完毕，执行表达式 3，然后转回第（2）步。

for 循环执行过程如图 4-11 所示。在整个 for 循环过程中，表达式 1 只执行一次，表达式 3 则循环多少次就执行多少次，表达式 2 要比表达式 3 多执行一次。如果首次计算表达式 2 的值就为 0，则循环体一次也不执行，表达式 3 由于是在循环体执行完毕才被执行，因此，当循环体不执行时，表达式 3 也不执行。另外，如果在循环体里因执行 break 强制退出循环，则表达式 3 同样不再执行。

通常，for 循环用作计数型循环，即在编写程序时，就知道需要循环执行多少次，如例 4.11 的求 1+2+…+100 的和。计数型循环通常定义一个整型变量控制循环次数，称为循环变量。循环过程中按次更改循环变量的值，每次循环体代码执行结束就判断循环变量是否到达边界值，若到达，则退出循环。

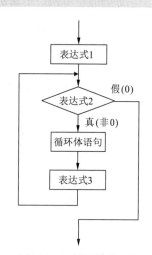

图4-11　for循环执行过程

for 语句的主要部分是括号()内用两个分号隔开三个表达式，这三个表达式均可以是任何类型的表达式。这三个表达式的含义如下：

（1）表达式 1：是为进入循环做准备工作，通常用来给循环变量赋初值。如果在 for 语句之前已经给循环变量赋过初值，这里就要省略该表达式。如果有多个操作，可以用逗号表达式的方式列出，如 a=3,i=1，不过，建议表达式 1 只作为循环变量赋初值的操作，其他的语句放在 for 语句之前。

如果要实现多个功能，建议每个功能写成一条语句，这样简洁明了，不要使用像逗号表达式这样，勉强地把几个并无关联的操作写成一个表达式，增加读者的理解负担。

（2）表达式 2：用于描述循环条件的表达式，多为与循环变量有关的关系表达式或逻辑表达式。表达式的值为 0 表示循环条件不成立，退出循环。表达式的值不为 0 时执行循环体。此表达式也可以省略，省略时认为循环条件永远成立。

（3）表达式 3：多是修改循环变量值的表达式。正常执行完一次循环体后，执行表达式 3 更改循环变量的值，然后再计算表达式 2。表达式 3 多是用于做影响表达式 2 取值改变的操作，如 i++ 之类。如果把表达式 3 实现的功能放在循环体内，则表达式 3 就必须缺省。当然，表达式 3 也可以是做与表达式 2 取值无关的操作，但并不建议如此书写程序。

表达式 1 与表达式 3 偏重于"执行"，如为循环变量赋初值、自增 1 之类。而表达式 2 关注的是"计算"，值为 0 退出循环，值不为 0 执行循环体。

3 个表达式都是任选项，都可以省略，但是圆括号中的两个分号是不能省略的。

for 语句的循环体也必须是一条语句。循环体语句可以和 for()写在一行，但建议按换行缩进的格式书写代码，哪怕循环体只有一条单语句，也不要省略{}。

遵循简单原则，写成如下模式：

```
for(循环变量赋初值；循环条件；更改循环变量值)
{
    循环体语句；
}
```

这样，for 语句结构紧凑，表达式含义清晰，易阅读，易排查错误。

【例 4.16】用 for 语句编程求 1+2+…+100 的和。（注意与例 4.11、4.15 对比）

```
#include <stdio.h>
main()
{
    int sum=0,n;
    for(n=1;n<=100;n++)
        sum+=n;
    printf("1+2+…+100=%d\n",sum);
}
```

程序说明：

上述程序中对变量 sum 和 n 的赋值可以放在 for 语句之前，此时，for 语句中"表达式 1"就不需要了。

上述程序中的 for 语句也可以改写为：

```
for(sum=0,n=1;n<=100; sum+=n,n++) ;    //循环体语句为空
```

举此例仅是说明 for 语句的三个表达式书写灵活，并不建议读者这样书写 for 循环。

4.3.4 流程转向语句

C 语言提供了一类用于强制控制程序执行流程的语句，用于在满足某个条件时，实现强制退出循环结构、switch 选择结构、无条件跳转到标号指定的语句等。

1. break 语句

break 语句的形式为：

```
[ if(表达式) ] break;
```

break 语句只能用在 switch 结构或循环结构中，其功能是退出所在的结构，把程序执行流程从 break 语句跳转到它所在的结构之外。如果将 break;写在 switch 结构或循环结构之外，会造成语法错误 "[Error] break statement not within loop or switch"。

如果 break 语句用在嵌套的 switch 结构或者嵌套的循环结构中，则执行 break 只能跳出它所在的那一层结构。

[if(表达式)]是可选项。break;本身就是一个完整的语句，这里标注可选项是为了提醒读者，一般不能无条件执行 break 语句。

关于 break 语句用在 switch 结构中的功能请参考 4.2.4 节。本节主要介绍 break 语句在循环结构中的使用。由于执行 break 语句会强制退出循环，因此，它不能单独出现在循环体中，而

必须满足某个条件时才能执行，如例 4.17 中的 if(n>100) break;，只有当 n>100 时才会执行 break 语句，一旦执行 break 语句，在与 break 语句处在同一层的后面的代码就不再执行，直接跳转到循环体外。如例 4.17 中，一旦执行 break 两条语句，直接去执行循环体外的 printf("%d\n",sum);。

【例 4.17】break 语句在循环中的应用。

```
#include <stdio.h>
main()
{
    int sum=0;
    int n=1;
    for( ; ; )      //三个表达式均为空，第二个表达式为空表示执行循环的条件永远成立
    {
        if(n>100)  break;
        sum+=n;
        n++;
    }
    printf("%d\n",sum);
}
```

运行结果：

```
5050
```

程序说明：

本程序中，for 语句的"表达式 2"为空表示循环条件永远成立，此时，在循环体中必须要有一个 break 语句。该 break 语句必须满足某个条件时才能执行，而这个条件是退出循环应满足的条件，与 for 语句的表达式 2 所表达的逻辑含义刚好相反。因为表达式 2 表达的是执行循环体应满足的条件，而 break 语句的条件是退出循环应满足的条件。

如例 4.17 可改写为：

```
for( ; n<=100; n++ )
    sum+=n;
```

该 for 语句用于判断是否执行循环体的表达式 n<=100，与 if(n>100) break;中的条件相反。

2. continue 语句

continue 语句的形式为：

```
[ if(表达式) ] continue;
```

continue 语句只能用在循环体内。它的功能是提前结束本次循环体的执行，即不再执行循环体中 continue 之后的语句，继续进行下一轮的循环判断。

如果把 continue;作为一个单独的语句写在循环体外，则会引发"[Error] continue statement not within a loop"的语法错误。

与 break 一样，continue 也不能无条件被执行，而必须是满足某个条件才能执行。如例 4.18 中的 if(x>=0) continue;。

【例 4.18】continue 在循环结构中的使用。

```
#include <stdio.h>
main()
```

```
{
    int sum=0,i,x;
    for(i=1;i<=10;i++)
    {
        scanf("%d",&x);
        if(x>=0)  continue;
        sum=sum+x;
    }
    printf("%d\n",sum);
}
```

运行结果：

```
请输入10个数：
9 8 7 -6 5 4 -3 2 1 8
-9
```

程序说明：

该程序的功能是求从键盘上输入的 10 个整数中所有负数的和。循环体被重复执行 10 次，每次执行都从键盘上输入一个整数存入变量 x，但如果 x>=0 成立就执行 continue 语句，将跳过后面的语句 sum=sum+x;，提前结束本次循环，接着跳转到 for 语句的表达式 i++，进入下一轮是否执行循环的判断。读者应理解"提前结束本次循环"和"退出循环"的区别。

按照 for 语句的执行流程，一次循环执行结束，会转往执行 for 的第三个表达式。因此，如果本例中将第三个表达式写在循环体中 sum=sum+x;语句之后，即改写为：

```
for(i=1;i<=10;)
{
    scanf("%d",&x);
    if(x>=0)  continue;
    sum=sum+x;
    i++;
}
```

则输入正数或零时执行 continue，将跳过 i++语句，第三个表达式为空，直接跳到第二个表达式，此时相当于只要输入正数或零，i 的值就不增加，程序变成了计算 10 个输入的负数的和。这和题目的本意就发生了变化。

3. goto 语句

goto 语句的语法形式为：

```
goto 语句标号；
```

goto 语句的作用是使程序流程从 goto 语句转向"标号"所在的语句。

为了能跳转到某个语句，C 语言引入语句标号。语句标号相当于用标识符表示语句的行号，与 goto 关键字配合，可用于命令程序流程跳转到源代码中指定行的语句，例如 goto 3 是转到行号为 3 的语句。但因为源代码中语句并没有行号，因此，C 语言在语句的前面使用"标识符:"，人为地为这行语句命名了个"语句标号"。如之前 switch 结构里面的"case 8:"就是一个语句标号。

语句标号用标识符表示，它的命名规则与变量名相同，即由字母、数字和下画线组成，在标识符后加一个冒号，就成了一个语句标号。在 C 语言中可以在任何语句前加上语句标号。

【例 4.19】 使用 goto 语句构造循环结构示例。

```
#include <stdio.h>
main()
{
    int sum=0,i=1;
    loop: if(i<=10)     // loop是语句标号的名称，它代表本语句在源程序中的位置
    {
        sum=sum+i;
        i++;
        goto loop;      //无条件转往语句标号为loop的语句，loop后不能带：了
    }
    printf("%d\n",sum);
}
```

运行结果：

55

程序说明：

在本程序中，loop 是语句标号的名称，它的命名规则须符合标识符的语法规定。半角的冒号是标号的标志，不能省略，但冒号不是语句标号名称的组成字符。利用 goto 语句构成一个循环结构，从而完成从 1 加到 10 的功能。但 goto loop; 不能写作 goto loop:;。

goto 语句直接跳转到标号的语句，如果 goto 语句处在嵌套循环中的内循环体内，而标号的语句处在外循环之外，则 goto 可以跳出多重循环。但若标号的语句出现在循环体内，而 goto 在循环体外，并不允许使用 goto 从循环体外跳入循环体内。

过多使用 goto 语句会使程序流程显得混乱，因此，goto 语句属于准淘汰的语句，并不推荐使用。

4.3.5 循环结构的嵌套

在一个循环结构的循环体中书写另一个完整的循环结构，称为循环的嵌套。把外层的循环结构称为外循环，外层循环结构的循环体内的循环结构称为内循环。循环可以多级嵌套，称为多重循环，一个外循环的循环体也可以嵌入多个内循环。while 语句、do...while 语句和 for 语句都可以互相嵌套。

【例 4.20】 已知成年男人一人搬 3 块砖，女人一人搬 2 块砖，两个小孩合搬 1 块砖。如果想用 n 个人正好搬 n 块砖，问有多少种搬法？

分析：输入要求，程序运行，先输入一个正整数 n。

输出格式，按照"men = ，women = ，child = "的格式，每行输出一种搬法。如果找不到符合条件的方案，则输出"找不到 n 个人搬 n 块砖的方案"的提示。

解决此类问题最简单的方法就是穷举，即通过循环，把男人、女人、小孩所有可能取的人数逐一尝试，符合 n 个人正好搬 n 块砖的为解，输出即可。以变量 men、women、child 分别表示男人数、女人数、小孩数，n 表示总人数，则满足条件 men+women+child==n && men*3+women*2+child/2==n 的变量 men、women、child 的值是一组解。另设一个变量 count，每找到一个解就把它的值加 1，穷举结束退出循环后，如果 count 的值等于 0，说明没有找到解。

程序如下：

```c
#include <stdio.h>
main()
{
    int n;
    printf("请输入总人数n\n");
    scanf("%d",&n);
    int men,women,child,count=0;          //count用于累计求出的解的个数
    for(men=0;men<=n;men++)                //把男人数从0到n逐一试探
        for(women=0;women<=n;women++)      //把女人数从0到n逐一试探
            for(child=0;child<=n;child++)  //把小孩数从0到n逐一试探
                if(men+women+child==n && men*6+women*4+child==2*n)
                {
                    count++;               //符合上面条件的是解，解个数count增1
                    printf("men=%d,women=%d,child=%d\n",men,women,child);
                }
    if(count==0)  printf("找不到%d个人搬%d块砖的方案！",n,n);
}
```

运行结果：

```
请输入总人数n：
20
men=1,women=5,child=14
men=4,women=0,child=16
```

程序说明：

本题采用一个三重循环穷尽三种人所有可能的人数组合，从（0，0，0）到（n，n，n），判断是否为解的语句 if(men+women+child==n && men*6+women*4+child==2*n)共执行 n*n*n=n^3次。

【例 4.21】打印九九乘法表。

```
1×1=1
1×2=2    2×2=4
1×3=3    2×3=6    3×3=9
1×4=4    2×4=8    3×4=12   4×4=16
1×5=5    2×5=10   3×5=15   4×5=20   5×5=25
1×6=6    2×6=12   3×6=18   4×6=24   5×6=30   6×6=36
1×7=7    2×7=14   3×7=21   4×7=28   5×7=35   6×7=42   7×7=49
1×8=8    2×8=16   3×8=24   4×8=32   5×8=40   6×8=48   7×8=56   8×8=64
1×9=9    2×9=18   3×9=27   4×9=36   5×9=45   6×9=54   7×9=63   8×9=72   9×9=81
```

分析：

（1）九九乘法表共有 9 行，因此设外循环，要求每执行一次循环体，实现一行的输出。共需循环 9 次。

（2）第 i 行上只输出 i 个式子，要使用内循环来输出，内循环的循环次数不同，第 i 次进入的内循环，循环次数为 i，故写为 for(j=1;j<=i;j++)。

（3）第 i 行上的第 j 个式子应该为：j 的值*i 的值=j*i 的值。即"打印第 i 行上的第 j 个式子"可写为 printf("%d*%d=%-4d",j,i,i*j)。这三个%d 依次输出表达式 j、i、i*j 的值，*号原样输出，%-4d 代表将 i*j 的值左对齐输出并占列宽为 4，即如果 i*j 的值为 1，则 1 的后面要增

加 3 个空格。

程序如下：

```c
#include <stdio.h>
main()
{
    int i,j;                              //定义两个控制循环的变量
    for(i=1;i<=9;i++)                     //外循环,控制输出9行,循环一次输出一行并换行
    {
        for(j=1;j<=i;j++)                 //内循环,循环一次输出一行
            printf("%d*%d=%-4d",j,i,i*j); //输出形如2*9=18的乘式
        printf("\n");                     //换行
    }
}
```

程序说明：

外循环控制输出 9 行，内循环控制输出第 i 行。注意内循环的循环条件表达式是 j<=i 而不是 j<=9，j<=i 控制第 i 行只输出 i 个乘式，而 j<=9 则每行都输出 9 个式子。

【例 4.22】输出 300~500 中的全部素数，要求每输出 5 个素数为一行。

分析：

（1）使用循环，对 300~500 内的每一个数进行判断，是素数就输出。

（2）测试 i 是否为素数的最简单（不一定是最高效的）方法是用 2，3，…，i–1 这些数逐个去除 i，只要被其中的一个数整除，则 i 就不是素数。数学上已证明 $\sqrt{i}$~i–1 这个范围的数都不可能整除 i，因此，对于自然数 i 只需用 2~$\sqrt{i}$ 测试即可，这样可以大大减少测试次数。设置一个变量 flag，用它的值表示被测的数是否为素数。flag 初值为 1，在测试过程中，从 2 到 $\sqrt{i}$，只要有一个数能整除 i，即说明 i 不是素数，就将 flag 置 0，测试结束。如果测试到 $\sqrt{i}$ 仍没有一个数能整除 i，则 i 就是素数，此时 flag 的初值 1 一直未被改动。使用循环来逐一测试从 2 到 $\sqrt{i}$ 的数能不能整除 i，退出循环后，根据 flag 的值可知 i 是否为素数。

程序如下：

```c
#include <stdio.h>
#include <math.h>              //因使用求平方根函数,需包含此头文件
main()
{
    int i,j,flag,num=0;        //i,j用作循环变量,flag用作标记,num统计素数的个数
    for(i=300;i<=500;i++)
    {
        flag=1;
        for(j=2; j<=(int)sqrt(i);j++)
            if(i%j==0)         //表达式i%j==0成立,说明i不是素数
            {
                flag=0;
                break;         //退出循环
            }
        if(flag==1)            //flag==1表明变量i的值被判断为素数
        {
```

```
            printf("%d ",i);              //输出这个素数
            num++;                        //已找到的素数的个数加1
            if(num%5==0)  printf("\n");   //当num的值是5的倍数时，输出换行
        }
    }
}
```

运行结果：

```
307 311 313 317 331
337 347 349 353 359
367 373 379 383 389
397 401 409 419 421
431 433 439 443 449
457 461 463 467 479
487 491 499
```

程序说明：

for(j=2;j<=(int)sqrt(i);j++)中用于判断是否执行循环体的表达式 j<=(int)sqrt(i)，每次执行都要重新计算(int)sqrt(i)，这会浪费时间。可以改写为：

```
int sq=(int)sqrt(i);
for(j=2;j<=sq;j++)
```

这样，不管实际循环多少次，对平方根的计算只做一次。虽然按目前计算机的运算速度，节省不了多少时间，但读者应有这种尽量节时的意识，如果一个比较长的程序，处处都能做到这种节时，积少成多，也可以在一定程度上提高程序解决问题的效率。

【例 4.23】打印如下图案。

```
   *
  ***
 *****
*******
 *****
  ***
   *
```

分析：类似这样的图案，输出应认为是每行均是左对齐输出，如第一行的*，输出在第 4 列，前 3 列应输出空格，第二行的第一个*在第 3 列，前 2 列是空格，以此类推，行和列每行打印的内容之间的关系如下所示：

行	空格	打印*号的个数
1	3	1
2	2	3
3	1	5
4	0	7
5	1	5
6	2	3
7	3	1

根据如上分析，如果行数用循环变量 i 来表示，可以找到如下规律：

（1）当 i<=4 时，第 i 行的空格数为 4-i，*号的个数为 2*i-1；

（2）当 i>4 时，第 i 行的空格数为 i-4，*号的个数为 2*(7-i)+1。

程序如下：

```c
#include <stdio.h>
main()
{
    int i,j;
    for(i=1;i<=4;i++)              //依次输出第1~4行
    {
        for(j=1;j<=4-i;j++)        //输出第i行的4-i个空格
            putchar(' ');
        for(j=1;j<=2*i-1;j++)      //输出第i行的2*i-1个*
            putchar('*');
        putchar('\n');             //一行的*输出完毕后，要换行
    }
    for(i=5;i<=7;i++)              //输出后三行
    {
        for(j=1;j<=i-4;j++)        //输出第i行的i-4个的空格
            putchar(' ');
        for(j=1;j<=2*(7-i)+1;j++)  //输出第i行的2*(7-i)+1个*
            putchar('*');
        putchar('\n');             //一行的*输出完毕后，要换行
    }
}
```

小　　结

本章主要介绍了结构化程序设计的三大结构。首先介绍了顺序结构，其次介绍了实现选择结构的单分支 if 语句、if…else 语句、if 语句的嵌套和 switch 语句的一般形式、执行流程，并结合案例介绍了它们在生活中的应用，然后介绍了实现循环结构的 while 语句、do…while 语句和 for 语句的一般形式、执行流程，结合案例介绍了循环结构的常用算法以及如何使用循环嵌套解决问题，最后介绍了实现流程转向的 break、continue 和 goto 语句。通过本章的学习，读者应掌握程序流程控制的三大结构，掌握三种结构的常用算法，可以为后续章节的学习打好基础。

习　　题

一、单选题

1. 以下程序的运行结果是（　　）。

```c
#include <stdio.h>
main()
{
    int a=2,b=3,c=2;
    if (a<b)
        if(b<0)
            c=1;
        else
```

```
        c++;
    printf("%d\n",c);
}
```
  A. 1   B. 2   C. 3   D. 0

2. 从键盘输入 a 的值为 1，以下程序的输出结果是（　　）。

```
#include <stdio.h>
main()
{
    int a;
    scanf("%d",&a);
    switch(a)
    {
        case 1:
        case 2:
            printf("A");
            break;
        case 3:
            printf("B");
            break;
        default:
            printf("wrong!");
            break;
    }
}
```
  A. B   B. A   C. AB   D. wrong!

3. 语句 while(!e);中的条件!e 等价于（　　）。

  A. e==0   B. e!=1   C. e!=0   D. ~e

4. 有以下程序段：

```
int k=0;
while(k=1)  k++;
```

while 循环执行的次数是（　　）。

  A. 无限次 B. 有语法错误 C. 一次也不执行 D. 执行一次

5. 当执行以下程序段时，循环体将执行（　　）。

```
x=-1;
do{x=x*x;} while(!x);
```

  A. 1次   B. 2次   C. 无限次 D. 系统提示语法错误

6. 以下程序段的运行结果是（　　）。

```
int k,n,m;
n=10;
m=1;
k=1;
while(k<=n){m*=2;k+=4;}
printf("%d\n",m);
```

  A. 4   B. 16   C. 8   D. 32

7. 若有以下程序，程序运行后，如果从键盘上输入1298，则运行结果是（　　）。

```
#include <stdio.h>
main()
{
    int n1,n2;
    scanf("%d",&n2);
    while(n2!=0)
    {
        n1=n2%10;
        n2=n2/10;
        printf("%d",n1);
    }
}
```

  A. 892　　　　　　B. 8921　　　　　　C. 89　　　　　　D. 921

8. 以下程序的运行结果是（　　）。

```
#include <stdio.h>
main()
{
    int i=10,j=0;
    do
    {
        j=j+i;
        i--;
    }while(i>2);
    printf("%d",j);
}
```

  A. 52　　　　　　B. 25　　　　　　C. 50　　　　　　D. 以上都不对

9. 以下for循环（　　）。

```
for(x=0,y=0;(y!=123)&&(x<4);x++)
{
    printf("%d",y);
}
```

  A. 无限死循环　　B. 循环次数不定　　C. 执行4次　　D. 执行3次

10. 设i,j,k均为int型变量，则执行完下面的for循环后，k的值为（　　）。

    for(i=0,j=10;i<=j;i++,j--) k=i+j;

  A. 12　　　　　　B. 10　　　　　　C. 11　　　　　　D. 9

11. 设有如下程序段，则运行结果为（　　）。

```
int k=0,a;
for (a=1;a<=1000;a++) {a=a+1;k=k+1;}
printf("k=%d",k);
```

  A. k=500　　　　　B. k=501　　　　　C. k=499　　　　　D. k=1000

12. 运行下面的程序，输出的星号个数一共是（　　）。

```
#include<stdio.h>
main()
```

```
{
    int i,j;
    for(i=1;i<=4;i++)
    {
        for(j=1;j<=i;j++)
            putchar(' ');
        putchar('*');
        putchar('\n');
    }
}
```

  A. 4   B. 10   C. 12   D. 16

13. 以下程序的运行结果是（　　）。

```
#include <stdio.h>
main()
{
    int i,sum;
    for(i=1;i<=3;sum++)
    {
        sum+=i;
    }
    printf("%d",sum);
}
```

  A. 6   B. 3   C. 死循环   D. 0

14. 以下程序的运行结果是（　　）。

```
#include <stdio.h>
main( )
{
    int i;
    for(i=1;i<=10;i++)
    {
        if(i%3==0)
            continue;
        printf("%d",i);
    }
}
```

  A. 12345678910 B. 12457810 C. 123456 D. 45678910

15. 若i,j已定义为int型，则以下程序段中，内循环体x=x+i+j;的总的执行次数是（　　）。

```
x=0;
for(i=5;i>0;i--)
    for(j=0;j<=i;j++)
        x=x+i+j;
```

  A. 15次   B. 20次   C. 21次   D. 25次

二、填空题

1. 以下程序的运行结果是_____。

```
#include <stdio.h>
```

```
main()
{
    float x=1,y;
    if(x<0) y=0;
    else if(x<4&&!x) y=1/(x+4);
    else if(x<8) y=1/x;
    else y=10;
    printf("%0.2f\n",y);
}
```

2. 以下程序的运行结果是_____。

```
#include <stdio.h>
main()
{
    int x=1,a=0,b=0;
    switch(x)
    {
        case 0:b++;
        case 1:a++;
        case 2:a++;b++;
    }
    printf("a=%d,b=%d\n",a,b);
}
```

3. 以下程序的运行结果是_____。

```
#include <stdio.h>
main()
{
    int s=0,i=1;
    while(s<=10)
    {
        s=s+i*i;
        i++;
    }
printf("%d",--i);
}
```

4. 以下程序的运行结果是_____。

```
#include <stdio.h>
main()
{
    int a,b;
    a=-1;
    b=0;
    do{
        ++a;
        ++a;
        b+=a;
    } while(a<9);
    printf("%d\n",b);
}
```

5. 下面程序的功能是：计算 1~10 之间的奇数之和及偶数之和，空白处应填_____。

```
#include<stdio.h>
main()
{
    int a, b, c, i;
    a = c = 0;
    for(i=0; i<=10; i+=2)
    {
        a += i;
        _____
    }
    printf("偶数之和=%d!\n", a);
    printf("奇数之和=%d!\n", c-11);
}
```

三、编程题

1. 输入某一年份，判断该年是不是闰年。
2. 输入三个整数，按从小到大的顺序输出。
3. 根据输入的月份判断季节，设 2、3、4 月为春季，5、6、7 月为夏季，8、9、10 月为秋季，11、12、1 月为冬季。
4. 编程实现输入商品总额求优惠后的价格。某超市采取优惠活动如下，所购商品总额在 1000 元以下的，打 9 折优惠；所购商品总额超过（含）1000 元的，打 8 折优惠；所购商品总额超过（含）2000 元的，打 7 折优惠。
5. 求 $n!$。
6. 输入 10 个学生的成绩，计算总成绩和平均成绩。
7. 输入一行字符，分别统计出其中英文字母、空格、数字和其他字符的个数。
8. 输出所有的"水仙花数"，所谓"水仙花数"是指一个 3 位数，其各位数字立方和等于该数本身。例如，153 是水仙花数，因为 $153=1^3+5^3+3^3$。
9. 用 40 元买蜡笔、钢笔、铅笔共 100 个，已知蜡笔 0.4 元一支，钢笔 4 元一支，铅笔 0.2 元一支，每种笔至少买一支，输出全部的购买方案。
10. 一个数如果恰好等于它的因子之和，这个数就称为"完数"。例如，6 的因子为 1、2、3，而 6=1+2+3，因此 6 是"完数"。试编写程序找出 1000 之内的所有"完数"，并按下面的格式输出：
    6=1+2+3
11. 编写程序，输出以下图形。

```
    *
   ***
  *****
 *******
*********
```

第5章 函　　数

学习目标

- ★ 理解模块化编程思想和函数的概念
- ★ 掌握函数定义
- ★ 掌握函数的调用
- ★ 掌握变量的作用域和生存期
- ★ 了解内部函数和外部函数

重点内容

- ★ 函数的概念
- ★ 函数定义方法
- ★ 函数声明、函数调用及其参数传递
- ★ 局部变量和全局变量的使用

通过前面的学习，已经掌握了简单程序设计的方法，但是，随着问题复杂程度的提高，简单的程序框架，如只有一个 main()函数，不能满足人们解决问题的需要。人们普遍习惯采用搭积木式的模块化编程思想，把复杂问题细化成若干个功能模块，先实现各模块，然后再按照问题解决的流程，调用各模块。在 C 语言中，功能模块是用函数来实现的。本章主要介绍模块化编程思想、函数、变量以及编译预处理命令。

5.1　模块化设计与函数

所谓复杂问题，是指解决它需要实现很多功能。人们在解决规模大、功能多的复杂问题时，自然的思维是"自顶向下、化大为小、逐个击破"，即把大问题分成几个部分，每部分又分解成若干个更小规模的问题，然后对不同的小问题设计算法，编写一段代码来解决它，称为"功能模块"。各功能模块相互独立，把所有的模块按照问题解决的流程组合起来，就是解决原问题的方案，这就是"自顶向下"的模块化程序设计方法。这里所说的功能模块，就是 C 语言的函数。模块化编程思想在代码上的表现是程序由若干个函数顺序书写"堆积"而成。通过函数调用，实现程序的执行流程。

C 程序是由一个主函数 main()和若干个编程者自定义的函数组成的。按模块化的编程思想，实现一个小功能模块的代码称为函数。C 语言是通过函数来实现模块化程序设计的。C 语言提供了极为丰富的库函数（如 Turbo C，MS C 都提供了 300 多个库函数），编程者也可以为实现某个功能模块而自己编写函数。编程者按照一个功能模块对应一个函数的思想，编写出一个个函数，然后用调用的方法来使用函数，组合完成多个不同的功能模块，从而实现问题的解决。

5.1.1 定义函数

在数学中，函数这个概念表示一种对应关系，也就是你给函数自变量的值，函数返回给你一个计算结果。C 语言中的函数也是一种对应关系，即一个函数对应一段能实现某个功能的代码。函数作为一个相对独立的代码段供调用，调用函数时通常也要给出"自变量"，这里称为"参数"，函数执行结束，会完成某种功能，通常也会给出一个值，称为函数的返回值。函数必须有一个返回值，但也有很多函数，调用它主要是执行它对应的那段代码，并不关注函数的返回值，如 scanf()函数，调用它是为了输入数据并存入指定变量，它虽然也有返回值，但需要使用这个返回值的场景很少。编程者自定义函数时，确实不需要返回值的函数，其返回值数据类型关键字须用 void。

在 C 语言中，"定义函数"，又可称为"函数（的）定义"，这个词的含义是指创建实现函数功能的代码。函数结构及书写函数的语法规定如下：

```
返回值类型说明符 函数名([形式参数类型及说明表列])
{
    …//函数体语句
}
```

例如：

```
int max(int a,int b)
{
    return a>b ? a : b;
}
```

函数结构上包括返回值类型说明符、函数的名字、形参表列、一对大括号{}括起来的函数体语句四部分。根据函数要实现的功能，如果不需要在调用时传递数据给函数，则不能书写"形参"项。{}里面的函数体代码也可以没有，但这时候函数不实现任何功能，也就没有编写函数的意义了。除此之外，其他部分都是不可省略的。

说明：

（1）返回值类型说明符用于声明函数返回值的数据类型。函数应返回执行函数对数据产生的处理结果，即函数的返回值。一个函数必须有且只有一个返回值，定义函数时，应通过类型说明符声明该函数的返回值的数据类型。这个类型说明符由返回值的数据类型决定，比如是 int、float 这些基本数据类型，也可以是结构体等编程者自定义数据类型。

如果函数确实不需要返回值，则视为返回一个空值，返回值类型说明符使用 void 关键字。如果函数返回值多于一个，则需要采用自定义的结构体类型或者特殊的形参变量。

（2）函数名是由编程者按照 C 语言的标识符命名规则自定义的函数名称。在 C 语言中，函数名应独一无二，函数重名是语法错误。函数命名应见名知意。调用函数需按函数名调用。

（3）函数名后有一对圆括号()，"()"被视为是函数的标志，必不可少。

（4）()里面是函数所需的参数。参数用于在调用函数时向函数传递数据，也可以称为是函数的接口。定义函数时，()里面的参数称为形式参数，是形式上告诉系统，该函数需要几个、什么类型的变量，以便借助这些变量在调用函数时，从外界传递数据到函数体，如 int max(int a,int b) 中的 int a,int b。形参是变量，声明形参应同时声明形参变量的类型和名称，多个形参变量用逗号隔开，所有形式参数的数据类型均不能省略，如写成 int max(int a,b)是错误的。如果调用函数时不需要传递数据，则()里面就不必列出形参。

（5）{}中的语句称为函数体。函数体就是实现函数功能的一段代码，它可以直接使用函数的形参变量。形参变量在函数被调用时创建，函数执行结束，形参变量也随之消失。在调用函数时，通过形参把待处理数据传给函数体。

（6）函数是一个独立的结构。不管定义多少个函数，所有函数结构上都是相互独立的。不能在函数体里去定义其他函数，也不允许两个函数的函数体发生交叉。函数之间地位是平等的，函数之间只存在调用与被调用的关系，不存在函数包含与被包含的关系。

【例 5.1】定义函数示例。

分析：定义函数 power，传递 a、b 两个正整数，返回 a^b 的值，如传递 2、3，则求 2^3。

程序如下：

```
long long power(int a,int b)    //返回值数据类型为long long, int型形参两个
{
    int i;                      //局部变量，只在本函数体内有效，函数执行结束随之消失
    long long s=1;
    for(i=1;i<=b;i++)           //循环，实现b个a相乘
        s=s*a;
    return s;                   //把s的值作为函数值返回
}
```

程序说明：

把函数返回值类型定义为 long long 是预估 a^b 可能是一个比较大的整数。

如果函数的返回值类型不是 void，就一定要有 return 语句返回一个值作为函数的返回值。若返回 void 类型的值一般省略 return 语句，如果不省略，则应写为 return;，即 return 后不能带任何值。

执行 return 语句就是结束函数的执行，退出函数，返回调用函数的语句处。因此 return 语句应在函数体的最后一行。如果有多个 return 语句，则除最后一行的 return 语句可以不带执行条件，其他的需要满足某个条件才能执行。例如，if(条件) return…; 函数体内，一个无条件执行的 return 语句，后面的语句将不被执行。

特别地，如果在 main()函数执行 return 语句，则结束程序的运行，返回操作系统界面。

5.1.2 调用函数

1. 函数声明在前，调用在后

编程时，需要首先对要解决的问题进行分析和算法设计，细化为若干个功能模块，每个功能模块用一个函数来实现。当需要实现某个功能模块时，调用它对应的函数即可。但 C 语言规定，函数需要先声明（定义），然后才能调用，就是源代码中声明函数的语句要写在调用函数的语句前面。所谓声明函数是用一个语句把返回值类型、函数的名字以及形参的数据类型、个数告知系统，以便之后调用这个函数时，系统按声明此函数的语句内容进行比对检查。例如，函数名是否正确，实参与形参的类型和个数是否一致等。如果没有先声明而先调用，则编译时会报[Error] 'aaa' was not declared in this scope 的语法错误。即标识符'aaa'（函数名字）没有在本范围内声明，系统不认识它。

一个单文件的 C 源程序的结构如下：

```
预处理命令区
[ 自定义函数声明区 ]
[ 全局变量声明区 ]
main()
{
    调用函数
}
[ 自定义函数的代码区 ]
```

预处理命令区的代码主要是#include、#define 之类。自定义函数声明区用于集中声明后面会用到的全部自定义函数。而自定义函数的代码区用于集中书写每个自定义函数的代码。

函数声明语句的一般形式如下：

返回值类型说明符 函数名（形参1，形参2，…）；

例如，long long power(int a,int b);就是定义函数的函数头部语句后面加个分号。

"声明函数"，又可称为"函数（的）声明"，是一条语句，功能是声明函数的返回值类型、函数名、形参类型和个数等关键信息。如果想少输入字符，可以不写形参变量的名字。例如，long long power(int ,int);这是因为声明函数的语句，只是告诉系统调用函数需要两个 int 型的参数，声明函数的语句后并没有函数体代码，因此，即便给了形参变量的名字也没有用途。

说明：

（1）应当保证函数的声明与函数的头部写法上的一致，即函数类型、函数名、参数个数、参数类型和参数顺序必须相同。声明函数语句必须写出函数的返回值数据类型，如果不写，对没有形参的函数，将会视为调用函数，会出现语法错误。

（2）如果被调函数的定义语句出现在主调函数之前，就不必再声明，因为编译系统知道了已定义的函数类型，会根据函数头提供的信息对函数的调用做正确性的检查。函数的声明语句或者是函数的定义语句，只要有一个在调用该函数的语句之前即可。

（3）建议在自定义函数声明区中集中声明所有的自定义函数，并保证这个区的代码出现在所有函数的定义语句之前，这样可确保调用任何函数都不会出现函数名 not declared（未声明）的语法错误。

2. 函数的调用

在声明函数语句之后，就可以调用函数了。C 语言中，函数调用的一般形式如下：

函数名（ [实参表达式1,实参表达式2,…] ）；

说明：

（1）对于注重执行过程的函数，人们关注的是它实现的功能，它的返回值没有用处，无须保存，通常把函数加上分号作为一条语句来实现调用，如 printf("C 语言并不难\n");。而对于注重返回值的函数，通常把函数写到表达式中。如 i=max(3,5);，或者 printf("%d",max(3,5));，而不会单独写作 max(3,5);，因为这会造成函数的返回值不被存储，而编程者所需要的恰恰只是函数的返回值。

（2）调用函数时，给出的参数必须是实际值，称为实际参数，如 i=max(5,6);。实参以表达式形式给出，当然，这个表达式多为单独的常量、变量。多个实参之间用逗号分隔，所有的实参均不能再写数据类型，例如，i=max(int 5,6);，或者 i=max(int m,6);都是错误的。

（3）调用函数不能再书写函数的返回值类型标识符。

例如，int printf("C 语言并不难\n");，i=int max(3,5);，void swap();，都是错误的。

【例 5.2】编写程序，从键盘输入一个数 x，求 x 的正弦值。其中求正弦值的函数根据下面的泰勒展开式自己定义。要求精确到小数点后 6 位。

$$\sin x = x - \frac{x^3}{3!} + \frac{x^5}{5!} - \frac{x^7}{7!} + \cdots + (-1)^{m-1}\frac{x^{2m-1}}{(2m-1)!} + o(x^{2m});$$

分析：

（1）依据泰勒展开式编写求正弦值函数，显然，通过循环不断累加项 $(-1)^{m-1}\frac{x^{2m-1}}{(2m-1)!}$，直到该项的绝对值<0.000001，即得到精确到小数点后 6 位的正弦值。

（2）累加项 $(-1)^{m-1}\frac{x^{2m-1}}{(2m-1)!}$ 需要求出 x^{2m-1} 和 $(2m-1)$ 的阶乘值，这通过两个函数来实现。

（3）使用自定义的求正弦函数值函数 mysin()，与 math.h 提供的 sin()，比较 mysin(x)与 sin(x)的值是否相近，以判断自定义函数 mysin()是否按精度实现了求正弦值。

程序如下：

```
//预处理语句区
#include <stdio.h>
#include <math.h>                    //调用sin(x)
//自定义函数声明语句区
long long factor(int n);             //求n的阶乘
double power(double x,int n);        //求x^n
double mysin(double x);              //求x的正弦值
//主函数代码区
main()
{
    int i;
    double x;
    printf("请输入一个实数:\n");
```

```
        scanf("%lf",&x);                //按实数的格式输入一个数存入变量x中
        //%lf位置输出表达式mysin(x)的值，即调用mysin(x)
        printf("调用mysin(x)输出:%lf\n",mysin(x));
        //调用系统函数sin(x)并输出其值
        printf("调用系统函数sin(x):%lf",sin(x));
}
//自定义函数的代码区
long long factor(int n)             //计算n的阶乘
{
    int i;
    long long s=1;
    for(i=1;i<=n;i++)
        s=s*i;
    return s;
}
double power(double x,int n)        //求x^n
{
    double p=1.0;
    int i=1;
    while(i++<=n)  p=p*x;
    return p;
}
double mysin(double x)              //求x的正弦值
{
    double s=0,t;
    int i=1;
    t=power(x,2*i-1)/factor(2*i-1);   //调用函数power与factor求第i项
    while(t>0.000001)
    {
        s=s+power(-1,i-1)*t;          //power(-1,i-1)求第i项的系数是1还是-1
        i++;                          //i为项的序号，加1是为了求第i项的下一项
        t=power(x,2*i-1)/factor(2*i-1);  //求第i项的值
    }
    return s;
}
```

运行结果：

请输入一个实数：
1.5
调用mysin(x)输出: 0.997495
调用系统函数sin(x): 0.997495

程序说明：
用户自定义函数 mysin(x)与系统函数 sin(x)运算结果一致，实现了按精度求正弦值。

5.1.3 函数的参数

函数的参数分为形参和实参两种。在定义函数的语句中，函数的参数称为形参，如 int max(int a,int b);中的 int a,int b。形参必须是变量，形参列表可看作是变量定义语句，任何一个形参变量，声明它的数据类型标识符必不可少，如 int max(int a, b);是错误的，因为形参变量 b 的数据类型

未指定。在调用函数的语句中，函数的参数称为实参，实参必须是一个表达式，当然，这个表达式多是单个的常量、变量。调用函数时，把实参值传递给对应位置的形参变量。如 max(3,4+5);，按位置对应，将表达式 3 的值给形参变量 a，将表达式 4+5 的值给形参变量 b。实参采用单独的变量作为表达式的机会最多。例如：

```
int max(int a,int b);    //声明函数max，它有两个int型形参变量a、b
int m,n;
scanf("%d%d",&m,&n);
```

printf("%d 和%d 的最大值%d",m,n,max(m,n));   //调用 max()，变量 m 和 n 的值作实参

这里，max(m,n)中 m，n 是单个变量构成的表达式，也就是取 m，n 的值作为实参。调用函数时，程序的执行流程会转往被调用函数，最先执行的是把实参表达式的值计算出来并赋给形参变量。这称为实参与形参的结合。读者不妨把实参和形参的结合过程理解为在函数体内，进行定义形参变量并将实参值赋给它。例如，max(3,4+5);，相当于在函数 max()先执行 int a=3,int b=4+5，而 max(m,n)，会先执行 int a=m,int b=n。

函数的代码书写在调用之前，在编写函数时，只知道要对未来主调函数传过来的数据做什么操作，没有发生实际调用时，根本不会知道这个数据是什么值，因此，在函数的代码中，只能使用形参变量代替一个数去书写表达式，如 int max(int a,int b); 里的语句 return a>b?a:b;中的形参变量 a,b，用于代替实际调用该函数时传递过来的两个实参（表达式）的值，去书写对这两个实参值做什么操作。

在调用函数时，先进行实参值与形参变量的结合，即把实参的值（也就是需要函数处理的数据）先赋给形参变量。这种机制用于实现将主调函数中的数据传递给被调用函数，实现被调函数从主调函数接收数据，因此，形参变量又称为从主调函数接收数据的"接口"。

函数的形参和实参具有以下特点：

（1）形参必须是变量，作为函数的 "（数据）接口"，它只能在函数头语句的圆括号里定义，只有形参变量才能从主调函数接收数据。

形参变量的定义出现在函数体代码之前，它不能写在函数体里，如果把它写在函数体代码中，它就不具有"（数据）接口"作用，即不能再用它来存储主调函数传递过来的实参值。但形参变量在整个函数体内都可以使用。当函数执行结束，形参变量和函数体内定义的其他变量都将消失，因此，在函数执行完毕后，就不能再去读取函数形参变量和函数体内定义的变量的值，如果它们的值确需在函数执行结束后使用，则应作为函数的值返回。

（2）实参必须是"值"，以表达式方式给出。表达式多是由单个的常量、变量组成，如 3、m，也可以是 3+2、sin(x)这些带运算的表达式。调用函数时，系统将把实参表达式的值求出并赋给对应位置的形参变量。如果实参用单个变量给出，习惯上称为实参变量。虽然称为实参变量，但读者要清楚，使用的是变量的值，而不是变量所占的存储空间。

（3）调用函数时给出的实参（值），在数量上、类型上、顺序上必须和形参严格一致，否则会发生语法错误。

如有函数声明为 int max(int a,int b); 则以下三种调用都会出现语法错误：

```
max(3);        // [Error] too few arguments to function 'int max(int, int)'
```

```
max(3,5,6);        // [Error] too many arguments to function 'int max(int, int)'
max(3,"safs");     //[Error] invalid conversion from 'const char*' to 'int' [-fpermissive]
```

（4）调用函数时，实参（值）向形参（变量）的数据传送是单向的，即便实参也是变量，也是将实参变量的值传送给形参变量，这个传送是实参和形参结合时一次性完成。实参变量在被调用函数体内是不存在的，函数体内只能对形参变量进行处理，形参变量值的变化对实参变量没有丝毫的影响。

【例5.3】 编写一个接收两个整数并使之交换的函数。

```c
#include <stdio.h>
void swap(int a,int b)      //为形参变量a、b分配存储空间
{
    int t;                  //为t分配存储空间
    t=a;                    //把a的值存到t中，暂时保存
    a=b;                    //把b的值存到a中，a中原存值被b的值覆盖
    b=t;                    //把t中存储的变量a的原值存到b中，至此实现a、b值的交换
}                           //函数执行结束，形参变量及函数体内定义的变量均消失
main()
{
    int x,y;                //为变量x、y分配存储空间
    printf("输入两个数: \n");
    scanf("%d,%d",&x,&y);   //从键盘输入两个数,用逗号隔开,依次存储到变量x、y
    printf("调用之前x=%d,y=%d\n",x,y);
    swap(x,y);              //调用函数,把实参变量x、y的值赋给对应位置的形参变量a、b
    printf("调用之后x=%d,y=%d\n",x,y);
}
```

运行结果：

```
输入两个数:
2,8
调用之前 x=2,y=8
调用之后 x=2,y=8
```

程序说明：运行结果显示，调用 swap(x,y)函数并未达到交换 x、y 值的目的，而分析 void swap(int a,int b)这个函数，它的函数体的确实现了将形参变量 a、b 值的交换。这个例子验证了形参变量值的改变对实参变量毫无影响。

图 5-1 展示了程序执行时，main()函数和 swap()函数中变量值的变化情况。执行调用函数 swap(x,y);语句，程序的执行流程将从本语句转向函数 swap()。执行 swap(x,y);，先将实参和形参结合，即执行 int a=x,int b=y，将 x、y 的值赋给形参变量 a、b，然后执行 swap()的函数体，在 swap() 的函数体，根本不知道有实参变量 x、y 的存在，因此在函数 swap()中，无论它对形参变量 a 与 b 做什么操作，对定义在 swap()之外的变量 x、y 都不会产生任何影响。这种调用方式，实参变量只是把值传递给形参变量，称为"值"传递方式。如果希望形参变量值的改变同步影响实参变量，则需采用"地址"传递方式，这在学习完"指针"知识之后才能介绍。

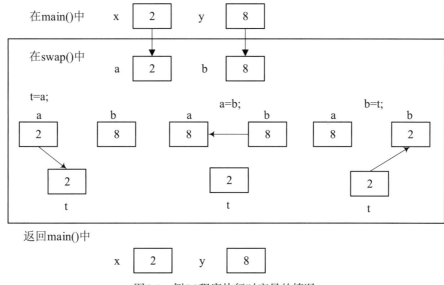

图5-1 例5.3程序执行时变量的情况

5.1.4 函数的嵌套调用

按照模块化编程思想，C 程序源代码由一个主函数 main()和若干个编程自定义的其他函数组成。main()是程序的执行入口，它不能被别的函数调用。其他函数之间，根据要实现的功能进行调用。调用其他函数的函数称为主调函数。如函数 A()调用了函数 B()，则 A 为主调函数，B 为被调函数。

调用没有层级之分，除 main()之外，没有哪个函数必须是主调函数。根据需要，一个函数可以被多个函数调用，也可以调用多个其他函数。

调用函数时，程序的执行流程将从主调函数中调用该函数的语句跳转到被调函数。当被调函数执行完毕或执行到 return 语句，流程将转回主调函数中调用函数的语句，系统将根据返回的函数值，决定之后的执行流程。下面是 main()调用 A()，A()又调用 B()的执行流程。当执行到 main()函数最外层的右大括号}或者 return 语句，则结束程序的运行，返回操作系统界面。

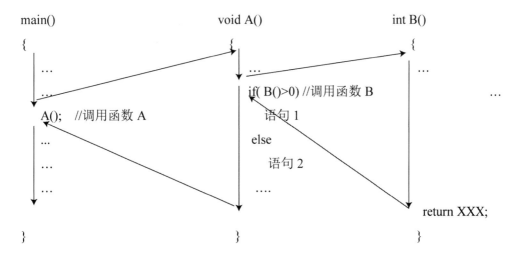

当被调函数执行完毕，之所以流程能转回主调函数，是因为采用了"中断"机制。认为在调用函数时发生"中断"，系统会保存中断当时各寄存器值、中断语句的地址等数据，称为断点地址，当被调函数执行结束或执行到 return 语句，将按保存的断点地址返回，这就实现了将流程回到原调用语句处。断点地址保存在堆栈中，先进后出，确保能按调用的先后次序倒序返回，即若 A 调用 B，B 调用 C，则返回的次序是 C 返回到 B，B 再返回到 A。

5.1.5 函数的递归调用

C 语言允许函数递归调用。函数若直接或间接地调用自己，称为递归调用。所谓直接调用自身，就是指在一个函数的函数体中出现了对自身的调用语句。

例如：

```
void fun1()
{
    …
    fun1();        //调用fun1自身
    …
}
```

如果函数 A 调用了函数 B，而函数 B 又调用了函数 A，则称这种情况为函数间接调用自身，这也是一种递归的调用形式。

```
void B();          //此处必须有对函数B的声明语句，无可替代
void A()
{
    …
    B();           //B函数的代码在A函数的代码之后，必须要先声明B函数的存在
    …
}
void B()
{
    …
    A();           //A函数的代码在B函数的代码之前，可以不声明A函数而直接调用
    …
}
```

算法有两种设计思想，分别是迭代与递归。第四章介绍的循环结构，就是迭代思想的体现。如求 n 的阶乘，因 n!=n*(n-1)*...*1，按迭代思想编写的函数代码如下：

```
long long fact(int n)
{
    long long s=1;
    while(n>0)
    {   s=s*n;  n--;  }
    return s;
}
```

通过循环，迭代执行 s=s*n，从而实现 $n!$ 的计算。

计算 n!的公式可写成如下形式：

$$n! = \begin{cases} 1 & (n = 0) \\ n(n-1)! & (n > 0) \end{cases}$$

即 n>0 时，n! =n*(n-1)!。就是欲求 n!，求出(n-1)!再乘以 n 即可。这具有明显的递归特点，该递归形式的函数代码如下：

```
long long fact(int n)
{
    if( n==0 )
        return 1;
    else
        return n*fact(n-1);              //递归调用fact(n-1)，求出(n-1)!
}
```

递归的最大特点是"实现过程简单"。阅读递归程序应遵循"简单"的思想，比如上例，当 n>0 时 return n*fact(n-1);中的 fact()是递归调用，此时读者应只需知道调用 fact(n-1)实现的功能，即求出(n-1)的阶乘值，至于怎么求出的，读者不要去考虑。这样，函数的实现过程就变得"简单"了，容易理解。

并不是所有的问题都能按递归思想编程。适合使用递归思想编程的问题应满足两个条件，一是每递归调用一次，问题的规模要减小。二是要有不能再递归的边界，而且当问题的规模处在边界条件时，问题的解是显而易见、可以直接返回的。

如上面的求阶乘函数，n 是问题的规模，n 值越大，求 n!越麻烦。递归调用把求 n!转化为 n*(n-1)!，规模 n-1 相比 n 被降低。然后不断递归调用，问题规模不断地降到 n-1；n-2，…，1，当规模 n 降为 0 时，0 的阶乘等于 1 是公式规定的，显而易见。

在编写递归函数时，也是只看递归调用的函数实现的功能，至于该功能如何实现，交由计算机执行，编程者不必考虑其实现细节。

【例 5.4】汉诺塔（Hanoi）问题。梵塔内有 3 个座 A、B、C，开始时 A 座上有 n 个盘子，盘子大小不等，大的在下，小的在上，如图 5-2 所示。要想把 A 座的 n 个盘子全部移到 C 座，每次只允许移动一个盘子，可以移动到 B 座暂放，但无论哪个座上的盘子，均须始终保持大盘在下，小盘在上。要求编程输出移动过程。

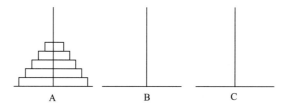

图5-2　汉诺塔问题示意图

分析：这是一个看似简单但实现过程非常复杂的困难问题，按递归思想，其解决办法却很容易理解。

可以将 n 个盘子从 A 座移到 C 座分解为下面 3 个步骤。

（1）将 A 座上前 n-1 个盘子当作一个整体借助空座 C 移到 B 座上，移动这 n-1 个盘子使用递归调用，编程者不必考虑这 n-1 个盘子怎么移动，知道递归调用就能实现即可。

（2）A 座只剩下一个盘子，编号为 n，将其移到 C 上。

（3）递归调用，将 B 座上的 n-1 个盘子借助 A 座移到 C 座上。

程序如下：

```c
#include <stdio.h>
void hanoi(int n,char a,char b,char c)            //递归函数
{ //形参: n=待移动盘子总数, a=盘子原在座, b=移动过程借助的座, c=移动到的座
    if(n==1)                                       //如果只有1个盘子
        printf("把盘子%d从%c座移到%c座\n",n,a,c);   //一次移动到位
    else
    {
        hanoi(n-1,a,c,b);                          //把a的前n-1个盘子借助c移动到b上
        printf("把盘子%d从%c座移到%c座\n",n,a,c);   //a上剩下的一个盘子移动到位
        hanoi(n-1,b,a,c);       //再把b上n-1个盘子借助a移动到c上
    }
}
main()
{
    int m;
    printf("输入盘子总数(<=64)!\n");
    scanf("%d",&m);
    hanoi(m,'A','B','C');
}
```

程序说明：运行程序，如果输入盘子数为 4，很快得出结果，如果输入盘子数 64，则需要等待漫长的运行时间。这个问题是一个复杂度随规模增加而急剧增加的困难问题。

5.1.6　C语言提供的标准函数

C 语言提供了功能强大的标准函数，标准函数按功能可分为类型转换函数、字符判别与转换函数、字符串处理函数、标准 I/O 函数、文件管理函数、数学运算函数等，在之前章节已学习过部分标准函数。标准函数由 C 系统提供，用户无须定义，也不必在程序中作类型说明，只需在程序前包含该函数原型的所在头文件即可在程序中直接调用。

【例 5.5】计算平面上两点之间的距离。

分析：利用 C 语言提供的 sqrt()数学函数完成平方根运算。

程序如下：

```c
#include <math.h>    //函数sqrt()的声明在此头文件，须先包含此头文件才能调用sqrt()
#include <stdio.h>
main()
{
    double x1,y1,x2,y2,dist;
    scanf("%lf,%lf,%lf,%lf",&x1,&x2,&y1,&y2); //输入平面上两个点的x轴和y轴坐标
    dist=sqrt((x1-x2)*(x1-x2)+(y1-y2)*(y1-y2));//利用sqrt()函数计算两点间距离
    printf("%.2f",dist);
}
```

运行结果：

```
输入: 1,3,4,9
输出: 5.39
```

使用标准函数需注意：
（1）使用标准函数应知道其函数名及其功能。
（2）应知道标准函数所在的头文件，在源代码开头位置用#include命令包含头文件。
（3）应清楚知道标准函数的形参个数、类型，特别是形参变量的用途。

5.2 变量的作用域和生存期

无论使用哪种语言编程，要想成为编程高手，必须对变量有深入透彻的理解。前文介绍过变量的数据类型、变量的实质是一块存储空间、变量（存储）的值等知识，在引入函数之后，程序的结构变得复杂，程序的流程也会发生跳转，因此有必要介绍变量的作用域和生存期这两个概念。

变量的作用域是指变量能被使用的代码范围，生存期是指变量与为它所分配的存储空间的"占用"关系未被"释放"。一般作用域等同于生存期，但存在变量虽然在"生存"，但却不能被使用的代码范围。

变量的作用域和生存期由定义变量的语句出现的位置决定。定义变量相当于创建变量，也就是为变量按数据类型分配预定大小的存储空间，一旦为变量分配存储空间成功，就视为变量生存期开始。因此，变量的作用域和生存期都是从定义该变量的语句处开始往下，到该变量的定义语句所在一对大括号的右大括号}，或者是程序源代码文件的末尾为止。

C语言中的变量，按作用域范围可分为两种：局部变量和全局变量。

5.2.1 局部变量

局部变量是指在一对大括号{}内定义的变量。本书之前所有的例子中定义的变量都属于这类局部变量。函数形参也是一种局部变量。例如：

```
int   f1(int a)
{ //形参变量a的作用域由此开始
    …              //这里能用a但不能用下面定义的s
    int s=1,d=1;   //局部变量s、d的作用域由此开始
    if(a>0)
    {
        int s;     //局部变量s作用域开始，会屏蔽本复合语句外定义的同名变量
        s=a+d;     //此s不是int s,d;定义的s，但d是int s,d;定义的d
        …
    } // int s;定义的变量s的作用域和生存期到此为止，为其分配的存储空间被释放
    …
} //形参变量a , int s=1,d=1;定义的变量s、d的作用域和生存期到此为止
```

关于局部变量的几点说明：
（1）除形参变量外，局部变量要定义在函数的大括号{}里。其作用域和生存期从函数体内定义语句开始，到所在函数体的右大括号}为止。每个函数中定义的变量只能在该函数中使用，

不能在其他函数中使用。主函数也是一个函数，它与其他函数是平行关系，不能使用其他函数中定义的变量，应予以注意。

（2）形参变量属于被调函数的局部变量，实参若是变量，通常是主调函数中定义的局部变量。调用函数时，实参变量只是把它的值传递给形参变量，实参变量在被调函数中不存在，所以在被调函数中使用实参变量是语法错误。

（3）在复合语句中定义的所有变量都仅限于在该复合语句内使用，生存期到复合语句结尾处为止。在同一个复合语句中不能定义同名的变量，但在不同的复合语句中可以定义同名的变量，这被系统视为两个不同的变量。

如上例的 int s=1,d=1; 与 int s;是合法的。此时，在复合语句外定义的同名变量的作用域在复合语句内被屏蔽，但它的生存期仍在。在上例复合语句中语句 s=a+d;使用的 s 是复合语句内 int s;定义的 s，不是复合语句外 int s=1,d=1;定义的 s。如果复合语句外定义的变量在复合语句中没有同名变量，则其作用域在复合语句内并不被屏蔽。如上例中复合语句中 s=a+d;中的变量 d，使用的是复合语句外 int s=1,d=1;定义的 d。

虽然把定义在复合语句中的变量称为局部变量，但这个复合语句基本上都是指一个函数的函数体代码，当然有时也可能是循环体代码、或者是选择结构的一个分支代码。因此，这里说的局部变量，默认是定义在函数体内的局部变量。

（4）多个复合语句之间的关系有两种情况：一种是处在同一层级，如把函数体看作是一个复合语句时，不同函数的函数体就是处在同一层级的复合语句。还有一种是复合语句中包含另一个复合语句，甚至出现多级包含。局部变量仅限在定义该变量的语句所在复合语句内使用。当然，在该复合语句内嵌的复合语句中也可使用。不过，若内嵌复合语句中定义了同名变量，则在内嵌复合语句中，同名的外部变量被屏蔽，但它仍然存在，在内嵌复合语句结束之后，还可以使用。

【例 5.6】函数中定义的局部变量的作用域与生存期。

```
#include <stdio.h>
void fun()
{
    int a=3,b=4;                    //局部变量，生存期和作用域仅限它所在的复合语句
    printf("%d,%d\n",a,b);          //可使用与本语句处在同一个复合语句中定义的变量a、b
} //复合语句结束，里面定义的变量生存期结束
main()
{
    int a=1,b=1;
    fun();       //输出自己定义的变量a、b。函数执行完毕，自己定义的变量不复存在
    printf("%d,%d",a,b);            //此处使用的a、b不是函数fun()定义的变量a、b
}
```

运行结果：

3,4   （调用fun()，输出的是fun()中定义的变量a、b的值）
1,1   （输出的是main()中定义的变量a、b的值）

程序说明：

自定义函数 fun()调用结束，fun()里面定义的变量 a、b 消失。main()函数中，语句 printf("%d,%d",a,b);使用的变量 a、b 是与它处在同一个复合语句中的 int a=1,b=1;定义的。如果本例 main()函数的复合语句中没有 int a=1,b=1;，则 printf("%d,%d",a,b);将会引发'a' : undeclared identifier 的编译错误，即标识符 a 未被声明。

本例验证了在函数中定义的变量只能在本函数中使用。

【例 5.7】在复合语句中定义变量示例。

```
#include <stdio.h>
main()
{   //最外层复合语句开始
    int i=1,j=6,k;      //变量i、j、k自本语句起开始生存期，后面的代码中均可使用
    k=i+j;
    {   //第一层内嵌的复合语句开始
        int k=5;        //定义变量k，与本复合语句之外定义的变量k同名，是两个不同变量
        if(i==1)        //此处i是本复合语句之外定义的变量i
        {   //第二层内嵌的复合语句开始
            i=3;            //此处的i仍是最外层复合语句定义的
            printf("k=%d\n",k);   //变量k是第一层内嵌复合语句中定义的
        }   //第二层内嵌的复合语句结束
    }               //第一层内嵌的复合语句结束，其内定义的变量失去生存期，不复存在
    printf("i=%d\nk=%d\n",i,k);   //变量k是最外层复合语句中定义的
}   //最外层复合语句结束，其内定义的所有变量不复存在
```

运行结果：

```
k=5
i=3
k=7
```

程序说明：

第一行输出 k=5，对应输出的是第二层内嵌复合语句中的输出语句 printf("k=%d\n",k);，按照内层局部变量屏蔽外层局部变量原则，此时在第一层内嵌复合语句中定义的变量 k 屏蔽了最外层定义的变量 k，因此输出结果为 5。第 2 行输出 i=3，原因在于变量 i 是在最外层定义的，后面的代码中均可使用。第 3 行输出 k=7,此时对应输出的是在最外层定义的变量 k,其值为 i+j, i=1，j=6，所以 k 的值为 7。

5.2.2 全局变量

还有一种变量，定义它的语句出现在所有的复合语句之外，即出现在所有的{}之外，这种变量称为全局变量，它的生存期和作用域也是从定义该变量的语句处开始，在其后任意层级的复合语句中都有效。只有到整个源代码文件的末尾，这种全局变量的生存期和作用域才终止。

一个完整的 C 源代码文件应包括预处理语句区、定义全局变量的语句区、声明自定义函数的语句区、main()函数的代码区、自定义函数的代码区。定义全局变量的语句区应书写在源代码文件中尽量靠前的位置。

全局变量因为在所有的函数体之外定义，因此，只要是在定义该全局变量的语句之后出现的函数代码，都可以使用它。

【例 5.8】 输入圆柱体的底面积半径 r 和高 h，求体积及两个面积（底面积、侧面积）。

```
#include<stdio.h>          //预处理语句
#define PI 3.14
double s1,s2;              //此处定义的变量为全局变量，定义语句在所有的复合语句之外
double fun( int r,int h)   //定义函数的代码
{  //复合语句从此处开始
    double v;              //局部变量v, 作用域从此处开始
    v=PI*r*r*h;
    s1=PI*r*r;             //此处的s1是函数体外定义的全局变量，在此可以使用
    s2=2*PI*r*h;
    return v;              //把v的值作为函数值返回调用语句
}  //复合语句到此处结束，形参变量r、h和函数体内定义的局部变量v均在此处消失
main()
{  //复合语句从此处开始
    int r, h;              //主函数中定义的局部变量
    double v;
    printf("输入圆柱体的底面积半径和高: \n");
    scanf("%d%d",&r,&h);
    v=fun(r,h);            //调用函数fun(), 返回值存入变量v
    printf("v=%.2f s1=%.2f s2=%.2f \n",v,s1,s2);
}  //该复合语句内定义的变量消失，但在该复合语句外定义的全局变量s1、s2仍存在
```

运行结果：

```
输入: 3 5
输出: v=141.30 s1=28.26 s2=94.20
```

程序说明：

本程序中，定义变量 s1、s2 的语句出现在所有的{}之外，是全局变量，故它们在自定义函数 fun()和 main()函数中都有效，并且在 fun()中对其值的改变，在 fun()函数执行完毕之后仍然有效，因此，main()函数中 printf("v=%.2f s1=%.2f s2=%.2f \n",v,s1,s2);输出的是 fun()函数更改之后的 s1、s2 的值。

此例验证了全局变量的作用域，同时也说明，因全局变量被所有函数共享，故可以使用全局变量实现函数之间的数据交换、传递。另外，由于退出函数之后，函数对全局变量的值的改变仍然存在，而 C 语言又规定函数返回值只能有一个，故当需要函数返回多个值时，可以借助全局变量来实现。如本例中 fun()实际返回了三个值，分别是函数本身的返回值，和两个全局变量 s1、s2 的值。

全局和局部是指对变量作用域的描述。全局变量是指作用域是整个源程序文件，局部变量是指作用域在定义该变量的语句所在的复合语句中。允许全局变量和局部变量同名。但在局部变量的作用域内，全局变量被屏蔽，但它的生存期仍在。

【例 5.9】 局部变量和全局变量同名示例。

```
#include <stdio.h>
int len=3,w=4,h=5;         //定义全局变量
void vs (int len)          //形参变量也是局部变量，它也会屏蔽同名的全局变量
{
    int w=0;               //定义局部变量与全局变量w同名，此语句之后，全局变量w被屏蔽
```

```
        len++;            //因形参变量len屏蔽了同名的全局变量,此处使用的是形参变量len
        h++;              //此处使用的是全局变量h
        printf("len=%d,w=%d,h=%d\n",len,w,h);        //输出len、w、h的值
}   //此处,函数定义的局部变量消失,但函数对全局变量h的改变仍然存在
main()
{
        printf("len=%d,w=%d,h=%d\n",len,w,h);        //输出全局变量len、w、h的值
        vs(5);    //把实参值5赋给形参变量len,程序流程跳转到函数vs
        printf("len=%d,w=%d,h=%d\n",len,w,h);        //输出全局变量len、w、h的值
}
```

运行结果:

len=3,w=4,h=5   (这是执行main()的第一条语句,输出三个全局变量的原值)
len=6,w=0,h=6   (这是执行vs(5)函数的printf语句的输出结果)
len=3,w=4,h=6   (这是执行main()的第三条语句,输出三个全局变量的值)

程序说明:

因为全局变量的作用域涵盖所有函数,而 main()函数中又没有定义和全局变量同名的局部变量,故 main()函数第一条语句 printf("len=%d,w=%d,h=%d\n",len,w,h);中的变量指的是全局变量。因此,输出 len=3,w=4,h=5,即这三个变量的初值。

main()函数的第二条语句是调用函数 vs(5),程序将跳转到函数 vs(),先将实参值 5 赋给形参变量 len,然后开始执行函数体代码。由于形参变量也是函数定义的局部变量,它会屏蔽同名的全局变量,因此,在 vs()函数体内使用名为 len 的变量都是形参变量 len。vs()函数内定义了局部变量 w,在函数体内,它也屏蔽同名的全局变量 w。vs()函数体内使用的变量 h,是全局变量 h,因为函数 vs()没有定义同名的局部变量 h。因此,vs()函数的 printf 语句中的变量 len、w 是 vs()自己定义的局部变量 len、w,h 是 vs()外面定义的全局变量 h。输出为 len=6,w=0,h=6。函数 vs()执行完毕后,它所定义的局部变量全部消失,但与局部变量同名的全局变量并不因局部变量生存期消失而受到影响。如果在函数体内没有定义和某全局变量同名的局部变量,并且在函数体内对这个全局变量的值进行了改变,如 vs()中的 h++,在函数执行结束,这种改变仍然有效。故 vs()执行完毕,h 的值为 6。

main()函数的第三条语句,输出的是全局变量 len、w、h 的值,结果表明,全局变量 len、w 没有受到调用 vs()函数的影响,而全局变量 h 的值受到了调用 vs()函数的影响。

5.3 变量的存储属性

C 语言的变量,按作用域可以分为全局变量和局部变量。从变量的生存期来看,可分为静态(存储)变量和动态(存储)变量。

本节之前介绍的变量都是动态存储变量。这个"动态"是指,只有执行到定义该动态变量的语句时,才在内存中为该变量分配存储空间。生存期结束时,变量与存储空间的占用关系被释放,认为该变量不复存在,它存储的值会被丢失,之后的语句不能再使用它。

如上例函数 vs()的形参变量与函数内定义的局部变量都是动态变量,它们所需占用的存储空间在该函数被调用时方才分配。如果一直没有调用函数 vs(),则 vs()中的这些局部变量就没有被

创建。函数调用结束，这些变量的生存期也随之结束。

静态变量是一种有特殊用途的变量。这个"静"是指静态变量在系统编译程序时就分配存储空间，其生存期一直持续至整个程序结束。静态变量即便是在某个函数中声明，它也不会随这个函数的执行结束而消失，而是一直存在，可以利用静态变量完成一些特殊的功能。

在 C 语言中，用以下关键字来指定变量的存储类型：

auto：自动类型，是默认的变量类型，它的作用域和生存期均限于定义它的语句所在的一对大括号（复合语句）内。

extern：外部类型，作用域是全局的，生存期是永久的。

static：静态类型，作用域限于定义它的语句所在的复合语句中，但生存期贯穿程序运行始终。

register：寄存器类型，作用域与生存期的规定与 auto 类型相同，这个类型变量一般用作循环变量。

自动变量和寄存器变量属于动态存储方式，外部变量和静态变量属于静态存储方式。对变量的说明不仅应说明其数据类型，还应说明其存储类型。因此，变量说明的完整形式如下，

存储类型说明符　数据类型说明符　变量名1[，变量名2...]；

例如：

```
static int a,b;                 //说明a,b为静态整型变量
auto char c1,c2;                //说明c1,c2为自动字符变量
static int a[5]={1,2,3,4,5};    //说明a为静态整型数组
extern int x,y;                 //说明x,y为外部整型变量
```

5.3.1 自动变量

用关键字 auto 声明存储类型的变量称为自动变量，关键字 auto 必须出现在声明变量语句的最前面，即被声明变量的数据类型说明符的前面。这种存储类型是 C 语言程序中使用最广泛的一种类型。使用语句形式为：

[auto] 变量类型 变量名列表；

C 语言规定，auto 类型说明符可以省略，函数内凡未加存储类型说明的变量均为自动变量。在前面各章的程序中定义的变量都是自动变量，对于自动变量的使用可以参阅前面章节相关内容。

函数形参也是自动变量，但是不能用 auto 类型说明符。例如：

```
int fun(int x)              //x为形参，具有自动变量的属性
{
    auto int a, b;          //定义a,b为自动变量
    float y;                //定义y，缺省存储类型时为自动变量
    ......
}
```

5.3.2 寄存器变量

用关键字 register 声明存储类型的变量称为寄存器变量，使用语句形式为：

```
register 变量类型 变量名列表；
```
例如，register int a; 。

register 变量使程序相应的变量保存在 CPU 的寄存器中，以加快其存储速度。使用 register 变量的几点注意事项：

（1）只有局部自动变量和形式参数可以作为寄存器变量，其他（如全局变量）不可以。

（2）局部静态变量不能定义为寄存器变量。不能写成 register static int a, b, c;。

调用一个函数时将占用一些寄存器存放寄存器变量的值，函数调用结束后释放寄存器。此后，再调用另外一个函数时又可以利用这些寄存器来存放该函数的寄存器变量。

（3）由于寄存器的数量有限，寄存器的长度一般和机器的字长一致。所以，不能定义任意多个寄存器变量，而且某些寄存器只能接受较短的类型如 int、char、short 等数据类型定义为寄存器变量，诸如 double 等较大的类型，不推荐将其定义为寄存器类型。

（4）有些优秀的编译器，能自动识别使用频繁的变量，如循环控制变量等，在有可用的寄存器时，即使没有使用 register 关键字，也自动为其分配寄存器，无须由程序员来指定。

5.3.3 静态变量

用关键字 static 声明存储类型的变量称为静态变量，可声明为静态局部变量和静态全局变量，使用语句形式为：

```
static 变量类型 变量名列表；
```
例如，static int a; 。

static 关键字只声明变量的存储属性，影响的只是变量的生存期，变量的作用域不受 static 的控制。

1. 静态局部变量

函数中或者一个单独的复合语句中用关键字 static 声明的变量是静态（存储）局部变量，具有以下特点：

（1）静态局部变量的生存期贯穿整个程序运行始终，而不是像自动变量那样仅限于定义它的语句所在的复合语句中。对于定义在函数体内的 static 变量，无论将来这个函数被调用多少次，系统创建该静态变量、即为它分配存储空间的操作只做一次，之后它便一直存在，直到程序执行完毕。而定义在函数中的自动变量，却是调用函数时被创建，函数执行结束时被释放，该函数被调用多少次，它里面定义的自动变量就被创建、释放多少次。

比如，若在 A 函数中定义 static 属性变量 i，则 i 仍然只限在 A 函数中可用，只不过 A 函数执行完毕时，变量 i 并没随之消失，而是一直存在，等下一次又调用 A 函数时，A 函数会把上次退出 A 函数时保留的变量 i 的值拿来使用。

（2）静态局部变量的生存期虽然为整个源程序，但是其作用域也是仅限于定义它的语句所在复合语句中。如果它在函数体内定义，则只能在定义它的函数内使用。退出该函数后，尽管该静态变量分配的存储空间及存储的值还继续存在，但别的函数和一切与定义该静态局部变量语句不在同一个复合语句中的代码，均不能使用它。

（3）通常，在定义局部静态变量的同时应为其赋初值，称为初始化，如 static int i=1;。对 int、char 这些基本数据类型的静态局部变量若在说明时未赋予初值，则自动赋予 0 值。

【例 5.10】auto 属性变量的生存期示例。

```
#include <stdio.h>
void fun();          //函数声明语句
main()
{
    int i;
    for(i=1;i<=3;i++)
        fun();       //函数调用3次
}
void fun()           //函数代码
{
    auto int k=0;    //变量k为auto属性，生存期限于本语句所在的复合语句内
    printf("%d\t",++k);
}                    //复合语句结束，变量k消失
```

运行结果：

1   1   1

程序说明：

例 5.10 中定义了函数 fun()，其中的变量 k 声明为动态变量并赋予初始值为 0。当每次调用 fun()时，其定义的动态变量 k 都随函数的调用而创建和赋初值，随函数调用结束而消失。故上例三次调用 fun()输出值均为 1。

把 k 改为用关键字 static 声明的静态变量，观察输出结果。

【例 5.11】static 静态局部变量的生存期及作用域。

```
#include <stdio.h>
void fun();          //函数声明语句
void fun2();
main()
{
    int i;
    for(i=1;i<=3;i++)
        fun();       //函数调用
    printf("\n");
    for(i=1;i<=3;i++)
        fun2();      //调用函数
}
void fun()           //函数代码
{
    static int k=0;  //定义静态变量，初始化只做一次，作用域限于本复合语句
    k++;
    printf("%d\t",k);
}
void fun2()          //函数定义
{
```

```
    static int k=10;            //不同复合语句中可以定义同名的静态变量
    k++;
    printf("%d\t",k);
}
```
运行结果：
```
1       2       3
11      12      13
```
程序说明：

第一次调用 fun()，k++之后输出 k 的值为 1，fun()执行结束，其定义的静态变量 k 并不消失，k 所分配的存储空间及它的值 1 仍然存在。第二次调用 fun()，并不重新为静态变量 k 分配存储空间，也不再对其初始化，而是使用上次调用 fun()之后 k 的值 1。因此 k++之后输出 2，第三次调用会使用第二次调用结束时 k 的值 2，k++之后输出 3。

对于三次调用 fun2()函数，输出的 11 12 13，说明在 fun()中的 k 与 fun2()中的 k 虽然同名，但却是两个不同的变量，即系统为这两个变量分配的是不同的存储空间。如果将 fun2()中的 static int k=10;语句删掉，则编译时会出现语法错误， [Error] 'k' was not declared in this scope，即没有在此范围声明标识符 k。这也说明 fun()声明的 static 变量 k 的作用域是仅限于它所在复合语句内的，虽然退出 fun()后它仍存在，但别的函数仍然无权使用它。

1. 静态局部变量

函数中或者一个单独的复合语句中用关键字 static 声明的变量是静态（存储）的局部变量，它具有以下特点：

当多次调用一个函数且要求在调用之间保留某些变量的值时，建议采用静态局部变量。虽然用前面介绍的自动全局变量也能达到上述目的，但全局变量因其作用域过大，特别是程序代码比较长的时候，无论在哪个地方修改，都会影响全局变量的值，这就可能会因为在代码某处的无意修改而造成在其他位置数据错误。程序代码越长，这个隐患出现的概率越大。故一个程序中使用的全局变量不宜太多。

2. 静态全局变量

根据需要，也可以在程序文件的前部、所有的{}复合语句之外，定义 static 属性的变量，称为静态全局变量。它的生存期为整个程序运行期间，作用域是从定义它的语句到程序文件的末尾。

之前介绍的全局变量因为在所有的复合语句之外，或者说在所有的函数之外定义，它也是静态存储方式，静态全局变量当然也是静态存储方式，二者虽然在存储方式上并无不同，但非静态全局变量的作用域是整个源程序，当一个源程序由多个.c 文件组成时，非静态的全局变量通过 extern 关键的声明，可以在其他各个文件中使用，从而真正实现"全局"。而静态全局变量的作用域却只限定在定义该变量的文件内有效，同一源程序的其他文件中无权使用它。静态全局变量的作用域局限于一个文件内，只能为该文件内的函数公用，可以避免在其他文件使用引起错误。

5.3.4 外部变量

对于在一个程序文件中定义的非静态全局变量,可以在其他程序文件中通过关键字 extern 的声明,使其作用域扩展到其他文件中。一般形式如下:

```
extern 变量类型 变量名列表;
```

例如,extern int x,y;

(1)外部变量和全局变量是对同一类变量的两种不同角度的提法,全局变量是从它的作用域提出的,外部变量是从它的存储方式提出的,表示了它的生存期。

(2)当一个源程序由若干个文件组成时,在一个文件中定义的外部变量在其他的文件中也有效。例如,有一个源程序由文件 F1.C 和 F2.C 组成。

```
F1.C:
int a,b;            //外部变量定义
char c;             //外部变量定义
int main()
{…}
F2.C:
extern int a,b;     //变量a、b在其他文件中定义,这里是声明要使用它们,而不是新定义
extern char c;      //变量c在其他文件中定义,这里是声明要使用它,而非新定义一个变量c
func (int x,y)
{…}
```

在 F1.C 和 F2.C 两个文件中都要使用 a、b、c 三个变量。在 F1.C 文件中把 a、b、c 都定义为外部变量。在 F2.C 文件中用 extern 把 3 个变量说明为外部变量,表示这些变量已在其他文件中定义,编译系统不再为它们分配内存空间。

5.4 内部函数和外部函数

遵循模块编程思想,在一个源代码文件(*.c)中定义的函数,可以被与其同处一个文件中的其他函数调用是很自然的事情。但当需要解决的问题比较复杂,其源程序由多个文件组成时,在一个文件中定义的函数能否被其他文件中的函数调用呢?类似 extern 声明外部变量的方式,C 语言允许这种函数跨文件调用。C 语言把仅限被同一个文件中函数调用的函数称为内部函数,把可以跨文件调用的函数称为外部函数。

5.4.1 内部函数

如果一个函数只能被本文件中的其他函数所调用,称它为内部函数。内部函数又称为静态函数。在定义内部函数时,在函数名和函数类型前加 static。即

```
static 类型说明符 函数名(形参表);
```

例如:

```
static int f(int a,int b);
```

使用内部函数,可以使函数的作用域只局限于所在文件,在不同的文件中有同名的内部函数,互不干扰。通常把只能由同一文件使用的函数和外部变量放在一个文件夹中,在它们前面

加上 static 使其局部化，其他文件不能调用。

5.4.2 外部函数

除内部函数外，其余的函数都可以被其他文件中的函数所调用。在一个文件的函数中调用其他文件中定义的外部函数时，应使用 extern 声明被调函数，即

```
extern 类型说明符 函数名(形参表);
```

例如：

```
extern int f(int a,int b);
```

表示此函数是外部函数，外部函数在整个源程序中都有效。

例如，下面的代码段说明，f1()函数在文件 F2.C 中定义，但在文件 F1.C 中可以作为外部函数去调用。

```
F1.C   (文件一):
extern int  f1(int i);      //外部函数声明语句，表示f1()函数的定义在其他文件中
main()
{   int t;
    t=f1(5);                //被调用的函数f1()是定义在文件F2.C中的外部函数
    …
}
F2.C   (文件二):
extern int f1(int i)        //外部函数定义，extern可省略
{… }
```

5.5 传给main()函数的参数

前文介绍 main()函数时其后一对圆括号中是空的，表示 main()函数没有参数。因为在整个程序中，编程者是无权调用 main()函数的，可以认为，main()函数是由操作系统调用的，所以在 main()的{…}里执行 return 语句，程序将终止执行并返回到操作系统界面。因此，在调用 main()时不给实参也是合理的。这是一般程序常采用的形式。

实际上，main()函数的原型是有形参的，这些参数有其不可替代的独特用途。

main()函数的标准原型

main 函数是 C 程序的入口函数，作为 C 的升级与扩展，C++标准规定，main()函数原型有两种：

```
int main();
int main(int argc, char* argv[]);//或者写作双重指针方式int main(int argc, char** argv);
```

这要求 main()函数有返回值，因为函数的返回值在退出函数时才有，而 main()很特殊，它是程序的入口，由操作系统调用。当 main()退出时也就意味着程序终止运行，此时虽然拿到返回值，但对已终止运行的程序来说已没有用处。因此，本书前面的章节，一直延续使用早期 C 语言对 main()的不声明返回值方式。现在的 C 程序编译器一般都向下兼容，故使用不带返回值的 main()，也可以编译通过并正常运行。

无论是早期 C 不带返回值的 main()，还是现在 C++带返回值的 main()，如果要使用其参数，均为 main(int argc, char* argv[])形式。

C 编译器允许 main()函数没有参数，或者有两个参数。这两个参数，一个是 int 类型，一个是字符串类型。C 程序只能被操作系统调用，对 Windows 操作系统来说，是其"命令提示符"打开的窗口，输入函数名的地方称为命令行。函数的第一个参数的值是调用 main()时，系统根据命令行中字符串个数自动返回，这个 int 参数被称为 argc（argument count）。命令行中的每个字符串被存储到内存中，并且分配一个指针指向它。所有字符串的指针被定义在一个指针数组里，就是第二个参数 argv[]（argument value）。命令行的字符串包括程序名字在内，认为各字符串用空格隔开。按字符串在命令行中出现的先后顺序，把存放这些字符串地址，依次赋给指针数组 argv[0]~argv[n-1]，由于命令行的第一个字符串一定是被调用的程序名，因此，程序名这个字符串所占用存储空间的地址就存入指针变量 argv[0]中。形参 argc、argv 的值在调用程序时，系统根据命令行输入的字符串情况自动赋值，编程者在 main()中直接使用即可。

【例 5.12】main()函数的形参使用示例。

```
#include<stdio.h>
main(int argc, char *argv[])
{
    int count;
    printf("命令行除程序名之外还有%d个参数（字符串）:\n", argc-1);
    for(count = 1; count < argc; count++)
        //输出命令行的每个参数（字符串）
        printf("参数%d: %s\n", count, argv[count]);
}
```

运行结果：

```
命令行除程序名之外还有3个参数（字符串）:
参数1: I
参数2: love
参数3: you
```

程序说明：

编译运行，假设得到可执行文件 MyC.exe，在命令行输入 MyC I love you 回车，运行程序，系统为 agrc 的赋值为 4，并将"MyC I love you"按空格符隔开分成 4 个字符串存储起来，并把存储这些字符串的存储空间的地址依次赋给 argv[0]~argv[3]。

从本例可以看出，程序从命令行中接收到 4 个字符串（包括程序名），并将它们存放在字符串数组中，其对应关系：

```
argv[0]  →  MyC(程序名)
argv[1]  →  I
argv[2]  →  love
argv[3]  →  you
```

由于系统把空格当作字符串的分隔符，因此在这个例子中，每个字符串都是一个单词，如何确实需要把空格作为字符串的内容，如，"I love you."，则须写作 MyC "I love you."

"I'm too."，即把字符串用双引号界定，两个字符串之间仍用空格作分隔符。即在命令行输入"I love you." "I'm too." 回车，程序运行结果如下：

命令行除程序名之外还有 2 个参数（字符串）：

参数 1：I love you.

参数 2：I'm too.

5.6 函数综合应用举例

【例 5.13】 输入正整数 n，输出 1~n 之间所有 7 的倍数，还有包含 7 的数字（例如 17，27，37,…,70，71，72，73,…）。

分析：

设计函数 hasR(int m,int r)，判断一个整数 m 是否包含特定数字 r(1<=r<=9)。

程序如下：

```
#include <stdio.h>
int hasR(int m,int r);
main()
{
    int n,i;
    scanf("%d",&n);              //输入的整数存入变量n
    for(i=1; i<=n; i++)          //i的取值为1~n
    {
        if( i%7==0 || hasR(i,7)) //i能被7整除，或者i包含7
        {
            printf("%d ",i);
        }
    }
}  //main()函数结束
//函数hasR判断一个整数m是否包含特定数字r(1<=r<=9)，包含返回1，否则返回0
int hasR(int m,int r)
{ //判断m是否包含r，如果包含，返回1，否则，返回0
    while(m!=0)
    {
        if(m%10==r)              //m对10取余数，得到m的个位如果和r相等
            return 1;            //函数返回1
        m=m/10;                  //去除m的个位
    }
    return 0;                    //m不包含数字r，函数返回0
}
```

运行结果：

输入：100

输出：7 14 17 21 27 28 35 37 42 47 49 56 57 63 67 70 71 72 73 74 75 76 77 78 79 84 87 91 97 98

程序说明：定义函数 hasR() 实现对任意整数 m，判断是否含有特定数字。在判断 m 是否包含特定数字时，利用反复地对 10 取余数和对 10 取整的过程，实现得到 m 的各个位。主函数中利用循环遍历 1~n 中所有的数，然后判断该数是否能被 7 整除，若不能被 7 整除，再调用函数

hasR()判断该数是否包含 7。

【**例 5.14**】德国数学家哥德巴赫曾猜测任何大于 6 的偶数都可以分解成两个素数（素数对）的和。但有些偶数可以分解成多种素数对的和，如： 10=3+7，10=5+5，即 10 可以分解成两种不同的素数对。编程验证哥德巴赫猜想，对于用户输入的任意不小于 6 的偶数，将其表述为两个素数和。

分析：

对一个偶数，分解为两个素数的和，即 n=add1+add2。方法是从找最小的素数 add1 为 3 开始（因为 2 是偶数，另一个必定是大于等于 4 的偶数，不可能是素数），判断 add2=n-add1 是不是素数，若 add2 也是素数，则 n 符合要求；否则，找下一个素数 add1，再判断 add2。

程序如下：

```c
#include<stdio.h>
#include<math.h>
int isprime(int m);
int main()
{
    int n,add1,add2;
    scanf("%d",&n);
    for(add1=3;add1<=n/2;add1+=2)                //枚举加数1
    {
        add2=n-add1;                              //为加数2赋值
        //调用isprime()函数判断add1和add2是否均为素数
        if(isprime(add1) && isprime(add2))
        {
            printf("%d=%d+%d\n",n,add1,add2);
        }
    }
    return 0;
}
//函数isprime判断m是不是素数,是素数返回1,否则返回0
int isprime(int m)
{
    int i;
    for(i=2;i<=sqrt(m);i++)
        if(m%i==0)
            {return 0;}
    return 1;
}
```

运行结果：

输入：
30
输出：
30=7+23
30=11+19
30=13+17

程序说明：

定义函数 isprime()实现对整数 m，判断是否是素数。在主函数通过分别对 add1 和 add2 调用 isprime()函数，实现判断 add1 和 add2 是否满足素数对。

小　结

本章介绍了模块化程序设计思想和利用函数实现模块化程序设计的编程思路。首先介绍了函数的相关概念主要包括：定义函数、调用函数、函数的参数及 C 语言提供的标准函数，接着介绍了变量的作用域和变量的存储类型，变量的作用域分为局部变量和全局变量，变量的存储类型分为静态存储和动态存储，表示了变量的生存期，然后讲解了内部函数和外部函数，最后简单介绍了如何为 main()函数传递参数。通过本章的学习，读者应该理解函数的概念，掌握函数定义和函数调用的方法，理解函数调用的实质，掌握有参函数的数据传递方法，掌握模块化程序设计的一般方法和技巧。

习　题

一、单选题

1. 以下述叙不正确的是（　　）。
    A. 一个 C 源程序可以由一个或多个函数组成
    B. 一个 C 源程序必须包含一个 main()函数
    C. C 程序的基本组成单位是函数
    D. 在 C 程序中注释说明只能位于一条语句的后面
2. C 语言中规定：在一个源程序中 main()函数的位置（　　）。
    A. 必须在最开始　　　　　　　　B. 必须在系统调用的库函数的后面
    C. 可以任意　　　　　　　　　　D. 必须在最后
3. 若程序中定义了以下函数，
```
double myadd(double a,double b)
{return (a+b);}
```
并将其放在调用语句之后，则在调用之前应该对该函数进行说明，以下选项中错误的说明是（　　）。
    A. double myadd(double a,b);   B. double myadd(double,double);
    C. double myadd(double b,double a);   D. double myadd(double x,double y);
4. 有以下程序
```
#include<stdio.h>
char fun(char x,char y)
{
    if(x<y)  return x;
    return y;
}
```

```c
int main()
{
    int a='9',b='8',c='7';
    printf("%c\n",fun(fun(a,b),fun(b,c)));
    return 0;
}
```

程序的运行结果是（　　）。

  A. 7　　　　　　B. 8　　　　　　C. 9　　　　　　D. 函数调用出错

5. 下列叙述错误的是（　　）。

  A. 主函数中定义的变量在整个程序中都是有效的

  B. 复合语句中定义的变量只在该复合语句中有效

  C. 其他函数中定义的变量在主函数中不能使用

  D. 形参是局部变量

6. 若函数的类型和 return 语句中的表达式的类型不一致，则（　　）。

  A. 编译时出错

  B. 运行时出现不确定的结果

  C. 不会出错，且返回值的类型以 return 语句中表达式的类型为准

  D. 不会出错，且返回值的类型以函数类型为准

7. 在函数调用语句 f(g(x,y),z=x+y,(x,y)); 中，实参的个数是（　　）。

  A. 3　　　　　　B. 4　　　　　　C. 5　　　　　　D. 7

8. 下面的函数定义正确的是（　　）。

  A. float fun(float x;float y)　　　　B. float fun(float x,y)
    {return x*y;}　　　　　　　　　　{return x*y;}

  C. float fun(x,y)　　　　　　　　　D. float fun(int x,int y)
    {int x,y;return x*y;}　　　　　　　{return x*y;}

9. C 语言中形参的默认存储类型是（　　）。

  A. 自动（auto）　　B. 静态（static）　　C. 寄存器（register）　　D. 外部（extern）

二、程序分析题

1. 写出程序的运行结果。

```c
#include <stdio.h>
int m=10;
void f(int n)
{
    n=9/n;  m=m/2;
}
main()
{
    int n=3;
    f(n);
    printf("m=%d,n=%d\n",m,n);
```

}
```

2. 写出程序的运行结果。

```c
#include <stdio.h>
int isprime(int m)
{
    for(int i=2;m%i!=0;i++);
        return(i==m);
}
main()
{
    int m=5;
    while(isprime(m))
    {
        printf("yes!%d\n",m);
        m++;
    }
    printf("not!%d\n",m);
}
```

3. 写出程序的运行结果。

```c
#include <stdio.h>
int m=1;
int fun(int m)
{
    int n=1;
    static int i=1;
    n++;
    i++;
    return m+n+i;
}
main()
{
    int i;
    for(i=1;i<3;i++)
        printf("%4d",fun(m++));
    printf("\n");
}
```

三、编程题

1. 编写两个函数，分别求两个整数的最大公约数和最小公倍数。
2. 编写一个函数，求出三个数中的最大数。
3. 编写函数，功能为求圆的周长和面积。编写程序调用，半径从键盘输入。
4. 编写一个函数 fun(n)，求任意整数的逆序数，例如当 n=1234 时，函数值为 4321。
```

第 6 章 指针（变量）

学习目标

- ★ 理解地址的概念，变量的地址、函数的地址
- ★ 理解指针的概念，掌握指针变量的定义及使用
- ★ 理解指针有关运算的含义，灵活使用指针变量

重点内容

- ★ 地址、指针的定义
- ★ 指针变量的使用
- ★ 指针变量的有关运算
- ★ 指针作为函数参数

指针，全称指针变量，是一个存储"地址"的变量，是 C 语言的特色和灵魂所在。正确而灵活地使用指针，可以构造复杂的数据结构、实现动态内存分配，更方便灵活地使用数组、字符串，以及实现主调函数与被调函数之间参数的"地址"传递。指针极大地丰富了 C 语言的功能，使用指针不仅使变量、数组、函数的访问多了一种方式，在有些场景，指针还能实现普通变量无法完成的功能。因此，学习和使用 C 语言，应该深入理解和掌握指针。

指针是 C 语言学习的难点和重点之一。学习指针首先要明白指针是一个变量，其次要理解计算机的内存结构及数据在内存中的存储模式，最后要掌握如何定义指针变量，掌握指针在数组、结构体、函数等方面的使用。

6.1 变量的地址

按冯·诺依曼提出的计算机结构，计算机运行程序时，程序代码和正在处理的数据在 CPU 与内存之间有序流动。计算机的内存储器被划分为一个个的内存单元，内存单元按照物理位置顺序进行编号，这个编号是一个 32 位或 64 位的二进制数，称为存储单元的地址。地址的位数与计算机的总线宽度相等。目前的计算机的总线宽度都是 64 位的，故本书所讲的内存单元地址也都是 64 位的，存储一个 64 位的地址数，需要 8 个字节。

计算机通过这种地址编码的方式来管理内存，也只有通过地址，才能准确地定位到存储空间，以便往这个存储空间里存储数据或者从中读取数据。但若让编程者直接使用地址，则须记忆 64 位的地址数，这将是一件枯燥且没有规律的事情，人在这方面没有优势。C 语言为帮助人们使用存储空间，引入变量的思想，实质上是把"地址"符号化。程序中定义的变量，系统为它在内存中分配约定大小的存储空间，可以用于存储数据，编程时使用这块存储空间，可以不用地址，而用变量的名字，这样就把原本需要使用 64 位二进制数表示的地址转变为使用"见名知意"的变量名，在很大程度上降低了编程的难度。为了实现数据在存储它的内存空间和处理它的 CPU 之间流动，需要知道数据的存储位置，也就是存储数据的变量所占用的那块存储空间的首字节地址，该地址称为变量的地址。

无论什么类型的变量，其地址都是该变量所占那块存储空间的第一个字节的地址。这还不够，因为没有确定从这个字节开始取多少个字节是这个变量分得的存储空间。为此，C 语言规定变量必须属于某种数据类型，而不同的数据类型事先已被约定了所占的存储空间的大小，如 int 占 4 个字节，而 double 占 8 个字节。知道了变量的地址，即变量所分配的那块存储空间的首地址，又知道变量所属的数据类型，即该类型的变量占几个字节的存储空间，则自然可以把该变量分配的存储空间精准找到。变量的地址和所属的数据类型缺一不可，这也是 C 语言规定变量必须先定义而后才能使用的原因。执行定义变量的语句，就是让系统为该变量分配约定大小的存储空间，并将存储空间的首字节地址和变量名建立对应关系的过程。

基于上述思想，初学者使用变量书写代码比较契合自然语言的表达方式，并不会有"地址"的概念。如"i=3"；是将 3 存储到变量 i 中，"j=j+1"；是把变量 j 的值取出加 1 之后再存储到变量 j 中。赋值运算符左侧出现的变量，是使用其能存储的功能，右侧出现的变量，是使用其存储的值。虽然使用变量书写代码有上述优势，但编程仍需知晓变量的实质，明晰变量的值、变量的地址、变量的名字、变量所属的数据类型这些概念。例如：

```
int a;                //系统分配4个字节的一块存储空间给int型变量a
scanf("%d",&a);       //&a是求出变量a的地址，即a所分到的那块存储空间的地址
printf("%d",&a);      //按十进制形式输出变量a的地址
printf("%d",a);       //按十进制形式输出变量a存储的值
```

使用变量的主要目的是利用变量存储数据。C 语言规定变量"按名访问"，所以输出变量的值、书写变量参与的表达式，如 a+1、a<0 等，都是直接使用变量的名字，根本不需考虑变量的地址是什么。唯有用 scanf()函数将输入的数据存入变量时，需指出变量的地址，此时使用取地址运算符&即可，也并不必须知道变量的地址具体是多少。故前文对变量的使用，地址都是对编程者透明的。即变量的地址，虽知其存在，但不必知其为多少。

本节介绍变量的地址，主要是帮助读者理解变量是内存中一块存储空间，以及计算机对变量的读/写实质上是通过"地址"来精准定位的。

编程时，除了变量需要分配存储空间之外，所定义的函数作为一个代码块，也需要存储起来，并且因为函数将来要被调用，还需要记下存储该函数代码的存储空间的地址。根据存储空

间的用途不同，地址分两类，一类是存储数据的变量所占用存储空间的地址，称为变量地址，一类是存储函数代码的存储空间地址，称为函数地址。本节介绍的是变量地址。

因为 C 语言对某块存储空间的访问是通过该块存储空间的地址，也就是说，只要知道地址，就可以访问该地址对应的那块存储空间。如果那块存储空间是分配给变量的，就是访问变量，如果那块存储空间是用于存储函数代码的，就是调用函数。

6.2 指针（变量）的概念

C 语言引入了"指针"，它是一个专门用于存储"地址"的变量。指针的作用强大，比如，把一块存储空间的"地址"存储到同数据类型的指针变量，则利用指针变量，可以为这块存储空间的访问提供另外一种方法，使得对变量的访问、函数的调用有了多种方式。很多资料都把指针变量简称为指针，这有其原因，就像数组实质上也是变量，但没有多少人称之为数组变量一样。但编者认为应该使用"指针变量"，一来与"地址"这个概念区分，二来始终强调指针是一个变量，有利于读者真正理解"指针"的变量属性，从而理解指针变量的应用需求。使用指针变量，实际上是"访问"该指针变量存储的"地址"对应的存储空间。从这个意义上讲，指针变量必须存储了某个"地址"之后才有使用的意义，指针变量总是配合数组等其他变量使用，也会配合函数使用，鲜有单独使用。

6.2.1 定义（声明）指针变量

指针变量既然是个变量，也需先定义后使用，定义（声明）指针变量的一般形式如下：

```
类型标识符   * 指针变量名;
```

例如：

```
int *p;      //定义一个名字为p的int型指针变量
```

其中，"类型标识符"用于约定被定义的指针变量的数据类型。"*"是定义指针变量特有的标志符号，表示定义的变量是指针类型变量。如果没有*，就是普通的变量定义语句。

使用"类型标识符"对指针变量"数据类型"的约定必不可少，也就是指针变量所属的数据类型必须确定，且指针变量的数据类型确定之后，只允许存储与它同类型的变量的地址。为什么指针变量也要明确它所属的数据类型？因为所谓指针变量存储了一个变量的地址，实际只存储了这个变量对应的存储空间的首字节地址，如果指针变量的数据类型不确定，系统也不会知道从这个首地址开始的这块存储空间包含多少个字节。例如，int 类型的变量占 4 个字节，double 类型的变量占 8 个字节，如果指针变量的数据类型是 int，系统就会从指针变量存储的地址开始连续取 4 个字节，如果是 double 类型，则需从这个地址开始连续取 8 个字节。指针变量的值指出那块存储空间从哪个地址开始，指针变量的数据类型规定那块存储空间有多大。这两者都是必不可少的。

指针变量的数据类型规定了指针所指向的存储空间里可以用于存放什么类型的数据。例如，语句 int *p;，其含义是定义一个指针变量 p，它指向的存储空间里存储的数据必须是 int 类型的，系统也为指针变量 p 分配了存储空间，这个存储空间专门用来存放它要指向的那块存储空间的地址。例如：
```
int a=5;            //定义int型变量a，为a分配一块4个字节的存储空间，存入值5
double x;           //定义double型变量x，为x分配一块8个字节的存储空间
int *p=&a;          //定义int型指针变量p，并把变量a的地址求出来赋给指针变量p
p=&x;               //欲把变量x的地址赋给p，发生类型不匹配错误
```

与指针变量有关的存储空间有两块，一块是指针作为一个变量应分配的存储空间，用于存储指针变量的值。另一块是以指针变量的值为首地址，以指针变量的数据类型约定大小的存储空间，形象地称指针变量指向这块存储空间。

无论指针变量存储的是哪个变量的地址，都只是变量所对应的那块存储空间的第一字节的地址。由于目前计算机的总线宽度都是 64 位的，因此任何字节的地址都是 64 位的二进制数，这样，无论指针变量是什么数据类型，指针变量本身所占用的那块存储空间都是 8 个字节。

指针变量和普通变量的共同点是，它们都能存放数据，而又有自己的地址。不同的是，普通变量中直接存放通常意义的数据，而指针变量中存放的是一块存储空间的首地址。

指针变量和指针所指向的变量是两个不同的概念，指针变量是用于存放内存单元地址的变量，指针所指向的变量是指针变量中所保存的内存地址对应的变量。

6.2.2 使用指针变量

引入指针变量的本意之一是可以借助指针访问它指向的变量。这需要借助两个与指针变量有关的运算符："&"和"*"。

（1）"&"，求（变量的）地址运算符，是单目运算符，后跟变量名，如&m，功能是求出变量 m 的地址，即系统为变量 m 分配的那块存储空间的首地址。使用之前，被求地址的变量必须已定义过。

前文内容中，只有 scanf()需要使用&求出欲于存储所输入数据的变量的地址。例如：
```
float m;
scanf("%f",&m);     //输入的数据存储到变量m中，&m指出变量m所占存储空间的首地址
```

使用变量习惯上都是按名使用，如 m=3.14;，唯有 scanf()函数要求给出变量的地址，这是一个读者不易理解、容易遗忘的语法规定。忽略它又会产生逻辑错误。例如，若 scanf("%f",&m);漏了运算符&，写作 scanf("%f",m);，则会将输入的数据存入以变量 m 的值为地址的存储空间里，而不是存储到变量 m 中，后续若有对变量 m 的操作，这就产生逻辑错误，因为没有把要操作的数据存储到变量 m 中。

使用&只要求后跟变量名，因为指针也是变量，因此也可以用它求出某个指针变量的地址。

（2）"*"，取指针所指向的变量，单目运算符，后跟的变量必须是指针变量。

【例 6.1】下面的程序可验证指针变量与它指向的变量之间的关系。
```
#include <stdio.h>
int main()
{
    int *p,a=10;    //定义指针变量p，int型变量a并将10存入a中
    p=&a;           //求出变量a的地址，并存入指针变量p中。则此后，*p等价于p指向的变量a
```

```
    printf("a=%d,*p=%d\n",a,*p);    //*p就是a，故输出的都是a的值10
    *p=20;                          //*p就是a，故相当于执行a=20；
    printf("a=%d,*p=%d\n",a,*p);    //*p就是a，故输出的都是a的值20
}
```

有的资料介绍*的作用是取其后跟指针变量所指向变量（存储空间）中存储的数据，这一说法并不准确。如果出现在赋值号的左侧，是使用其能存储数据的属性，如*p=20;，是将 20 存储到指针变量 p 所指向的变量 a 中。因此，称*的功能是还原其后跟指针变量所指向的变量比较准确。

6.2.3 为指针变量赋值

指针变量是用于存储其他变量地址的，因此，指针变量一定要配合其他变量使用，单独使用指针变量没有意义。执行定义指针变量的语句，只是得到了一个可用于存储某个存储空间地址的指针变量。只有把其他变量的地址赋给指针变量之后，它才能配合所指向的变量使用。指针变量在使用之前，必须赋予具体的值，未经赋值的指针变量其初始值不确定，此时使用，程序将直接退出。

【例 6.2】使用未经赋值的指针变量造成程序提前结束的例子。

```
#include <stdio.h>
int main()
{
    int *a;          //定义指针变量a
    *a=32;           //未给指针变量a赋值就使用它，出错，从此处终止程序运行
    printf("%d ",*a);
}
```

因此，指针变量在使用之前一定要先赋值，且只能是相同数据类型的变量的地址，否则将引发语法错误。对指针赋初值也有两种方法。

（1）在声明指针的同时进行初始化赋值，一般形式如下：

数据类型 *指针变量名=初始地址；

例如：

```
int a;
int *p=&a;
```

也可以写成一条语句 int a,*p=&a;，但必须保证被取地址的变量排列在指针变量的前面，若写成 int*p=&a , a;则出现语法错误。

（2）在声明指针变量以后，在使用一条赋值语句为其赋值，一般形式如下：

指针变量名=地址；

例如：

```
int a,*p;        //定义指针变量p
p=&a;            //将变量a所分配的存储空间的首地址赋给指针变量p
```

不允许直接把一个数赋予指针变量，哪怕是一个 64 位的二进制数，系统也不会因为是给指针变量赋值而自动将其视为地址。下面直接把一个数赋给指针变量是有语法错误的。

```
int *p;
p=1000;
```

前文说过，与指针变量有关的存储空间有两个，一个是指针变量本身所占用的存储空间，一个是以指针变量的值为首地址的存储空间，也就是指针所指向的变量的存储空间。使用的时候要分清，若使用指针变量本身所占的存储空间，则直接使用指针变量，若使用指针所指向的存储空间，则需要在指针变量前加*，例如：

```
int a,*p;           //定义指针变量p
p=&a;               //将变量a所分配的存储空间的首地址赋给指针变量p
*p=2022;            //将整数2022存储到指针变量p所指向的存储空间
```

注意：语句 p=&a;，指针变量 p 出现在赋值运算符左侧，是使用系统为指针 p 分配的存储空间，而语句 *p=2022;，*p 出现在赋值运算符左侧，是使用指针 p 指向的存储空间，即变量 a，故 *p=2022;等价于 a=2022;。

（3）相同数据类型的指针变量之间也可以赋值，例如：

```
float a,*p,*q;      //定义指针变量p与q
p=&a;               //把变量a的地址求出赋给指针变量p，p指向变量a
q=p;                //把指针变量p存储的地址赋给指针变量q，q也指向变量a
```

6.3 指针（变量）与函数

讨论指针变量与函数的关系，主要有三种应用：（1）把指针用作函数的参数，（2）函数的返回值是一个地址，（3）指向函数的指针变量。

6.3.1 指针变量作函数形参

C 语言为什么要引入指针变量？首先，使用指针可以为变量的访问提供一种新的方式，如定义语句 int a=4,*p=&a;之后，*p 与 a 等价，之前只能按变量的名字使用变量，现在多了一种借助指针变量来使用变量的方法。但对于单个变量，直接使用变量简单而又自然，而像例 6.1 中那样，单纯为实现变量 a 的间接访问而定义一个指针变量 p，还需将变量 a 的地址求出赋给指针变量 p，之后再使用指针变量 p 去访问它指向的变量，这样做反而变得烦琐，因此，没有必要单纯为了间接访问某个变量而使用指针变量。与指针变量配合使用能发挥出优势的变量是"数组"，这在后续章节会有介绍。

对于单个变量，必须用指针变量与其配合使用的场景是将指针变量用作自定义函数的形参，以便实现实参变量与形参变量之间的"地址"传递。所谓的"地址"传递，是把实参变量的地址赋给形参指针，这样形参指针就指向了实参变量，在自定义函数中操作形参变量，实质上就是操作实参变量。这种实参与形参间的"地址"传递，在有些应用场合是必须使用的。

1. "值"传递与"地址"传递的区别

"值"传递，形参变量和实参变量是两个相互独立的变量，调用函数时，把实参变量的"值"赋给形参变量，函数对形参变量的处理，丝毫影响不到实参变量。如例 6.3 中的函数 swap1()。"地址"传递，形参变量声明的是指针变量，调用函数时，把实参变量的地址赋给形参指针，这样，形参指针就"指向"实参变量，操作形参指针，就是操作实参变量。如例 6.3 中的函数 swap2()。

【例 6.3】 以函数调用方式，实现将两个变量的值交换。

```c
void swap1(int a,int b)        //形参是普通变量
{
    int t;                     //定义变量t用于中转
    t=a;                       //把a的值赋给t暂存
    a=b;                       //把b的值赋给a，a原存储值被替换
    b=t;                       //把t中存储的a的原值赋给b
}
void swap2(int *a,int *b)      //形参是指针变量
{
    int t;
    t=*a;                      //a所指向的变量的值赋给t
    *a=*b;                     //b所指向的变量的值赋给a所指向的变量
    *b=t;                      //t的值赋给b所指向的变量
}
#include <stdio.h>
int main()
{
    int m=3,n=5;
    printf("原始：m=%d,n=%d\n",m,n);
    swap1(m,n);
    printf("值传递之后：m=%d,n=%d\n",m,n);
    swap2(&m,&n);
    printf("地址传递之后：m=%d,n=%d\n",m,n);
}
```

运行结果：

```
原始：m=3,n=5
值传递之后：m=3,n=5
地址传递之后：m=5,n=3
```

程序说明：

（1）执行 int m=3,n=5;，为 int 变量 m、n 分配存储空间并存入值，如图 6-1(a)所示，地址为假设的。

（2）执行 printf("原始：m=%d,n=%d\n",m,n);，输出 m 与 n 的原值。

（3）执行语句 swap1(m,n);，程序转往 swap1()函数，先为形参变量分配存储空间，然后形参与实参结合，相当于执行 int a=m,int b=n;，如图 6-1(b)所示。

（4）执行函数 swap1()的函数体，先为变量 t 分配存储空间，然后执行下面三行变量间赋值语句，结果如图 6-1(c)所示，可见函数对形参变量 a、b 确实交换了值，但实参变量 m、n 的值并没有交换。

（5）退出函数 swap1()，函数定义的形参变量及函数体内定义的变量均被释放（消失），变量在内存中的分布又如图 6-1(a)所示。

（6）printf("值传递之后：m=%d,n=%d\n",m,n);，输出 m 与 n 的原值。

（7）执行语句 swap2(&m,&n);，此处实参是变量 m、n 的地址，相当于执行 int *a=&m, *b=&n; 变量在内存中分布如图 6-1(d)所示，需要注意的是，形参指针 a、b 存储的是变量 m、n

所占存储空间的首地址。

（8）执行函数 swap2()的函数体，先为变量 t 分配存储空间，然后执行下面三行变量间赋值语句，*a 实质上是以 a 中存储的值为地址的变量，即字面上是*a，实质上是 m，这样*b=*a，相当于 n=m;。执行结果如图 6-1(e)所示，可见函数 swap2()内虽然是对形参指针变量 a、b 进行操作，但却是交换的实参变量 m、n 的值。

为何不在 swap2()函数体内直接书写 n=m，而要费此周折？因为 m、n 不是全局变量，其作用域限制在定义它的 main()函数中，在 swap2()函数内不能直接使用它。只有通过这种形参指针变量的方式，进行实参变量"地址"传递之后，才能借助形参指针变量使用它。

（9）执行 printf("地址传递之后：m=%d,n=%d\n",m,n);，输出的 m、n 的值验证了 m 与 n 的值确实已被交换。

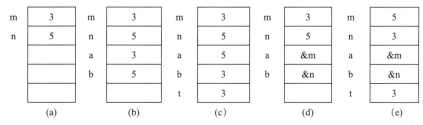

图6-1 交换变量时内存中值的变化情况

读者请对比 swap1()、swap2()两个函数的定义部分代码和调用语句代码。

2. 实现"地址"传递对函数形参的要求

要使用"地址"传递，自定义函数的形参必须使用指针变量，如例 6.3 中定义函数 swap2()的函数头语句 void swap2(int *a,int *b)中的两个形参 int *a、int *b。C 语言规定，只有指针变量才能存储"地址"值。采用"地址"传递方式，调用函数的语句中书写的实参应是一个变量的地址，此时，形参只有采用指针变量，才能接收实参传过来的"地址"，否则，实参与形参将无法结合，因为如果形参不是指针，则它就没有权限接收实参传过来的"地址"。

例 6.3 的 main()函数中调用 swap2()的语句是 swap2(&m,&n);，其中，两个实参&m、&n 分别是变量 m、n 的地址，实参与形参结合可以理解为执行 int *a=&m、int *b=&n，即把变量 m 的地址赋给指针变量 a，把变量 n 的地址赋给指针变量 b。实参与形参正确结合之后，形参指针变量 a、b 分别指向变量 m、n，*a 等价于变量 m，*b 等价于变量 n。在函数体内，操作*a、*b 实质就是操作变量 m、n，如*b=*a;相当于 n=m;。如果形参变量 a、b 不是指针变量，则 a、b 无权接收"地址"值，实参与形参的结合便不会成功，这是语法错误，源代码不会被编译通过。

例 6.3 中，变量 m、n 是 swap2()函数之外定义的，它们的作用域不在 swap2()函数体内，若在 swap2()函数体直接使用变量 m、n 是有语法错误的。但是，采用上述"地址"传递的函数调用方式，则可以实现通过形参指针来操作函数外定义的变量，这是"地址"传递的独特优势。若不是采用"地址"传递，则不允许在函数体内使用函数体外定义的变量，除非在函数体外定义的变量为全局变量。这种"地址"传递方式提供了一种在自定义函数体内操作定义在函数体外的变量的方法。

而且，若执行 swap2(&p,&q); 即把变量 p、q 的地址作为实参，则在 swap2()函数体内处理*a、*b 就相当于处理变量 p、q。也就是，把哪两个变量的地址作为实参，函数就处理哪两个变量。但无论处理哪两个变量，函数 swap2()的代码是不变的。

3. 实现"地址"传递对函数实参的要求

要实现"地址"传递，要求在函数调用语句书写的实参一定是某个变量的地址，这个实参地址可以是用&后跟变量名直接求出的，也可以是通过其他指针变量传递。要求传地址的变量，一定要和形参指针变量的数据类型相同，否则将有语法错误。

（1）自定义函数的形参为指针变量，调用时的实参使用变量的地址。

如例 6.3main()函数中的调用语句 swap2(&m,&n);，其中变量 m、n 是在 swap2()函数之外定义的变量，本来在 swap2()函数体内无权操作它们，但经过上面的"地址"传递方式调用，函数 swap2()的形参指针 a、b 分别指向变量 m、n 在内存中被分配的存储空间。在函数体内，代码"*a"等价于 m，"*b"等价于 n，实现了在函数体内操作函数体外定义的变量的目的。

（2）函数形参为指针变量，用指针变量作为实参。

如果函数形参是指针，则要求调用函数时对应位置的实参必须是地址值，这个地址值也可以通过指针变量给出。例如：

```
int m,n;              //定义变量
int *pa,*pb;          //定义指针变量
pa=&m;                //把变量m的地址求出赋给指针pa
pb=&n;                //把变量n的地址求出赋给指针pb
swap2(pa,pb);         //通过指针变量pa、pb传递实参地址
```

使用时，用作实参的指针变量 pa、pb 必须事先已存储了变量的地址，若指针变量为空值或者未对其赋值而这样使用，则会出错，直接在调用语句处退出程序，调用语句的后续代码不再执行。

与直接把变量的地址作实参 swap2(&m,&n);相比，上面使用指针变量间接传递实参地址显得多此一举，且易出错。但这是两种不同的编程风格，使用指针作实参也有其优势所在。

6.3.2 函数的返回值是地址

在 C 语言中，函数返回值的类型可以定义为指针类型，即函数的返回值是一块存储空间的"地址"，返回值为存储空间地址的函数又称为指针函数。

指针函数定义的一般形式如下：

```
返回值类型说明符*函数名(形式参数列表)
{
    ....    //函数体语句
}
```

与普通的函数定义相比，仅仅在函数名多了一个指针的标记符——星号*，这里*表示函数返回值是指针类型，返回值类型说明符表示该返回值即指针所指向的存储空间中存放的数据的类型。其他部分如函数名、形参列表的含义及语法规定都与普通的函数相同。

对于返回指针的函数，若要存储函数的返回值，必须要使用相同数据类型的指针类型。当

然，也可以把函数的返回值作为"地址"直接使用。

【例 6.4】 调用返回指针的函数，求两个整数的最大值。

```
#include <stdio.h>
int *fun(int*,int*);        //函数说明
main( )
{
    int *p, a ,b;                      //定义指针变量p、普通变量a、b
    printf("请输入两个整数:");         //操作提示
    scanf("%d%d", &a,&b);              //将输入的两个数分别存入变量a、b
    p=fun(&a,&b);                      //函数的返回值是个地址，存入指针变量p
    printf("最大数为: %d\n", *p);      //*p是以p的值为地址的存储空间所存的值
    printf("最大数为: %d\n", *fun(&a,&b));   //*fun(&a,&b)是直接使用函数返回值
}
int *fun(int *a, int *b)
{
    return *a>*b? a:b           //如果指针a指向的数大于b指向的数，返回a的地址
}
```

运行程序，最后两个 printf()语句的输出结果完全一样，说明指针函数 fun()的返回值，可以直接使用，也可以存入一个同数据类型的指针变量里，如例中的 p=fun(&a,&b);再通过这个指针变量使用它，如例中 printf("最大数为：\n", *p);语句中的*p。

例 6.4 仅仅是为了说明指针函数而"拼凑"的一个例子，实现上述功能，并不必须要使用指针函数。使用指针函数主要是因为需要返回多个数据，而普通的函数只能返回一个值，当确有多个值需要返回时，就需要使用指针函数返回指向存储这多个返回值的存储空间的首地址。指针函数一般与数组、结构体变量配合使用的机会较多，在后文介绍数组、结构体时，再进一步介绍指针函数的用途。

6.3.3 指向函数的指针——借助指针变量调用函数

在 C 语言中，函数实质上是一段代码，函数的代码编译之后，作为程序的组成部分，也需要计算机将其存储起来，执行程序时，这段代码还要调入内存，即在内存要为程序中定义的函数分配一席之地。所谓调用函数，实际上告诉计算机存储该函数代码的首地址，由 CPU 控制程序的执行流程从调用函数的语句转往存放函数代码的首地址，接着按代码存储的位置顺序执行，除非遇到转移指令。从这一点上讲，函数调用也是按地址调用，只要给出函数代码的存储地址，即可实现函数调用。而给出函数的地址也有多种方式，常用的是通过函数名，也可以使用指向函数的指针变量。

C 语言规定：函数名表示存储该函数代码的存储空间首地址，也就是函数的执行入口地址，简称函数地址。函数名作为用户自定义的标识符，如 swap2，表面上看像个变量名，但实质上它是个以符号表示的地址数常量。如果把函数名赋予一个指针变量，这样指针变量的值就是函数的程序代码存储区的首地址，这种存储函数地址的指针简称函数指针。C 语言允许借用函数指针去调用它指向的函数。当然，因为这种指针变量用于指向函数的存储空间首地址，故其定义须满足特殊要求。函数指针的定义语句形式如下：

```
返回值类型说明符(*指针变量名)(函数参数表);
```

其中，返回值类型说明符为函数返回值的类型。由于间接访问运算符"*"的优先级低于运算符"()"，因此前面一对包括"*指针变量名"的圆括号"()"不能省略，表明定义的是一个指针变量；后面一对圆括号"()"表示的是专门指向函数的指针，其中的"函数参数表"表示函数的形式参数个数和类型。注意其和返回指针的函数定义形式的区别。例如：

```
int(*p)();
```

定义了一个指向函数的指针变量 p，指针 p 所指向的函数应该有 int 型返回值，并且没有形参。当给函数指针赋值后，在进行函数调用时既可以通过函数名，也可以通过函数指针。对函数指针进行间接访问"*"运算时，其结果是使程序控制流程转移到函数指针所指向的函数入口地址执行该函数。函数指针的这一特性与其他数据指针不同，数据指针的间接访问"*"运算访问的是指定地址的数据。

【例 6.5】使用函数指针调用函数的例子。

```c
#include <stdio.h>
float max(float,float,float);              //函数声明
int main()
{
    float  (*p)(float,float,float);        //定义函数指针
    float  a,b,c,big;
    p=max;                                  //使函数指针p指向max()函数
    scanf("%f%f%f",&a,&b,&c);
    big=(*p)(a,b,c);      //通过函数指针调用函数, 与big=max(a,b,c);等价
    printf("a=%.2f\tb=%.2f\tc=%.2f\nbig=%.2f\n",a,b,c,big);
}
float max(float x,float y,float z)
{
    float temp=x;
    if(temp<y) temp=y;
    if(temp<z) temp=z;
    return temp;
}
```

在上面的程序中，语句"float(*p)(float,float,float);"定义了一个函数指针 p，可以指向一个函数（该函数的返回值应为 float 型，且有三个 float 型的形式参数）。

语句"p=max;"的作用是将 max()函数的入口地址赋值给函数指针 p，即函数指针 p 指向函数 max()。此时，函数指针 p 和函数名 max 都能代表函数的入口地址。

注意：在给函数指针赋值时，只要给出函数名即可，不用给出参数。

语句"(*p)(a,b,c);"使用(*p)代替函数名调用函数，并且在其后的圆括号"()"中加上实参，用(*p)调用与用函数名 max 调用函数是等价的。

在 C 语言中，函数指针的主要作用是作为参数在函数间传递函数，实际上传递的是函数的执行地址，或者说传递的是函数的调用控制。当函数在两个函数之间传递时，主调函数的实型参数应该是被传递函数的函数名，而被调用函数的形式参数是接收函数地址的函数指针。可以给函数指针赋予不同的函数名（函数的入口地址），而调用不同的函数。

小　　结

本章主要介绍了指针的概念和相关操作，并结合实例对指针与变量、指针与函数之间的关系进行了详细分析。通过本章的学习，可以帮助读者深入理解指针概念及其操作，掌握指针在变量操作、函数调用中的基本使用方法，从而正确地使用指针，为后续学习打好基础。

指针是 C 语言中重要的概念，也是 C 语言的特色之一。利用它编写的程序，可以完成许多用其他高级语言难以实现的功能，但也十分容易出错，而且这种错误往往难以发现。因此，使用指针要十分小心谨慎，读者如果需要熟练掌握本章内容还要自己动手多做编程练习，加深对各个知识的理解。

习　　题

一、单选题

1. 语句 p=&a;中运算符&的含义是（　　）。

   A. 逻辑与运算　　B. 取变量地址　　C. 取指针内容　　D. 位与运算

2. 指向变量的指针，其含义是指该变量的（　　）。

   A. 值　　　　　　B. 地址　　　　　C. 名　　　　　　D. 一个标志

3. 已有变量定义和函数调用语句：int a=25; print_value(&a); 下面函数的正确输出结果是（　　）。

```
void print_value(int *x)
{
    printf("%d\n",++*x);
}
```

   A. 23　　　　　　B. 24　　　　　　C. 25　　　　　　D. 26

4. 若有语句 int *point,a=4;和 point=&a;下面均代表地址的一组选项是（　　）。

   A. a,point,*&a　　　　　　　　　　B. &a,&*point ,point

   C. &*a,&a,*point　　　　　　　　　D. *&point,*point,&a

5. 若定义 int a[5]={1,2,3,4,5};*q=&a[1];那么 printf("%d",*p++);的结果是（　　）。

   A. 2　　　　　　B. 3　　　　　　C. 4　　　　　　D. 5

6. 以下程序的运行结果是（　　）。

```
#include<stdio.h>
int main()
{
    int a,b,*pa,*pb;
    pa=&a;pb=&b;
    a=3;b=5;
    *pa=a+b;
    *pb=a+b;
    printf("a=%d,b=%d\n",a,b);
}
```

A. a=13,b=13　　　B. a=8,b=8　　　C. a=8,b=13　　　D. 出错

7. 设有以下语句，
```
int *p1,*p2,m=10,n;
```
以下均是正确赋值语句的选项是（　　）。

A. p1=&m;p2=&p1;　　　　　　B. p1=&m;p2=&n;*p1=*p2;
C. p1=&m;p2=p1;　　　　　　D. p1=&m;*p1=*p2;

8. 执行以下程序后 a 的值为（　　）。
```
int *p,a=10,b=1;
p=&a;a=*p+b;
```
A. 12　　　　B. 11　　　　C. 10　　　　D. 出错

9. 设有以下语句，
```
int i,j=7,*p=&i;
```
则下面选项与 i=j 语句等价的是（　　）。

A. i=*p;　　　B. *p=*&j;　　　C. i=&j;　　　D. i=**p;

10. 若有以下定义和语句，
```
int b=2;
int func(int *a)
{
    b+=*a;
    return b;
}
int main()
{
    int a=2,res=2;
    res+=func(&a);
    printf("%d\n",res);
}
```
则运行结果是（　　）。

A. 4　　　　B. 6　　　　C. 8　　　　D. 10

二、程序填空题

1. 本程序通过指针变量实现将输入的三个数的值按降序输出，请将编号【1】、【2】空白处补充完整。

```
#include <stdio.h>
int main( void)
{
    int a,b,c,*p1,*p2,*p3,*p;
    p1=&a;
    p2=&b;
    p3=&c;
    scanf("%d%d%d",&a,&b,&c);
    if(a<b){ 【1】 }
    else{ 【2】 }
```

```
    printf("%d %d %d",*p1,*p2,*p3);
    return 0;
}
```

2. 本程序通过函数指针实现输出任意三个数的最大值,请将编号【1】、【2】空白处补充完整。

```
#include <stdio.h>
int max(int x, int y)
{【1】}
int main()
{
    int (* p)(int,int) = &max;
    int a,b,c,d;
    printf("请输入三个数字:");
    scanf("%d %d %d",&a,&b,&c);
    【2】
    printf("最大的数字是: %d\n", d);
    return 0;
}
```

3. 执行以下程序,填写运行结果_____。

```
#include<stdio.h>
void foobar(int a, int* b, int* c)
{
    int* p = &a;
    *p = 101;
    *c =*b+a;
    *b= *p+*c;
}
int main()
{
    int a = 1;
    int b = 2;
    int c = 3;
    int* p = &c;
    foobar(a, &b, p);
    printf("a=%d, b=%d, c=%d, *p=%d\n", a, b, c, *p);
    return (0);
}
```

4. 下面的例子定义了一个函数 strlong(),用于返回两个字符串中较长的一个,请将编号【1】、【2】、【3】空白处补充完整。

```
#include <stdio.h>
#include <string.h>
char *strlong(【1】){
    if(【2】){
        return str1;
    }
    else{
        return str2;
    }
}
```

```
int main(){
    char str1[30], str2[30], *str;
    gets(str1);
    gets(str2);
    【3】
    printf("Longer string: %s\n", str);
    return 0;
}
```

5. 下面的例子定义了一个函数 Sum_Pro()，用来计算两个数的和与积，请将编号【1】、【2】空白处补充完整。

```
#include <stdio.h>
Float Sum_Pro(float op1,float op2,float *psum,float *ppro);
int main( void )
{
    float x,y;
    float *p1,*p2;
    【1】
    printf("sum is %.1f\ndifference is %.1f\n",*p1,*p2);
    return 0;
}
float Sum_Pro(float op1,float op2,float *psum,float *ppro)
{
    【2】
}
```

三、编程题

1. 用指针方法完成：(1)通过键盘输入 10 个整数，按照由小到大的顺序输出。(2)通过键盘输入 3 个字符串，判断其长度，按照从大到小的顺序输出。

2. 请编写函数，对传送过来的三个数选出最大和最小数，并通过形参传回调用函数。

3. 请编写函数将从键盘输入的每个单词的第一个字母转换为大写字母，输入时各单词必须用空格隔开，用 "." 结束输入。

4. 输入 10 个整数，将其中最小的数与第一个数对换，把最大的一个数与最后一个数对换。编写三个函数，(1)输入 10 个数。(2)进行处理。(3)输出 10 个数。

5. 编写一程序，输入月份号，输出该月的英文名。例如输入 "3"，则输出 "March"，要求用指针方法处理。

6. 将 n 个数按照输入时顺序的逆序排列，用函数实现。

7. 有一个班有 4 个学生，5 门课程。(1)求第一门课程的平均分。(2)找出有两门以上课程不及格的学生，输出他们的学号和全部课程成绩及平均成绩。(3)找出平均成绩在 90 分以上或全部课程成绩在 85 分以上的学生。分别编写 3 个函数实现以上 3 个要求。

8. 在主函数中输入 10 个等长的字符串，用另一个函数对它们进行排序，然后在主函数输出这 10 个已经排好序的字符串。要求用指针处理。

9. 编写一个函数，求一个字符串的长度。在 main()函数中输入字符串，并输出其长度。

10. 输入一行文字，找出其中大写字母、小写字母、空格、数字以及其他字符各有多少。

第 7 章 数 组

学习目标

★ 掌握数组的概念和语法
★ 掌握一维数组的定义、使用、内存映像和初始化
★ 掌握二维数组的定义、使用、内存映像和初始化
★ 掌握字符数组及常用的字符串处理函数
★ 掌握数组在函数中的参数传递

重点内容

★ 一维数组的定义、引用、初始化和应用
★ 用于求最大（小）值、排序等的基本算法
★ 字符串和字符数组的应用
★ 字符串处理函数的用法

前面介绍的变量都是单个的，如 int i;所定义的变量 i 就是一个单个的变量，利用它对一个整数进行存储、读出等操作。但如果需要处理多个相同类型的数据，若为每个数据都定义一个变量，则处理起来反而麻烦。C 语言提供了数组这个构造型数据结构，可以把具有相同类型的一批变量存入到数组中，然后把数组作为整体进行操作。将数组与循环结合使用，可处理大批量数据，完成诸如排序等各项操作。本章主要介绍怎样使用数组处理同类型的批量数据。

数组有一维数组、二维数组，也可以定义三维、四维等多维数组，但通常使用最多的是一维数组和二维数组。

7.1 一维数组

7.1.1 一维数组的定义

和使用变量一样，在 C 语言中使用数组也必须先定义。一维数组的定义形式如下：

```
类型标识符　数组名[表达式];
```

例如，float a[5];表示定义了一个名称为 a 的数组,它由 5 个 "成员" 组成,分别是 a[0]、a[1]、a[2]、a[3]、a[4],这里的 "成员" 称为数组的元素。区别数组不同元素要靠元素名的中括号[]里的 "下标",如 a[0]、a[2]是数组 a 的两个不同元素。执行 float a[5];,系统为数组 a 分配 5 个 float 类型的连续的存储空间,如图 7-1 所示。

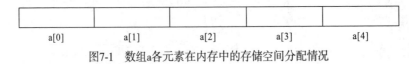

图7-1　数组a各元素在内存中的存储空间分配情况

定义数组的语句,如 int a[3];,分为三部分,各部分的语法规定如下:

(1)第一部分 "类型标识符",用于定义数组每个元素所存储数据的类型。C 语言的一个数组只能存储同类型的数据,数组所有元素的数据类型必须相同,都由定义该数组的数据类型确定。所谓数组的数据类型是指数组元素的数据类型,根据编程者准备利用数组元素存储数据的类型确定。

(2)第二部分 "数组名",是一个标识符,必须符合标识符命名规则,且要尽量做到见名知意。因为 C 语言不允许在同一个代码范围内出现同名的标识符,因此,同一个代码范围内,数组名不能和函数名、变量名等其他标识符、关键字重名。

(3)第三部分是一对中括号[]内的 "表达式",用于设定所定义数组的元素总数,称为数组长度。[]内的 "表达式" 的值须为一个正整数,一般是个具体的整数,如 int a[20],也可以写作 int a[10+10],甚至可以使用变量,如 int n=20,a[n];。

(4)使用数组多是按元素使用,形如 a[0]=4;、a[1]=a[2];,其中 a 是数组名,中括号[]内的数字称为下标,用于指出使用的是数组的哪个元素。定义一个数组,它的元素下标从 0 开始,最大的下标值为数组的长度减 1。如 int m[2];,表示定义的数组 m 有两个元素,分别是 m[0]、m[1]。

(5)一维数组是在定义数组语句中,数组名后只有一对中括号[ ],如 int a[8]。若有二对中括号[ ],如 int a[5][6],则是二维数组,有几对中括号[ ]就是几维数组。

(6)定义数组时,表示其长度的 "表达式" 可以是变量表达式,例如:

```
void fun_max(int n)
{
    int a[2*n];      //定义数组长度为2n,合法
    int m=3;
    int b[2*m];      //也合法。相当于 int b[6];
}
```

但如果定义数组的语句使用 static 关键字声明数组是静态(存储)变量,则长度 "表达式" 中不能出现变量。即如果写作 static int a[2*n]; 是错误的。提示信息为[Error] storage size of 'a' isn't constant。

7.1.2　一维数组的使用方法

C 语言规定,对数组进行操作时需要按数组的元素进行单独使用。引用的格式如下:

```
数组名[下标]
```

（1）一个数组元素实质上就是一个变量，其变量名为"数组名[下标]"，如 a[2]。[ ]里的下标是一个表达式，其值要求是一个大于或等于 0 的整数。该表达式通常是一个整数，或者一个 int 型变量，如 a[3]、a[i]，也可能是一个复杂些的式子，如 a[i+j]、a[i++]、a[i+2]等，例如：

```
int a[8];        //数组长度为8，即有8个元素，相当于定义了a[0]~a[7]这8个变量
a[0]=2022;       //把2022存储到变量a[0]，a[0]就是数组元素的使用形式
```

（2）数组是一个包含多个成员的构造型变量，使用数组不能整体使用，必须把其元素当作变量单独使用。

例如，输出一个数组各元素的值，出于代码简洁、结构清晰的需要，一般使用循环语句。

```
for(i=0; i<10; i++)
    printf("%d ",a[i]);
```

使用数组必定要使用循环，不使用循环发挥不出使用数组会使代码简洁的优势。如把上面的循环写作下面 10 个语句：

```
printf("%d ",a[0]); printf("%d ",a[1]);...printf("%d ",a[9]);
```

虽然实现的功能相同，但这 10 个语句代码显然没有循环结构简洁。

另外，不要指望能把数组当作一个整体使用，如语句 printf("%d",a);的功能是把数组占据的存储空间的首地址作为一个整数输出，而不是输出 a 的所有元素的值。

【例 7.1】使用数组存储数值 0~9，然后逆序输出。

```
#include <stdio.h>
main( )
{
    int i,a[10];
    for(i=0;i<=9;i++)
        a[i]=i;                  //循环，依次把0~9赋给a[0]~a[9]
    for(i=9;i>=0;i--)
        printf("%d ",a[i]);      //依次输出a[9]~a[0]的值
}
```

运行结果：
9 8 7 6 5 4 3 2 1 0

程序说明：
数组按元素使用，以及循环变量作为数组元素下标的用法。

7.1.3 一维数组所分配的存储空间

定义一个数组，系统为数组分配一片连续的存储空间，这片存储空间的大小等于数组的数据类型所占字节数乘以数组的长度。如 int b[5]；系统将分配 5 个 int 类型数据所占的内存空间，一个 int 型变量占 4 个字节，即 20 个字节，这些字节是连续的，其中第 0~3 这 4 个字节是元素 b[0]的存储空间，第 4~7 这 4 个字节是 b[1]的存储空间，依此类推，数组 b 的元素在内存中的映象如图 7-2 所示。数组所分得的这块存储空间的首字节地址称为数组的地址。如图 7-2 中的内存空间，首字节的地址为 4C80，也就是数组 b 的地址为 4C80。数组名字表面上看像个变量的名字，实际上是个等于数组地址的符号常量。

为便于形象化地使用数组的地址，C 语言规定数组名是数组的地址。因此，语句 printf("%x",b);将按十六进制格式输出数组 b 的地址。数组的地址不能再使用取地址运算符&，如&b 是错误的，因为数组的名字 b 就是数组的地址。数组的某个元素，如 b[2]，它的地址为 b+2，也可以按照单个变量，使用&b[2]求得。设系统为数组申请的内存块首地址为 4C80，从 4C80 开始的 4 个字节就用于存放数组元素 b[0]的值，紧接着从 4C84 开始的 4 个字节存放 b[1]的值，依此类推。b[0]~b[4]这 5 个数组元素存放在从 4C80 开始的 20 个字节中。

内存地址（十六进制）	数组元素
4C80	b[0]
4C81	
4C82	
4C83	
4C84	b[1]
4C85	
4C86	
4C87	
4C88	b[2]
4C89	
4C90	
4C91	
4C92	b[3]
4C93	
4C94	
4C95	
4C96	b[4]
4C97	
4C98	
4C99	

7.1.4 一维数组的初始化

最基本的定义数组语句，只是指出数组的数据类型、数组名、数组长度，系统为所定义的数组在内存中分配一片连续的存储单元（字节），这些存储单元在被分配给数组之前原存储的就有值，因此，定义数组之后若没有给数组元素赋值，则数组各元素的值并不确定。如果误认为默认数组元素的初值为 0 而直接使用，则可能会发生逻辑错误。因此，编程者应考虑在使用之前，为数组的各个元素赋初值。赋初值有两种写法。

图7-2 数组b的元素在内存中的映像

（1）在定义数组的同时为数组元素赋初值，格式为：

类型标识符 数组名[长度表达式]={表达式1,表达式2, ..., 表达式n};

这种赋值方式又称为初始化，是在为该数组分配存储空间的同时为数组元素赋值。创建数组和为数组各元素赋值这两个功能用同一条语句完成。

大括号里用于为数组各元素赋值的数据用表达式表示，表达式之间要用逗号隔开。表达式通常是一个单独的常量，也可以是 a>5、i++之类的表达式，不过使用这种形式的表达式是自找麻烦。赋值规则是把赋值号后面大括号里的数据，按位置次序一对一地存储到数组的各个元素。即将表达式 1 的值赋给数组的第一个元素（下标为 0 的元素），表达式 2 的值赋给数组的第二个元素（下标为 1 的元素），依此类推。大括号里给出的表达式的个数不能超过数组元素个数，如果小于数组元素的个数，则按表达式出现的次序，依次赋给数组的下标从 0 开始的元素，后面没有表达式和它对应的数组元素，自动为其赋空值，即数值型的数组赋 0，字符型的数组赋 ASCII 值为 0 的空字符。例如：

```
int c[5]={1,2,3};
char b[5]={'a','b'};
```

初始化后的结果如图 7-3 所示。b[0]、b[1]存储的是字符 a、b 的 ASCII 值。

1	2	3	0	0	97	98	0	0	0
c[0]	c[1]	c[2]	c[3]	c[4]	b[0]	b[1]	b[2]	b[3]	b[4]

图7-3 数组c和b初始化结果

如果在定义数组的语句中列出足量的初值表达式，可以不写数组的长度，系统会自动把初值列表中表达式的个数作为数组的长度，例如：
```
int d[]={30,40,50};
```
系统自动根据{}里表达式的个数，确定数组 d 的元素个数为 3，并把 30,40,50 依次存储到 d[0]、d[1]、d[2]中。

（2）数组定义之后为数组元素赋初值，例如：
```
int d[3];
d[0]=30; d[1]=40; d[2]=50;
```
即定义数组和为数组元素赋值不是同一条语句，而且必须单独为数组的每个元素赋值。int d[3]; d={30,40,50},试图为数组 d 按集合的方式赋值是错误的。

7.1.5 一维数组与指针的配合使用

如前所述，数组是由若干个元素组成，每个元素都是一个相对独立的变量。数组名是一个代表数组首地址的符号常量。数组每一个元素也有自己的名字和地址。可以定义一个和数组的数据类型相同的指针变量，让它"指向"数组，由于数组的各元素在内存中是连续存放的，所以利用指向数组或数组元素的指针变量来使用数组，将更加灵活快捷。

1. 一维数组的地址和数组元素的地址

确切地说，数组名是代表数组地址的常指针变量，即 C 语言中类似符号常量的一种用变量表示常量的方法。即数组名本身是个变量的名字，它的值是数组的地址，但它又被限制为 const 类型，即数组名这个变量存储的值是始终不允许变化的"常值"。这样叙述反而令部分读者迷惑，故不妨就认为数组名是代表数组地址的符号常量。记住一个数组一旦创建成功（即系统为其分配了存储空间），则数组名代表的地址值便不可更改。凡是试图改变数组名值的操作，都将触发语法错误。

比如在函数中有定义 int a[5]={2,4,6,8,10};，数组名 a 虽然表面上看像个变量名，但试图为其赋值，如语句 a=&x;或 a++;都是错误的。

数组元素可按单个变量求其地址，如元素 a[2]的地址为&a[2]。也可以用数组名加下标的方式给出，如 a+2 也是元素 a[2]的地址，即&a[2]等价于 a+2，若以变量 i 表示下标，则有&a[i]等价于 a+i，a[i]等价于 *(a+i)。如要输出数组 a 所有元素的值，可写作地址引用形式：
```
for(i=0;i<5;i++)
    printf("%4d",*(a+i));
```
此处，printf("%4d",*(a+i));中的*(a+i)是使用地址形式访问数组元素 a[i]，printf("%4d",a[i]);中的 a[i]是按变量名形式访问数组元素，二者是等价的。

因为数组名是数组的首地址，而数组的首元素的下标为 0，故有 a、a+0、&a[0]三者等价，都是元素 a[0]的地址，也就是数组首元素的地址、数组地址。

2. "指向"一维数组的指针变量

数组名虽貌似指针变量，但其值不可更改。有时需要以指针变量的形式引用数组元素，则可以定义一个和数组同类型的指针变量，在将数组名赋给该指针变量之后，就可以按指针变量的方式访问数组了。这是比较常用的有关数组访问的编程方式，例如：

```
int i, a[10], *p;
p=a;    //将数组的地址赋给指针p
```

语句 p=a;和 p=&a[0];都符合语法规定，这两条语句的功能相同，都是使指针变量 p 指向数组 a 的首地址。之后，*p 是以地址方式访问数组的下标为 0 的元素。因为指针 p 是变量，所以可以执行 p=p+1;，加 "1" 之后，再执行*p，此时就是访问下标为 1 的元素了。

特别说明：对于指针变量 p，执行 p=p+1;，这里的加 "1" 不一定就是只给 p 的值加 1，实际加多少和指针变量所属的数据类型有关，如若指针变量 p 是 int 型的，p+1 实际上是 p+1*4，如果是 double 型的，p+1 实际上是 p+1*8，也就是 p 的值要增加一个该数据类型所约定的字节个数。

如果 p "指向" 数组，如上面 p=a;，也就是 p 的值是元素 a[0] 的地址，因为数组 a 是 int 类型的，一个元素要占用连续的 4 个字节，所以若设 a[0] 的地址为 1234（十进制），则 a[1] 的地址是 1238，a[i] 的地址是 1234+i*4。而 p 的初值是 a[0] 的地址，即 p 的值为 1234，此时执行 p=p+1;，读者不要认为 p 的值变为 1235，而是 1238，变成了元素 a[1] 的地址。

当 p "指向" 数组时，p=p+1 是让指针 p 指向下一个元素。

数组名是 a 是指向 a[0] 的指针，*(a+i) 是对 a[i] 的引用。而实际上，对数组的引用，如 a[i] 在编译时总是被编译器改写为*(a+i)的形式。如果指针 p 的值是数组 a 的首地址，则表达式 p[i] 就是对数组元素 a[i] 的引用，这种表示方法称为 "指针/下标表示法"。

如果指针 p "指向" 数组的首地址，那么*(p+i)、a[i]、p[i] 具有相同的意义，都表示第 i 个元素。

于是，输出数组 a 的各元素的值也可以写作依据指针变量访问形式。

```
for(i=0;i<5;i++)
    printf("%4d",*(p++));
```

循环体语句或者写作 printf("%4d",*(p+i));，输出结果相同，但写作*(p++)时，每循环一次，指针变量 p 的值增加 1，即指向下一个元素的地址。循环结束，p 指向数组的最后一个元素的地址，在循环过程中 p 的值由 "指向" 元素 a[0] 到 "指向" 元素 a[4]。而写作*(p+i)，指针 p 的值始终未发生改变。

【例 7.2】使用指针变量操作数组。

```
#include <stdio.h>
main( )
{
    int a[5],k,*p;                  //定义数组a与同类型的指针变量p
    p=a;      // 使p指向a的第一个元素
    for(k=0;k<5;k++)
        scanf("%d",p++);            //输入5个数，依次存入元素a[0]~a[4]
    p=a;                            //令p重新指向数组a的第一个元素
    for(k=0;k<5;k++)
        printf("%6d",*(p++));       //依次输出数组元素a[0]~a[4]的值
}
```

运行结果：
```
输入：3 4 2 1 6
输出：   3   4   2   1   6
```

可见，指针与数组配合使用后，对数组元素的操作可以写出多种访问方式。例 7.2 中，如果第一个循环中 scanf("%d",p++);写作 scanf("%d",p+k);，则其后的 p=a;语句可删除。这说明，不同的写法，程序代码的精炼程度也不一定相同。而要写出精巧、简洁的代码，需要建立在对数组、指针变量的有关概念准确理解的基础上。

【例 7.3】使用不同的方式输出数组各元素的值。

```c
#include <stdio.h>
main( )
{
    int a[5]={1,3,5,7,9};
    int i,*p;
    for(i=0;i<5;i++)  printf("%6d",a[i]);     //以数组元素下标方式
    printf("\n");
    for(i=0;i<5;i++)  printf("%6d",*(a+i)); //以数组元素的地址方式
    printf("\n");
    for(p=a;p<a+5;p++)  printf("%6d",*p);    //以指针变量方式
    printf("\n");
    p=a;
    for(i=0;i<5;i++)  printf("%6d",p[i]);     //把指针变量当作数组名，元素下标方式
}
```

运行结果：
```
1    3    5    7    9
1    3    5    7    9
1    3    5    7    9
1    3    5    7    9
```

7.1.6 使用一维数组的程序举例

【例 7.4】输入一组整数，输出其中的最大值及其所在数组元素的下标。

分析：可用 for 循环输入 N 个整数，求最大值采用"打擂台"的方法实现。即设置擂台变量 max，并设定擂主为数组中第一个数组元素的值，同时记录当前最大值下标 k。用 for 循环访问其他数组元素，依次和 max 进行比较，如遇到比 max 大的，则更新 max 的值，同时更新最大值下标。循环结束后 max 即为 N 个数中的最大值，k 即为最大值的下标。

程序如下：
```c
#define N 5              //定义符号常量N
#include <stdio.h>
main()
{
    int i,k,max;
    int a[N];            //定义数组a
    for(i=0;i<N;i++)
        scanf("%d",&a[i]);  //接收N个整数，依次存入a[0], a[1], …, a[N-1]
```

```
        max=a[0];                //假定第一个元素是最大的
        k=0;                     //用k记下当前所找到最大值的元素下标
        for(i=1;i<N;i++)         //把a[1]~a[N-1]中的数逐一和max存储的当前最大值进行比较
            if(max<a[i])         //如果a[i]>max,则a[i]是a[0]~a[i]这些数中的最大值
            {
                max=a[i];        //把a[i]的值更换max原存储值,因为a[i]目前最大
                k=i;             //记下当前最大数所在数组元素的下标
            }
        printf("最大值=%d,下标=%d",max,k);
}
```

运行结果:

输入: 34 23 65 46 76
输出: 最大值=76,下标=4

【例 7.5】 对存储在数组中的 10 个学生的成绩进行递增排序,并输出排序结果。

分析:排序有多种方法,这里介绍一种选择排序算法。基本思路是对 n 个数排序,分 $n-1$ 轮进行,第 1 轮,从数组所有元素中找出最小的元素,让它和数组的第 1 个元素交换,此轮把数组的第 1 小的元素放置到位。第 2 轮,把除已经摆放到位的第一个元素之外的剩余部分元素中找出最小的元素,让它和数组的第 2 个元素交换,将数组的第 2 小的元素放置到位。依此类推,直到第 $n-1$ 轮,把数组的第 $n-1$ 小元素放置到位。

图 7-4 显示了一组数据的排序过程。第 1 轮,先找到第 1 小的数 45 所在的元素,让它和 s[0] 交换。第 2 轮,找到除 45 之外的最小数,实际是整个数组中第 2 小的元素,让它和 s[1] 交换。依次类推,直到排序完成。

s[0]	s[1]	s[2]	s[3]	s[4]	s[5]	s[6]	s[7]	s[8]	s[9]	
56	78	98	77	65	100	88	45	79	99	初值,未进行排序
45	78	98	77	65	100	88	56	79	99	将 10 个数中最小的与 s[0] 对换
45	56	98	77	65	100	88	78	79	99	将余下的 9 个数中最小的与 s[1] 对换
45	56	65	77	98	100	88	78	79	99	将余下的 8 个数中最小的与 s[2] 对换
45	56	65	77	98	100	88	78	79	99	将余下的 7 个数中最小的与 s[3] 对换
45	56	65	77	78	100	88	98	79	99	将余下的 6 个数中最小的与 s[4] 对换
45	56	65	77	78	79	88	98	100	99	将余下的 5 个数中最小的与 s[5] 对换
45	56	65	77	78	79	88	98	100	99	将余下的 4 个数中最小的与 s[6] 对换
45	56	65	77	78	79	88	98	100	99	将余下的 3 个数中最小的与 s[7] 对换
45	56	65	77	78	79	88	98	99	100	将余下的 2 个数中最小的与 s[8] 对换

图7-4 选择排序法每趟数据交换情况

程序如下:

```
#include <stdio.h>
main()
{
    int i,j,temp,s[10];        //数组s用于存储10个学生的成绩
    printf("请输入10个学生的成绩: ");
    for(i=0;i<10;i++)
```

```
        scanf("%d",&s[i]);        //将输入的10个整数依次存入s[0]~s[9]
    int min, p;                   //分别用于记住找到的最小数及其所在元素的下标
    for(i=0;i<10;i++)             //外循环，每循环一次将一个数摆放到位
    {  //每执行一次循环体，实现将找到的最小数所在的元素与元素s[i]交换
        min=s[i];                 //暂将s[i]作为最小值
        p=i;                      //用p记住当前最小值所在元素的下标
        for(j=i;j<10;j++)         //从下标i到9，寻找s[i]~s[9]中的最小值所在的元素
            if(min>a[j])          //如果a[j]<min，说明a[j]是当前的最小值，记住它的下标
            { p=j; min=a[j]; }    //始终用min存储截至当前找到的最小值，p存储下标
        if(i!=p)   //若本轮找到的最小值所在元素的下标p不等于i，需要交换s[p]与s[i]
        {
            temp=s[i];            //将s[i]的值存储到temp
            s[i]=s[p];            //将s[p]的值存储到s[i]，s[i]原值被替换为s[p]的值
            s[p]=temp;            //用temp存储的原s[i]的值去替换s[p]存储的值
        }                         //此三行语句实现元素s[p]与s[i]所存储值的交换
    }
    for(i=0;i<10;i++)             //输出排序好的学生成绩，每个数占5列宽度
        printf("%5d",s[i]);
}
```

运行结果：

请输入10个学生的成绩：56 78 98 77 65 100 88 45 79 99
输出： 45   56   65   77   78   79   88   98   99   100

【例 7.6】 从键盘输入一个多位的正整数，判断其是否为回文数。所谓回文数，是指一个整数，正序和逆序读是一样的。如整数 12321、1357531。

分析：如果将每位数字按顺序保存在数组 digit 中，根据回文数的特点，将分解出的数字序列的左、右两端数字两两比较，并向中间靠拢，用 i、k 两个变量记录两端数字序号，若直到位置重叠时各位数字都相等，则为回文数，否则不是。按顺序保存每位数字的处理，用 m 中的数除以 10 求余数，是求得 m 的个位数，将其保存在数组 digit[k]中，然后用 m 除以 10 的商替换 m，也就是相当于把 m 的个位数字抹掉，如此循环直到 m 等于 0 时，即可把 m 中的数字逐个分离出来。

程序如下：

```
#include <stdio.h>
main( )
{
    int i,k;
    long long n,m;                //用于存储长整型数据，因输入的整数要求多位
    int digit[10];                //用于存储把长整数分离成的各位上的数字
    printf("请输入一个不超过10位的整数: ");    //操作提示
    scanf("%lld",&n);             //从键盘输入多位的整数存入变量n
    m=n;                          //把n的值赋给m，对m分离数字，把n的原值保护起来
    k=0;                          //作为元素下标
    while(m!=0)                   //循环将m存储的数分离为一位一位的数字，当m等于0时分离完毕
    {
        digit[k]=m%10;            //m除以10的余数是最低位数字，把它存入数组元素
        k++;                      //下标k增1
```

```
            m=m/10;                    // m除以10的商再存入m,相当于抹去了最低位数字
    }
    k--;                           //当m中的数分离完成,k的值多增加了一次,故要减回
    for(i=0;i<k;i++,k--)           //判断是否为回文数
        if(digit[i]!=digit[k]) break;          //不相等,则不是回文数,提前退出循环
    if(i<k)
        printf("%lld不是回文数. ",n);
    else
        printf("%lld是回文数. ",n);
}
```

运行结果:

请输入一个不超过10位的整数:12345
12345不是回文数.

如果再次运行时改变输入数据,运行结果:

请输入一个不超过10位的整数:12321
12321是回文数.

7.2 二维数组

7.2.1 二维数组的定义

二维数组是具有两个下标的数组。二维数组的定义形式为:

类型标识符　数组名[长度表达式1][长度表达式2];

例如,int a[3][4];,该语句定义了一个名为 a 的二维数组。根据该语句可知:

(1)数组 a 中每个元素都是 int 型。

(2)数组 a 中共有 3×4 个元素。

(3)数组 a 的逻辑结构是一个具有如下形式的 3 行 4 列的矩阵(或表格)。

	第 0 列	第 1 列	第 2 列	第 3 列
第 0 行	a[0][0]	a[0][1]	a[0][2]	a[0][3]
第 1 行	a[1][0]	a[1][1]	a[1][2]	a[1][3]
第 2 行	a[2][0]	a[2][1]	a[2][2]	a[2][3]

二维数组适合表示具有行和列的数据表格(矩阵)。二维数组的第一个下标称为行下标,用于标识数组元素所在行的行号,第二个下标称为列下标,用于标识数组元素所在列的列号。行号与列号均从 0 开始。如元素 a[0][2]位于数组 a 的第 0 行第 2 列的位置。

C 语言允许把二维数组按"一维"数组使用,只不过这个一维数组的每个元素,也是一个一维数组。如上文定义的数组 a,可以看成是由 a[0]、a[1]、a[2]3 个元素组成的一维数组,其中每个元素又是一个由 4 个元素组成的一维数组,如 a[0]是由 a[0][0]、a[0][1]、a[0][2]、a[0][3]组成的一个一维数组,a[0]是这个一维数组的数组名。

7.2.2 二维数组的使用方法

使用二维数组,像一维数组一样,也是把其元素作为变量单独使用。使用二维数组元素时,

要求两个下标都必须给出具体值。使用二维数组的某个元素的形式为：

数组名[行下标][列下标]

例如：

```
a[2][1]=50;                    //赋值
printf("%d",a[2][1]);          //作为调用函数的实参
```

把 a[2][1]当成变量名便不难理解上述用法。使用时，每个下标均不允许越界。

要想发挥二维数组的优势，也离不开与循环的配合使用。因为二维数组有两个可以变化的下标，故二维数组多与双重循环配合使用。如下面的代码段，实现为二维数组的每个元素赋值的功能。

```
int i,j, a[4][3];              //定义循环变量i、j，4行3列的二维数组a
for(i=0;i<4;i++)               //循环变量i用作行下标
    for(j=0;j<3;j++)           //循环变量j用作列下标
        a[i][j]=i*3+j;         //将元素a[i][j]在二维数组a中的位序数赋给a[i][j]
```

【例 7.7】 矩阵转置。矩阵各元素存储到一个二维数组中，转置后存到另一个二维数组中。例如，

$$a = \begin{bmatrix} 1 & 4 & 7 & 10 \\ 2 & 5 & 8 & 11 \\ 3 & 6 & 9 & 12 \end{bmatrix} 转置后变成 b = \begin{bmatrix} 1 & 2 & 3 \\ 4 & 5 & 6 \\ 7 & 8 & 9 \\ 10 & 11 & 12 \end{bmatrix}$$

a 是一个 3 行 4 列的矩阵，转置后变成 4 行 3 列的矩阵 b。

分析：根据题意，定义两个二维数组 a 与 b，且 a 的行数等于 b 的列数，a 的列数等于 b 的行数。数组 a 直接初始化为原矩阵，然后利用循环，把 a[i][j]的值赋给 b[j][i]。

程序如下：

```
#include <stdio.h>
main()
{
    int i,j;                   //要使用双重循环，定义两个循环变量
    //定义数组b,a并给数组a赋初值
    int b[4][3],a[3][4]={{1,4,7,10},{2,5,8,11},{3,6,9,12}};
    for(i=0;i<3;i++)
        for(j=0;j<4;j++)
            b[j][i]=a[i][j];   //把a[i][j]转置到b[j][i]，注意二者的两个下标值
    for(j=0;j<4;j++)           //输出转置后的矩阵，j控制b的行下标，外循环
    {
        for(i=0;i<3;i++)       // i控制b的列下标，内循环
            printf("%6d ",b[j][i]); //内循环执行一次，输出b的一行元素存储的值
        printf("\n");          //一次内循环结束，一行输出完毕，要换行
    } //至此一次外循环执行结束，转至j++，判断是否再次执行外循环
}
```

运行结果：

```
1     2     3
4     5     6
7     8     9
```

【例 7.8】 输入 m×n 整数矩阵，将矩阵中最大元素所在的行和最小元素所在的行对调后输出（m、n 小于 10）。

分析：首先确定二维数组各维长度。因为 m、n 都是未知量，要进行处理的矩阵行列大小是变量。但可以定义一个比较大的二维数组，只使用其中的部分数组元素，这是宽备窄用的设计思想。本例中 m、n 均小于 10，可以定义 10×10 的二维数组。

接着考虑实现题目要求。首先需要找到该二维数组的最大元素和最小元素，并记录最大元素和最小元素所在的行号 nMax 和 nMin。然后，使用循环，将 nMax 所在行的所有元素和 nMin 所在行的所有元素对换。

程序如下：

```
#include <stdio.h>
main()
{
    int Mat[10][10],Min,Max,T;        //定义二维数组，变量Min、Max存储最小值、最大值
    int i,j,m,n,nMax=0,nMin=0;        // nMax、nMin存储最大值、最小值所在的行号
    printf("输入矩阵的m值:\n");        //输入矩阵的m和n
    scanf("%d",&m);
    printf("输入矩阵的n值:\n");
    scanf("%d",&n);
    printf("\n按行列输入矩阵Matrix(%d*%d)的每个元素:\n",m,n);
    for(i=0;i<m;i++)                  //双重循环，实现将输入的数据依次存储到二维数组Mat
        for(j=0;j<n;j++)              //按行优先，此内循环执行一次，实现为一行元素赋值
            scanf("%d",&Mat[i][j]);//赋值的次序为[0][0]~0][n-1]~[m-1][n-1]
    //下面遍历二维数组的每个元素，记录最大元素所在的行号和最小元素所在的行号
    Min=Max=Mat [0][0];
    for(i=0;i<m;i++)
        for(j=0;j<n;j++)
        {
            if(Mat[i][j]>Max)
            {
                Max=Mat[i][j]; //记Mat[i][j]为截至当前已遍历过的数据中的最大值
                nMax=i;        //记下当前最大值所在元素的行下标
            }
            if(Mat[i][j]<Min)
            {
                Min=Mat[i][j]; //记Mat[i][j]为截至当前已遍历过的数据中的最小值
                nMin=i;        //记下当前最小值所在元素的行下标
            }
        }
    for(j=0;j<n;j++)           //此循环将最大数所在行和最小数所在行的元素按列对应互换
    { //以下代码交换Mat[nMax][j]与Mat[nMin][j]的值
        T=Mat[nMax][j];
        Mat[nMax][j]=Mat[nMin][j];
        Mat[nMin][j]=T;
    }
    printf("\n打印输出结果: \n");      //打印输出结果
    for(i=0;i<m;i++)
```

```
        {
            for(j=0;j<n;j++)
                printf("%d ",Mat[i][j]);
            printf("\n");
        }
}
```

运行结果：

输入矩阵的m值：
4
输入矩阵的n值：
4
按行列输入矩阵Mat(4*4)的每个元素：
1   4   57   7
43   5   6   8
-1   4   6   8
5   6   7   8
打印输出结果：
-1   4   6   8
43   5   6   8
1   4   57   7
5   6   7   8

7.2.3　二维数组所分配的存储空间

二维数组的两个下标表明可在行、列两个方向上变化。7.2.1 节列出的二维数组 a[3][4]的表格，很容易给人一个误解，即在内存空间的分配上，误认为数组 a 的各元素就如同上面表格所示地占据一块矩形的平面。但是，内存的各存储单元是按一维线性排列的，可简单地理解为内存所有的存储单元是排成一列的。那么如何在排成一列的存储单元中为二维数组分配存储空间？可有两种方式，一种是按行优先排列，即先按顺序把一行元素分配存储空间之后，再接着为下一行的各元素分配存储空间。如上面的数组 a，其各元素所分配的存储空间顺序为 a[0][0]、a[0][1]、a[0][2]、a[0][3]、a[1][0]、a[1][1]、a[1][2]、a[1][3]、a[2][0]、a[2][1]、a[2][2]、a[2][3]。另一种是按列优先排列，即放完一列之后再顺次放入第二列，还是上面的数组 a，按列优先的排列次序为 a[0][0]、a[1][0]、a[2][0]、a[0][1]、a[1][1]、a[2][1]、a[0][2]、a[1][2]、a[2][2]、a[0][3]、a[1][3]、a[2][3]

在 C 语言中，二维数组是按行优先排列的。了解这一规定主要用于解决有关求数组元素地址题目。例如，已知 int 型二维数组 a[3][4]的首地址为十进制数 100，一个 int 型变量占 4 个字节，问元素 a[2][1]的地址是多少？求解此类问题，数组元素的排列方式不同，答案是不同的。因为某个元素的地址计算公式是：某元素的地址=数组的首地址+（该元素是首元素之后的位置序号）×一个元素所占字节数。如果按行优先，a[2][1]是 a[0][0]后第 9 个，地址为 100+4×9。如果按列优先，则 a[2][1]是 a[0][0]后第 5 个，地址为 100+4×5。而在实际编程时，几乎不会出现需要编程者考虑数组的某个元素的存储地址的情景。使用变量，只需按名访问即可，而不必知晓其具体的地址。

（1）执行二维数组的定义语句，系统为它分配存储空间。如果两个下标是[m][n]，则分配的总空间大小是 m×n×数组一个元素所占内存的字节个数。例如，int bb[2][3];，因为 int 型变量占用 4 个字节，那么数组 bb[2][3]需要 2×3×4=24 个字节的内存。

（2）二维数组元素在内存中按行优先存放。即先顺序存放第一行的数组元素，然后存放第二行的数组元素，依此类推。上述的二维数组 bb 在内存中的映像如图 7-5 所示（假设系统为 bb 分配内存的首地址为 5C80）。

超过二维的数组称为多维数组，多维数组的定义、引用和存储等方式与二维相似。例如，可以定义一个三维的数组。

```
int c[2][3][4];
```

三维数组的三个下标从左到右可依次视为页下标、行下标、列下标，元素在内存中的排列的优先次序是页、行、列，这样，最左边的页下标变化得最慢，最右边的列下标变化得最快。上述三维数组 c 的数组元素排列顺序如下：

c[0][0][0]　c[0][0][1]　c[0][0][2]　c[0][0][3]
c[0][1][0]　c[0][1][1]　c[0][1][2]　c[0][1][3]
c[0][2][0]　c[0][2][1]　c[0][2][2]　c[0][2][3]
c[1][0][0]　c[1][0][1]　c[1][0][2]　c[1][0][3]
c[1][1][0]　c[1][1][1]　c[1][1][2]　c[1][1][3]
c[1][2][0]　c[1][2][1]　c[1][2][2]　c[1][2][3]

内存地址 （十六进制）	数组元素名称
5C80	bb[0][0]
5C81	
5C82	
5C83	
5C84	bb[0][1]
5C85	
5C86	
5C87	
...	...
...	
...	
5CA0	bb[1][2]
5CA1	
5CA2	
5CA3	

图7-5　数组bb在内存中的映像

前三行构成第 0 页，后三行构成第 1 页。

高于三维的数组，其元素在内存中的分布及使用方法与三维数组类似。不建议使用三维以上的数组。

7.2.4　二维数组的初始化

在定义二维数组时给数组元素赋初值有以下几种形式：

（1）按行对数组元素赋初值。利用大括号和逗号实现，内部的大括号个数与行数依次对应，表示行的括号内的元素也是依次对应。例如，int bb[3][4]={{1,2,3,4},{5,6,7,8},{9,10,11,12}};，初始化的结果用二维表格表示如图 7-6 所示。

第一行元素的值	1	2	3	4
第一行元素下标	bb[0][0]	bb[0][1]	bb[0][2]	bb[0][3]
第二行元素的值	5	6	7	8
第二行元素下标	bb[1][0]	bb[1][1]	bb[1][2]	bb[1][3]
第三行元素的值	9	10	11	12
第三行元素下标	bb[2][0]	bb[2][1]	bb[2][2]	bb[2][3]

图7-6　数组bb赋初值的结果

相当于把二维数组 bb 当成 3 个名字分别为 bb[0]、bb[1]、bb[2]的一维数组，外层大括号里的 3 对大括号，分别实现对 bb[0]、bb[1]、bb[2]这 3 个一维数组的初始化。

（2）外层大括号里的大括号对，可以少于将这个二维数组当作一维数组用时它包含的一维数组的个数，内层大括号里的数据也可以少于一维数组的长度，对缺少的值，为对应元素赋初值 0。例如，int bb[3][4]={{1,2,3,4},{5,6,7}};，初始化结果用二维表格表示如图 7-7 所示。

第一行元素的值	1	2	3	4
第一行元素下标	bb[0][0]	bb[0][1]	bb[0][2]	bb[0][3]
第二行元素的值	5	6	7	0
第二行元素下标	bb[1][0]	bb[1][1]	bb[1][2]	bb[1][3]
第三行元素的值	0	0	0	0
第三行元素下标	bb[2][0]	bb[2][1]	bb[2][2]	bb[2][3]

图 7-7 小于元素总数数组 bb 赋初值的结果

把二维数组 bb[3][4]当成一维数组共有 bb[0]、bb[1]、bb[2]3 个，而初始化语句中外层大括号里只给了两个大括号对，故第 3 个一维数组 bb[2]的各元素均赋默认值 0。第二个大括号对里只给出 3 个数，而一维数组 bb[1]有 4 个元素，故其第 4 个元素 bb[1][3]赋默认值 0。

（3）可以在一对大括号里不分行地给出数据，此时，系统将按行优先顺序为二维数组的元素从下标[0][0]开始依次赋值，若{}内列出的数据个数小于二维数组的元素总数，则{}里缺少的元素赋缺省值 0。

例如，int bb[3][4]={1,2,3,4,5,6,7,8,9};，二维数组 bb 有 12 个元素，{}内只有 9 个数，则认为后面补了 3 个 0，凑够 12 个数，以便一一对应赋值。

该语句实现的初始化结果用二维表格表示如图 7-8 所示。

第一行元素的值	1	2	3	4
第一行元素下标	bb[0][0]	bb[0][1]	bb[0][2]	bb[0][3]
第二行元素的值	5	6	7	8
第二行元素下标	bb[1][0]	bb[1][1]	bb[1][2]	bb[1][3]
第三行元素的值	9	0	0	0
第三行元素下标	bb[2][0]	bb[2][1]	bb[2][2]	bb[2][3]

图 7-8 一个大括号数组 bb 赋初值的结果

（4）如果提供全部的初值数据，此时可以不指定第一维的长度。例如，int a[][3]={1,2,3,4,5,6,7,8,9};，系统根据{}里给出数据个数 M 和第二维长度 N 计算 a 的第一维长度，计算方法是 M 除以 N 的商向上取整，即如果商是整数，则商就是第一维的长度，如果商带小数，如 3.1，则向上取整把 4 作第一维的长度。本例中二维数组 a 的第一维长度是 9/3，即相当于定义了一个 3 行 3 列的数组。这样，除了少写一个长度之外，并没有其他好处。

无论第一维的长度是否省略，第二维的长度均不能省略，否则导致编译出错。

7.2.5 二维数组和指针的配合使用

1. 二维数组的地址与二维数组元素的地址

二维数组实质上就是一个一维数组，只不过其数组元素又都是一个一维数组。若有定义 int

a[2][3];，则可认为数组 a 由 a[0]、a[1]两个元素组成，而 a[0]、a[1]又分别是由 3 个整型元素组成的一维数组。可用 a[0][0]、a[0][1]等引用数组 a[0]中的每个元素，a[0]作为数组的名字，是数组 a[0]的地址。

int a[2][3];定义的二维数组 a 各元素的分布如：

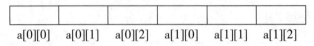
a[0][0]　　a[0][1]　　a[0][2]　　a[1][0]　　a[1][1]　　a[1][2]

可见，元素 a[0][0]既是二维数组 a 的首元素，又是一维数组 a[0]的首元素，故 a、a[0]、&a[0][0]三者的值是相等的，特别地，因为把二维数组 a 当作一维数组用时，a[0]是它的首元素，当把 a[0]当成元素时它的地址为&a[0]，故&a[0]的值也与 a、a[0]、&a[0][0]三者的值相等。作为验证，运行下面的程序，观察输出值，会发现 a、a[0]、&a[0][0] 、&a[0]的值是相同的。

```
#include <stdio.h>
main()
{
    int a[3][5];
    printf("%x,%x,%x,%x",a,a[0],&a[0][0],&a[0]);
}
```

读者会对 a[0]与&a[0]的值相等感觉不解，这是因为 a[0]既是把二维数组 a 当作一维数组的元素，又是 a[0]这个一维数组的名字。它当数组名字时，本身就是地址，它被看作是元素时，其地址需要用&求出，因此&a[0]==a[0]，这是二维数组在地址规定方面的特殊之处。

虽然 a、a[0]、&a[0][0] 、&a[0]的值相等，但它们代表的含义并不完全相同。如 a 是二维数组的名字，a+1 等价于 a[1]，即 a 的值加 1 将滑过一行元素，是元素 a[1][0]的地址，也就是把二维数组 a 当作一维数组时它的元素 a[1]的地址。

而 a[0]是一维数组的名字，a[0]+1 是 a[0]数组的元素 a[0][1]的地址。这是因为，a[0]就是第 0 行的首地址，该行的其他元素地址也可以用数组名加序号来表示 a[0]+1、a[0]+2、a[0]+3。对于 a[1]、a[2]也是相同的道理。

对于二维数组 a，需注意区分以下表示的不同含义：

（1）二维数组的名字 a 是数组的首地址，是个常量指针，其值不可更改。

（2）a+i、&a[i]是二级指针，指向第 i 行首地址。

（3）a[i]、*(a+i)、&a[i][0]是一级指针，指向第 i 行第 0 列，其地址值与 a+i、&a[i]相同。注意*(a+i)是地址(a+i)的存储空间里存储的对象，这是因为在二维数组中，a 指向行，故 a+i 第 i 行的地址，也就是 a+i 将从二维数组的首行（第 0 行）越过 i 行而指向第 i 行的行首。

（4）a[i]+j、*(a+i)+j、& a[i][j]表示元素 a[i][j]的地址。

（5）*(a[i]+j)、*(*(a+i)+j)表示元素 a[i][j]。如*(a[i]+j)=3;是将 3 存入元素 a[i][j]中。

【例 7.9】使用指针变量，输出二维数组的各元素的值。

分析：对于二维数组 a[2][3]，a[0]是第 0 行首地址，a[0]+2 是该行第 2 列元素的地址，那么使用*运算符作用于地址，可得该地址存储的数值，即*(a[0]+2)就是元素 a[0][2]。依次类推，a[1]是第 1 行首地址，a[2]是第 2 行首地址，用循环即可遍历所有元素。

程序如下:
```c
#include<stdio.h>
main( )
{
    int a[2][3]={0,1,2,3,4,5};          //定义二维数组并初始化
    int i,j,*p;           //定义指针变量p
    for(i=0;i<2;i++)      //方式1
    {
        for(j=0;j<3;j++)
            // a[i]是 i 行首地址, a[i]+j 是 i 行 j 列元素的地址
            printf("%5d",*(a[i]+j));
        putchar('\n');                  //输出换行符
    }
    for(i=0;i<2;i++)                    //方式2
    {
        for(j=0;j<3;j++)
            printf("%5d",*(*(a+i)+j));  // *(a+i)+j 是 i 行 j 列元素的地址
        putchar('\n');                  //输出换行符
    }
    p=a[0];              //把二维数组a当作一维数组,p指向第一个元素,注意不是p=a;
    for(i=0;i<2;i++)                    //方式3
    {
        for(j=0;j<3;j++)
            printf("%5d",*(p++));       //输出 p 所指示的元素,一次循环输出一行
        putchar('\n');                  //输出换行符
    }
}
```

运行结果:

0	1	2
3	4	5
0	1	2
3	4	5
0	1	2
3	4	5

程序说明:

对方式 1, *(a[i]+j)中 a[i]是 i 行首地址, a[i]+j 是 i 行 j 列元素的地址, 因此*(a[i]+j)是代表 i 行 j 列的元素; 对方式 2, *(*(a+i)+j)中*(a+i)是 i 行首地址, *(a+i)+j 是 i 行 j 列元素的地址, 因此*(*(a+i)+j)是代表 i 行 j 列的元素; 对方式 3, 把二维数组 a 当作一维数组, p 指向第一个元素, p 增1, 是将 p 所指移到本行的下一个元素, 在循环体中每次输出一个元素, 并将指针 p 增1, 使之移到本行的下一个元素。利用二维数组元素按行顺序存储这一特点, 将数组进行输出。*(p++)是先引用 p, 取到*p 后再 p+1。但如果将 p=a[0];改为 p=&a[0][0]; 所得结果是相同的, 而改成 p=&a[0] ; 或 p=a;将触发语法错误, 验证了虽然 a、a[0]、&a[0][0] 、&a[0]的值是相同的, 但它们的含义不同。

2. 指向二维数组的指针变量

指向二维数组的指针变量有两种情况，一是直接指向数组元素的指针变量，二是指向一个含有 m 个元素的一维数组的指针变量。对于这两种不同形式的指针变量，在使用方法上也有所不同。

（1）指向数组元素的指针变量。此类指针变量的定义与普通指针变量定义相同，其类型与元素的数值类型相同。

【例 7.10】 用指向数组元素的指针输出二维数组所有元素所存的值，并将数组最大元素及其所在元素的行列下标值输出。

```c
#include <stdio.h>
main( )
{
    int i,j,m,n,max;
    int a[2][3]={1,2,3,4,5,6};
    int *p;                       //定义指针变量p
    p=a[0];                       //指针p指向数组 a 的第 0 行首地址
    max=*p;                       //先把p所指向元素存储的值作为最大值
    m=n=0;
    for(i=0;i<2;i++)              //先输出数组a的所有元素存储的值
    {
        printf("\n");             //先换行
        for(j=0;j<3;j++)          //输出一行元素的值
        {
            printf("%-5d",*p);    //输出p所指向元素的值
            if(max<*p)            //如p所指向元素的值是目前位置最大的,将其赋给max
            {
                max=*p;
                m=i; n=j;         //记住当前最大值所指元素的两个下标值
            }
            p++;                  //指针p指向本行的下一个元素
        }
    }
    printf("\n max is:a[%2d][%2d]=%-5d",m,n,max);
}
```

运行结果：

```
1    2    3
4    5    6
max is:a[1][2]=6
```

程序说明：

本程序采用的方法实际上是利用二维数组按行顺序存储各元素的特点，使用普通指针变量 p 指向数组的某元素，p++则指向下一个元素。在程序中，语句 p=a[0]不能写成 p=a，因为 p 是一个指向整型变量的一级指针，而 a 指向第 0 行的 a[0]，a[0]不是整型变量，它是一个指向该行的指针，故 a 是二级指针。同理，a+1，a+2 也是二级指针指向第一行，第二行。因为 p 是一维指针变量， a 是二维地址，类型不匹配，不能够直接赋值。

【例 7.11】用二维数组的名字输出二维数组所有元素所存的值,并将数组最大元素及其所在元素的行列下标值输出。

```
#include<stdio.h>
main( )
{
    int i,j,m,n,max;
    int a[2][3]={1,2,3,4,5,6};
    m=n=0;
    max=**a;                        //第一个元素赋给 max, **a 等价于*(*(a+0)+0)
    for(i=0;i<2;i++)
    {
        printf("\n");               //先换行
        for(j=0;j<3;j++)
        {
            printf("%-5d",*(*(a+i)+j));
            if(max<*(*(a+i)+j))
            {
                max=*(*(a+i)+j);
                m=i; n=j;
            }
        }
    }
    printf("\nmax is:a[%2d][%2d]=%-5d",m,n,max);
}
```

运行结果:

```
1    2    3
4    5    6
max is:a[ 1][ 2]=6
```

(2)指向一维数组(二维数组的一行)的指针,也称为行指针。行指针的定义形式为:

类型说明符　(*指针变量名)[长度]

其中,"类型说明符"为所指数组的数据类型。"*"表示其后的变量是指针类型。"长度"表示二维数组分解为多个一维数组时,一维数组的长度,也就是二维数组的列数。应注意"(*指针变量名)"两边的括号不可少,如缺少括号则表示是指针数组,意义就不同了。

若有以下定义:

int a[3][2],(*p)[2];

在说明符(*p)[2]中,由于一对圆括号的存在,所以*号首先与 p 结合,说明 p 是一个指针变量,然后再与说明符[2]结合,说明指针变量 p 的基类型是一个包含有 2 个 int 元素的数组。在这里,p 的基类型与 a 的相同,因此 p=a,是合法的赋值语句。p+1 等价于 a+1,等价于 a[1]。当 p 指向 a 数组的开头时,可以通过以下形式来引用 a[i][j]:

```
(1) *(p[i]+j)        //与*(a[i]+j)对应
(2) *(*(p+i)+j)      //与*(*(a+i)+j)对应
(3) (*(p+i))[j]      //与(*(a+i))[j]对应
(4) p[i][j]
```

在这里,p 是个指针变量,它的值可变,而 a 是一个符号常量。

【例 7.12】行指针的应用举例。

```c
#include<stdio.h>
main( )
{
    int a[3][4]={0,1,2,3,4,5,6,7,8,9,10,11};
    int (*p)[4];
    int i,j;
    p=a;
    for(i=0;i<3;i++)
    {
        for(j=0;j<4;j++)
            printf("%2d ",*(*(p+i)+j));
        printf("\n");
    }
}
```

运行结果：

```
 0  1  2  3
 4  5  6  7
 8  9 10 11
```

例如，如果主函数中有以下定义和函数调用语句：

```c
#include <stdio.h>
#define M 2
#define N 3
main( )
{
    double a[M][N];
    ...
    fun(a);
    ...
}
```

则 fun() 函数的首部可以是以下三种形式之一：

```
fun(double (*a)[N])
fun(double a[ ][N])
fun(double a[M][N])
```

7.3 数组作函数的参数

前文已知，在定义函数的函数头代码中，()里的参数称为形参，而在调用函数的语句中，()里给出的是实参。形参在乎数据类型和名称，函数体内使用形参按假想的数据编写表达式，实参在乎数据类型和值，调用函数先把实参值传递给形参变量。数组也是变量，只不过它是一个复合型变量。如果自定义函数要处理数组中的数据，则需要把数组分别用作形参和实参。本节介绍数组作为函数参数的用途和有关规定。

7.3.1 数组作函数形参

1. 一维数组作形参

如何将一个数组作为形参传递给函数,也就是说若有一个实参数组,想在函数中改变此数组中的元素的值,该如何处理?在定义函数时,如果需要让函数接收一个数组的全部数据,如果这个数组没有定义为全局的,则函数的形参应定义为数组形式。下面给出一维数组、多维数组用作形参时的书写样式。

```
void fun1(int a[], int m)        //形参数组a不指出长度,即[]里为空
{
    int i;
    for(i=0;i<m;i++)
        printf("%d\n",a[i]);
}
```

在 C 语言中,数组名是数组所占用那块存储空间的首地址,也就是数组首元素(下标为 0 的元素)的地址。如有定义 int A[5],则数组名 A 实际上是个用符号表示的地址常量,A 和&A[0] 是相等的。数组名就是数组首元素的地址,数组元素的下标就是距数组首元素地址的偏移量。这也就是为什么 C 语言中的数组是从 0 开始计数,因为这样它的索引就比较好对应到偏移量上。在 C 语言中,编译过程中遇到有数组名的表达式,都会把数组名替换成地址来处理。因此,可写出与上面函数同功能的指针形式的数组形参:

```
void fun2(int *a, int m)         //指针变量形式的数组作为形参
{
    int i;
    for(i=0;i<m;i++)
        printf("%d\n",a[i]);     //形参是指针变量,但可以按下标形式使用
}
```

当把数组名作为函数形参,如 int a[],系统也是把 a 看作是一个指针变量,即用作函数形参的两种方式 int a[]与 int *a 是完全等价的,所声明的标识符 a 都是一个指针变量的名字,而不是一个真正数组的名字。特别要理解的是,即便把形参写出数组形式,如 int a[],系统也没有为"数组"a 分配存储空间,此时所谓形参 "数组"a[]并不是一个真正分配了存储空间的数组,所以 a 也不是数组名,不是数组首地址,它只是个指针变量,在函数调用时,它能存储实参数组的名字。实参数组是真正的数组,实参数组名是数组的首地址,是个常量。

【例 7.13】一维数组作为函数参数的使用例子。验证:(1)形参数组不是数组,而是指针变量。(2)函数体内对形参数组值的改变,就是改变实参数组本身。

程序如下:

```
#include<stdio.h>
void ss(int a[])
{
    //验证a是一个指针变量
    printf("系统为形参a分配的存储空间字节数=%d\n",sizeof(a));
    a[0]++;//把形参"数组"的元素值改变,验证此改变是否影响实参数组
}
main()
```

```
{
    int b[5]={1,1,1,1,1};                    //定义数组并为每个元素赋初值1
    printf("系统为实参b分配的存储空间字节数=%d\n",sizeof(b));
    printf("b[0]=%d\n",b[0]);                //显示数组元素b[0]的值
    ss(b);                //调用函数ss(),把数组b作为实参,把数组地址传递给ss()的形参
    printf("b[0]=%d\n",b[0]);
    //调用函数ss()之后再显示数组元素b[0]的值,验证ss()内对形参的改变,影响了实参数组
}
```

运行结果:

系统为数组b分配的存储空间字节数=20   (此为main()第1个printf()语句输出结果)
b[0]=1   (此为main()第2个printf()语句输出结果)
系统为形参a分配的存储空间字节数=8   (此为ss()函数的printf()语句输出结果)
b[0]=2   (此为main()第3个printf()语句输出结果)

程序说明:

main()函数的第 2 个 printf()语句,输出数组元素 b[0]的值,留作对比,以验证函数调用之后是否改变了数组元素 b[0]的值。语句 ss(b);把数组 b 的名字作为实参调用函数 ss(),调用时形参和实参按如下方式进行赋值结合 int a[]=b;,写成 int *a=b;比较容易理解。即相当于函数 ss()中定义了指针变量 a,并把数组 b 的地址(用数组名表示)赋值给指针变量 a,这样,形参的指针变量 a 和实参的数组地址常量 b,都指向用作实参的数组 b,故函数 ss()中 a[0]++实质上就是 b[0]++,故退出函数 ss()返回调用它的 main()函数,接着执行调用函数下方的 printf()语句,所输出的 b[0]的值已变为 2。

ss()函数中 printf("系统为形参 a 分配的存储空间字节数=%d\n",sizeof(a));语句,输出标识符 a 所占用的存储空间大小,输出值为 8,验证了 a 是一个指针变量。main()函数中第 1 个 pritnf()语句输出的 sizeof(b)值为 20,因为 b 是拥有 5 个 int 类型元素的数组,每个 int 型占 4 个字符,因此数组 b 共占用 20 个字节。读者可以把 ss()函数中的形参 int a[],修改为 int *a,或者改为 dint a[]、int a[20],所输出的 sizeof(a)的值都只会是 8,证明形参无论按数组形式声明还是按指针变量形式声明,均是一个指针变量。

调用函数时,实参应使用同类型的数组的名字,这样相当于把实参数组的地址传递给形参指针变量,这是传地址调用,形参和实参结合之后,实参数组和形参数组虽然数组名可能不相同,但实际上形参数组名和实参数组名都指向实参数组的地址。也就是实参数组和形参数组是同一个数组,因此在函数体内对形参数组的改变,就是对实参数组的改变。

又如 void fun1(int a[100]){...},数组作为函数形参时,可在形参中指出数组长度。这个长度其实不需要指定,因为在函数调用时传入的只是一个该数组的指针,想要确定几行几列的话还需要另外定义参数进行传入。如果在使用该指针的过程中不清楚原数组的范围,指针很容易就越界,内存也就溢出了。

【例 7.14】冒泡法排序。

冒泡法的基本思想是:相邻两数比较,若前面的数大,则两数进行交换位置,直至最后一个元素被处理,最大的元素就被排在最后一个元素位置。这样,若有 n 个元素,共进行 n-1 轮,每轮让剩余元素中最大的元素排到下面,从而完成排序。实际上,n-1 轮是最多的排序轮

数,而只要在某一轮排序中没有进行元素交换,则说明已经完成排序,可以提前退出外循环,结束排序。

这里为了说明数组如何用作函数的参数,特意把排序的实现写成一个函数 sort(),而把待排序的数组作为它的参数。

程序如下:

```
#include <stdio.h>
#define N 80
void sort(int *b,int k);        //排序函数,对形参指针变量b所指向的数组进行冒泡排序
void print(int *b,int k);       //输出形参指针变量b所指向的数组各元素的值
main( )
{
    int a[N];                   //定义数组a,长度为符号常量N,即80
    int i,m;                    //变量i用于控制循环
    printf("\n请输入数组的实际长度m(<80): ");
    scanf("%d",&m);
    for(i=0;i<m;i++)
        scanf("%d",&a[i]);
    sort(a,m);
    print(a,m);
}
void sort(int *b,int k)         //对形参指针b所"指向"的数组进行冒泡排序
{
    int i,j,t,flag;
    for(j=0;j<k-1;j++)           //外循环,每循环一次,冒出一个最大者
    {
        flag=0;                  //设变量flag为标记,其值作为是否提前结束排序的标记
        for(i=0;i<k-j-1;i++)     //内循环,把b[0]~b[k-j-1]之间最大者交换到b[k-j-1]
            if(b[i]>b[i+1])
            {
                t=b[i]; b[i]=b[i+1]; b[i+1]=t;
                flag=1;
            }
        if(flag==0) break;
    }
}
void print(int b[],int k)        //以每行4个输出数组各元素的值
{
    int i;
    for(i=0;i<k;i++)
    {
        printf("%-6d",b[i]);    //输出元素b[i]的值
        if((i+1)%4==0) printf("\n");   //每输出够4个,换行
    }
}
```

运行结果:

```
请输入数组的实际长度m(<80): 10
12 45 65 10 69 87 52 49 100 98
```

10	12	45	49
52	65	69	87
98	100		

程序说明：

sort( )实现排序，其形参数组 b 没有说明长度，而是通过另一形参 k 决定处理元素的个数，但 k 的值不能超过实参数组的大小。由于数组名作为函数参数时，传递的是数组的起始地址，形参接收实参数组的起始地址值，形参与实参共用相同的存储区域，sort( )中将数组 b 排好序，也就是将 a 排好了序。这也是数组作为参数与其他基本类型变量作为参数所不同的。采用函数实现的另外一个好处就是在函数处理排序时，只需要在调用函数 sort( )时采用不同的实参，就可以完成对不同数组进行排序。

2. 多维数组作形参

以二维数组为例，介绍多维数组用作函数形参时的语法规定。对于多维数组来说，在定义函数的函数头代码中声明时，应按数组形式指定所有维的长度，也可以省略第 1 维的长度。例如：

```
void fun(int array[3][10]);        //指出所有维的长度
void fun(int array[][10]);         //第1维的长度缺省
```

这两种写法是等价的。但是只能省略第 1 维的长度，不能把第 2 维或者更高维的大小省略，如 void fun(int array[][]);或 void fun(int array[3][]);里面关于形参数组的定义都是有语法错误的。

这是因为，虽然形参按数组形式定义，但实质上它只是一个指针变量，而在调用函数时，实参仍然是数组的名字，即多维数组所占存储空间的起始地址。无法通过实参把这个多维数组的各维长度一并传给形参。如果形参数组不指定除第 1 维之后的其他各维的长度，则系统无法确定形参数组应为多少行多少列。

7.3.2 数组作函数实参

1. 数组元素作函数实参

数组元素就是一个变量，把它用作实参，传递给形参变量的是数组元素所存储的值。这和普通变量作为实参，在用法与含义方面并无不同。使用数组元素向形参传递的是数组元素的值，即是"值"传递方式，数据传递方向是"从实参传到形参，单向传递"，形参变量和作为实参的数组元素是两个不同的变量，二者只是在调用时做了一下"值"传递，因此，在函数中对形参变量值的改变，丝毫不影响实参变量。

【例 7.15】输入 10 个实数存放在数组中，利用函数将数组元素的值扩大 2 倍并输出。

分析：首先利用 for 循环处理 10 个实数输入并存放在数组 a 中，调用自定义函数 doubnum()，然后输出调用函数后数组每个元素的值。

程序如下：

```
#include <stdio.h>
void doubnum(int a)
{
    a=2*a;
}
main()
```

```
    {
        int i;                              //定义循环变量
        int a[10];                          //定义int类型数组备用
        printf("输入10个整数: ");            //操作提示
        for(i=0;i<10;i++)                   //输入10个整数,并保存在数组a中
            scanf("%d",&a[i]);
        for(i=0;i<10;i++)
        {   doubnum(a[i]);                  //数组元素a[i]用作实参
            printf("a[i]=%d\n",a[i]);       //遍历数组,输出每个元素的值
        }
    }
```

运行结果：

```
输入10个整数: 1 2 3 4 5 6 7 8 9 0
a[0]=1
a[1]=2
a[2]=3
a[3]=4
a[4]=5
a[5]=6
a[6]=7
a[7]=8
a[8]=9
a[9]=0
```

程序说明：

doubnum(a[i])里的a[i]，就是把数组元素a[i]作为一个普通变量用作实参。在形参中值变成了2倍，但实参值并未改变。

2. 一维数组名作函数实参

真正地把数组作为参数，是指在调用函数时，把数组名用作实参，这样可以把数组的全部元素都"传递"给形参，进而交由函数处理。数组名作函数实参时，向形参（数组名形式或指针变量形式）传递的是数组的地址，其数组所占用那块存储空间的起始地址。因此，把数组名作为实参，实参与形参结合时进行的是"地址"传递。即把实参数组的地址传递给形参（数组）指针变量，这样形参"数组"和实参数组是同一个数组，函数中对形参数组的改变，就是直接改变实参数组。

【**例7.16**】编写函数用于将一个数组里存储的多名学生一门课程的成绩从高到低进行排序。在main()函数里定义数组，录入成绩，调用函数将成绩排序。

```
#include <stdio.h>
void sort(float a[],int n)              //求平均成绩,形参以数组形式定义
{
    int  i,j,flag;                      //循环变量
    float t;
    for(i=0;i<n-1;i++)                  //使用冒泡法排序
    {
        flag=0
        for(j=0;j<n-i-1;j++)
```

```
            if(a[j]<a[j+1])
            {
                t=a[j];
                a[j]=a[j+1];
                a[j+1]=t;
                flag=1;
            }
        if(flag=0)break;
    }
main()
{
    float score[5],av;
    int i;
    printf("输入5个成绩: \n");
    for(i=0;i<5;i++)
        scanf("%f",&score[i]);
    sort(score,5);                  //调用函数sort(),数组名作实参
    for(i=0;i<5;i++)
        printf("%.1f ",score[i]);
}
```

运行结果:

输入5个成绩:
67.5 90 87.4 97 100
100.0 97.0 90.0 87.4 67.5

程序说明:

本程序定义的函数 sort(),声明了一个数组 a 为形参,并且指定了形参数组的长度为 n。在函数 sort()中,以形参数组为假想数进行排序。main()函数里定义数组并存储所录入的成绩,然后以数组名为实参调用函数 sort(),实参与形参结合之后,形参变量 a 与实参数组 score 指向同一个数组。

关于数组作为函数参数的几点说明:

(1)用数组元素作实参时,和普通变量一样,是值传递,且只传递数组某一个元素的值。形参也一定是一个单个的变量。形参和实参的数据类型要保持一致,否则,会发生语法错误。错误提示类似: [Error] cannot convert 'int*' to 'double*' for argument '1' to 'void ss(double*)',即不能进行实参与形参之间的类型转换。

(2)数组名作为函数实参时,或者使用数组形式定义的指针变量,是地址传递。形参必须是数组或指针变量,把数组的起始地址传给了形参数组或指针。这样形参与实参数组共用同一段内存单元。这种地址传递方式,使得形参中数组元素的变化会影响实参数组元素的值同时发生变化。利用这一特点,可以将函数处理中得到的多个结果值返回主调函数。

(3)实参数组与形参数组大小可以不一致。C 语言在编译时不检查形参大小,如果要得到实参的全部元素,则要求形参数组大于实参大小。

(4)一维形参数组可以不指定大小,在定义数组时在数组名后跟一个空的方括号。为了在被调用函数中处理数组元素的需要,可以另外设置一参数来传递数组元素的个数。

3. 二维数组名作函数实参

将二维数组名作为实参时，其对应的形参必须是一个行指针变量，而且形参的第二维必须指定大小。但在对函数进行声明时可以只指定维数，不指定各维大小。

【例 7.17】 打印 7 行的杨辉三角。

```
杨辉三角形
    1
    1    1
    1    2    1
    1    3    3    1
    1    4    6    4    1
    1    5   10   10    5    1
    1    6   15   20   15    6    1
```

程序分析：

可以将杨辉三角形的值放在一个方形矩阵的下半三角中，如果需打印 7 行杨辉三角形，应该定义一个大于 7×7 的方形矩阵，只是矩阵的上半部和其余部分并不使用。

杨辉三角形具有如下特点：

（1）第一列和对角线上的元素都为 1。

（2）除第一列和对角线上的元素之外，其他元素的值均为前一行上的同列元素和前一列元素之和。函数 setdata()按以上规律给数组元素置数；函数 outdata()输出杨辉三角形。

程序如下：

```c
#include  <stdio.h>
#define    N 10
void setdata (int(*s)[N],int n)
{
    int i,j;
    for(i=0;i<n;i++)
    {
        s[i][i]=1;         //将对角线位置的元素赋值为1
        s[i][0]=1;         //第0列的元素都赋值为1
    }
    for(i=2;i<n;i++)       //给杨辉三角形其他元素置数
        for(j=1;j<i;j++)
            s[i][j]=s[i-1][j-1]+s[i-1][j];
}
void outdata(int s[ ][N],int n)
{
    int i,j;
    puts("杨辉三角形");
    for(i=0;i<n;i++)       //需要注意的是，只输出矩阵的下半三角
    {
        for(j=0;j<=i;j++)
            printf("%-6d",s[i][j]);
        printf("\n");
    }
}
```

```
main( )
{
    int y[N][N],n=7;
    setdata(y,n);          //按规律给数组元素置数
    outdata(y,n);          //输出杨辉三角形
}
```

运行结果：

```
杨辉三角形
1
1   1
1   2   1
1   3   3   1
1   4   6   4   1
1   5   10  10  5   1
1   6   15  20  15  6   1
```

注意：列下标不可缺。无论采用哪种方式，系统都将把 a 处理成一个行指针。与一维数组相同，数组名传送给函数的是一个地址值，因此，对应的形参也必定是一个类型相同的指针变量，在函数中引用的是主函数中的数组元素，系统只为形参开辟一个存放地址的存储单元，而不可能在调用函数时为形参开辟一系列存放数组的存储单元。

4. 二维数组名作函数实参

将指针数组名作为实参时，其对应的形参必须为一个指向指针的指针。例如，如果主函数中有以下定义和函数调用语句。

```
#include <stdio.h>
#define M 5
#define N 3
main( )
{
    double s[M][N],*p[M];
    ...
    for(i=0;i=<M;i++) p[i]=s[i];
    fun(p);
    ...
}
```

则 fun 函数的首部可以使以下三种形式之一：

```
fun(double *a[M])
fun(double *a[ ])
fun(double **a   )
```

7.3.3 函数的指针形参和函数体中数组的区别

若有以下程序，程序中定义了 fun 函数，形参 a 指向主函数中的 w 数组，函数体内定义了一个 b 数组，函数把 b 数组的起始地址作为函数值返回，企图使主函数中的指针 p 指向函数体内 b 数组的开头。

```
#include  <stdio. h>
#define    N  10
```

```
int  *fun ( int a[N] , int n )
{
    int  b[N] ;
        ⋮
    return  b;
}
main ( )
{
    int  w[N] , *p ;
        ⋮
    p = fun( w , N ) ;
        ⋮
}
```

以上程序涉及几个概念:

(1) 函数 fun() 中, 形参 a 在形式上写作 a[N], 实际上它也可以写作 a[ ] 或 *a。但无论写成哪种形式, C 编译程序都将其作为一个指针变量处理。在调用 fun() 函数时, 系统只为形参 a 开辟一个存储单元, 并把 main() 函数中 w 数组的起始地址存入其中, 使它指向 w 数组的首地址。因此, 在 fun() 函数中, 凡是指针变量可以参与的运算, 形参指针 a 同样可以参与, 如: 可以进行 a + + 等操作, 使它移动去指向 w 数组的其他元素, 甚至可以通过赋值使它不再指向 w 数组中的元素。

(2) 函数 fun() 的函数体中定义了一个 b 数组, 在调用 fun() 函数时, 系统为它开辟一串连续的存储单元, b 是一个地址常量, 不可以对它重新赋值。虽然 a 和 b 有相同的说明形式, 但它们一个是作为形参的指针, 一个是函数体内定义的数组, 具有完全不同的含义。

(3) 在函数 fun() 执行完毕, 返回主函数时, 系统将释放 a 和 b 所占存储单元, 指针变量 a 和数组 b 将不再存在。因此, 函数 fun() 不应该把 b 的值作为函数值返回, 这样做, 主函数中的指针变量 p 将不指向任何对象而称为"无向指针"。

7.4 字符数组与字符串

C 语言初学者编程经常使用的数据有两种类型, 一种是用于加减乘除等算术运算的"数", 如 3、3.14 等, 其类型如 int、float、double, 这些类型的数也可以存储在变量里, 然后借助变量去使用。另一种就是字符串, 实质上是一串字符, 如"I love c", 即用双引号括起来的字符序列。"数"关注的是值的大小, "字符串"关注的是它串起来的字符及字符之间的位置关系。C 语言没有提供用于定义字符串变量的数据类型。C 语言规定字符串需用 char 类型的字符数组来存储, 处理字符串可以通过处理存储它的字符数组来实现。

7.4.1 使用一维字符数组存储字符串

1. 字符串与字符数组

所谓字符数组是指用数据类型关键字 char 定义的数组, 如 char s[20];, 用于存储一串 char 型数据。字符数组的一个元素所占存储空间是 1 个字节, 只能存放一个字符。字符串中字符排列是线性的，字符之间有位置前后关系，存储字符串不仅需要存储它包含的字符，还要"存储"各个字符之间的位置关系。一维的 char 类型数组刚好可以用于存储字符串。因为字符数组的一个元素可以存储一个字符，字符之间的位置关系恰好可以通过存储字符的元素的下标来描述。一维字符数组的元素为字符串的字符提供存储空间，而某个元素的下标刚好表示了该元素所存储的字符在字符串中的位置序号。

C 语言规定把字符'\0'作为字符串的结尾标记。'\0'是 ASCII 值为 0 的特殊字符。'\0'仅仅是被作为字符串的结尾"标记"，它不是字符串的组成字符，字符串的长度是指字符串中不含'\0'的字符个数。但使用字符数组存储字符串时，系统会自动把字符串的结束标记'\0'也用一个元素存储起来。因此一个长为 n 的字符串，需要一个长不小于 n+1 的字符数组才能存储它。如字符串"abc"的长度是 3，存储它的字符数组的长度至少为 4。

'\0'也是一个字符，字符数组中的任意一个元素都可以存储它，因此字符数组中可以存储多个'\0'，但如果把字符数组所存储的字符序列作为字符串处理，则字符数组存储的第一个'\0'之后的字符就不再是字符串的组成部分。如 char A[10]="ABC\0DE\0\0F";，系统认为字符数组 A 中存储的字符串是"ABC"。如执行 puts(A);或 printf("%s",A);，均输出 ABC，说明第一个'\0'之后的字符不是字符串的字符。第一个'\0'之后的字符虽然不被视为字符串的内容，但允许把他们当作数组 A 的一个元素，通过下标来访问它。如执行 putchar(A[5]);或 printf("%c",A[5]);，均输出字符 E，说明可以单独使用字符数组的某个元素。

字符数组的定义、初始化和引用的规则和前面章节中所述的数组规则完全相同。

2. 字符数组初始化

字符数组可谓专为存储字符串而存在，字符数组初始化即在定义字符数组的语句中给数组赋初值，例如，char str[10]="hello";。这样系统在为字符数组分配存储空间之后，立即将指定的字符串存储到数组所分配的存储空间。如果只定义字符数组但不对其初始化，则字符数组各元素所存储值并不确定。例如：

```
#include <stdio.h>
main()
{
    char s[5];              //定义字符数组s,其各元素的初值不确定,不一定都是0
    int i;
    for(i=0;i<5;i++)
        printf("%4d",s[i]); //按整数形式输出数组s中各元素的值
}
```

运行结果：

-96 -83 50 38 -7

说明未进行初始化的字符数组各元素的值是不确定的，不一定都是字符'\0'。

字符数组初始化有两种方式。

（1）用{}里的多个字符为数组各元素赋初值。当使用这种方式为数组初始化时，把{}里字符从左到右依次存入数组的下标从 0 开始的元素中，如果{}里给出的字符个数少于数组长度，则没有字符对应的元素存入默认值'\0'。如 char str[7]={'h','e','l','l','o' };，元素 str[0]里存入字符'h'，

而元素 str[5]、str[6]存入默认值'\0'。

注意：若初始化语句中没有指定字符数组长度，如 char str[]={'h','e','l','l','o'};，则数组只被分配了 5 个元素，此时执行 printf("数组的长度=%d",sizeof(str));，输出"数组的长度=5"，说明省略数组长度，在定义的数组实际长度由{}里的字符个数确定。但此时执行 puts(str)，仍然输出字符串 hello。说明 Dev C++编译环境不去严格检查下标是否越界，即执行 putchar(str[5]);，编译时并不报下标越界的错误。这一点读者应有所了解。

（2）用字符串常量初始化。

例如，初始化一个字符数组，可以使用：

```
char str[8]={'h','e','l','l','o'};  //str[5]及其后的元素赋值0，恰好作为字符串的结束标记
```

也可以：

```
char str[8]="hello"; //用字符串常量初始化字符数组，会自动把'\0'存入str[5]
```

这两条语句执行之后，在内存中，字符数组 str 各元素所存储的数据是一样的，如图 7-9 所示，实际存储的是字符的 ASCII 值。如元素 str[0]存储的是字符 h 的 ASCII 值 104。元素 str[5]存储的是字符'\0'的 ASCII 值 0。

104	101	108	108	111	0	0	0
str[0]	str[1]	str[2]	str[3]	str[4]	str[5]	str[6]	str[7]

图7-9 字符串"Hello"在内存中的映像

以下两种对数组进行初始化的语句是有语法错误的。

（1）定义数组和赋初值不在同一个语句，例如：

```
char str[10];        //定义字符数组，系统分配存储空间，数组名就是存储空间的首地址
str="abcde";         //数组名str是数组的地址，是常量，不能用于存储字符串
str[10]="abcde";     //赋值运算符左侧的str[10]是指数组str下标为10的元素，错误
```

只有在数组定义语句中，[]里的数才是数组的长度值，其他地方，[]里的数都是元素的下标。在语句 str[10]="abcde";里，赋值运算符左侧的 str[10]是指数组 str 下标为 10 的元素，它只能存储一个字符，因此，这个语句试图把字符串"abcde"存入数组元素 str[10]是无法实现的，这是语法错误。

（2）试图用一个数组初始化另一个数组。

```
char str1[10]="hello";   //定义数组str1，并将字符串"hello"存入其中，初始化它
char str2[10]=str1;      //试图用数组str1初始化数组str2，语法错误
str2=str1;               //语法错误，数组名str2是常量，它没有存储能力，给它赋值是错误的
```

错误原因是 str1 是数组名，它是个地址常量，不代表数组里存储的字符串。char str2[10]=str1;欲将一个地址初始化数组 str2，语法错误。

若是将一个数组的内容赋给另一个数组，首先这两个数组的数据类型应相同。一般使用循环语句来实现。

```
char A[10],B[10]="C is perfact!";
int i=0;
while(B[i]!='\0')    //当元素B[i]的字符不等于'\0'，说明数组B中的字符串还有字符
{
```

```
        A[i]=B[i];          //将元素B[i]的值存储到元素A[i]中
        i++;                // i的值作为元素下标,i的值增1,去处理下一个元素
    }
```

while 后跟的表达式也可以是 while(B[i]),这巧妙地利用了 C 语言对逻辑值的规定,即把 0 作为逻辑值"假",只要是不等于 0 的数都被视为逻辑值"真",因此,当元素 B[i]的值不等于 0 时,B[i]的值本身就是逻辑"真",表达式 B[i]!='\0'的值为 1,B[i]与 B[i]!='\0'都是"真",while(B[i]) 与 while(B[i]!='\0')完全等价。

【例 7.18】 判断一个字符串是不是回文字符串。所谓回文字符串就是正读和反读都一样的字符串。例如,"agpga"是一个回文字符串。

分析:回文字符串的特征是,如果字符数组有 n 个元素,那么 a[0]和 a[n-1]是相同的;a[1] 和 a[n-2]是相同的;……依此类推。可以用一个循环比较 $n/2$ 次就可以得到结果。如果 n 为偶数,比较进行 $n/2$ 次。如果 n 为奇数,a[n/2]这个元素正好是 n 个元素的中间元素,不用进行比较,也进行 $n/2$ 次。

程序如下:

```
#include <stdio.h>
#include <string.h>
main()
{
    char s[100];
    int i, nLen, nResult=1;     //变量nResult用作标记,值为1表示是回文
    printf("\n输入字符串: ");   //操作提示信息
    gets(s);                    //从键盘输入一串字符存入字符数组s中
    nLen=strlen(s);             //求字符数组s存储的字符串长度,并非一定是数组长度
    //以下代码检查字符串是不是回文字符串
    for(i=0; i<nLen/2; i++)     //nLen/2是字符串长度的一半,从下标0比较到下标nLen/2
        if(s[i]!=s[nLen-1-i])   //如果对称位置字符不相同
        {
            nResult=0;          //已判断出不是回文字符串,置标记变量nResult为0
            break;              //提前退出循环
        }
    if(nResult==1)              //根据nResult的值输出结果
        printf("这个字符串是回文字符串");
    else
        printf("这个字符串不是回文字符串");
}
```

运行结果:

输入字符串:abssf (输入样例)
这个字符串不是回文字符串

如果再次运行时改变输入数据,运行结果:

输入字符串:abccba
这个字符串是回文字符串

7.4.2 输入/输出字符串的函数

字符串的输入/输出可以使用 scanf() 和 printf() 这两个函数。约定数据为字符串的格式符是%s，如 printf("%s","ABCD");，表示把%s 用字符串常量"ABCD"替换后作为一个字符串输出。如果要输出的是字符串常量，则如此书写画蛇添足，习惯上直接写作 printf("ABCD");，%s 用在 printf() 中，主要是通过把%s 替换为一个字符串，从而实现拼接成一个较长的字符串，例如，printf("输出的字符串是%s","ABCD");，用"ABCD"替换%s，拼成一个长的字符串"输出的字符串是 ABCD"并输出。如果要输出某个存储在字符数组中的字符串，则应使用 printf("%s",str);，其中，str 是存储字符串的数组的名字。在 printf() 函数中，与%s 对应位置的实参，必须是一个字符串常量，或者是存储字符串的存储空间的地址，也就是字符数组的名字。

使用 printf() 函数输出字符数组所存储的字符串分为两种：第一种方法，逐个字符输出，即用格式符 "%c"；第二种方法，将整个字符串一次输出，即用格式符 "%s"。

```
int i;
char str[20]="hello";
printf("%s",str);            //输出字符串hello
```

与下面不同：

```
for(i=0;i<5;i++)
    printf("%c",str[i]);     //逐元素输出所存储的字符，事实上也是输出字符串hello
```

把从键盘输入的字符序列作为一个字符串存储起来，可以使用 scanf() 函数，scanf("%s",str);，其中 str 是数组名，与%s 对应的实参必须是一个地址，系统将把输入的字符序列当作字符串存储到以这个地址为起始位置的一块存储空间里。这个地址多是字符数组的名字，也可以是其他形式的地址，如：scanf("%s",&str[3]);，&str[3]的值是元素 str[3]的地址，输入的字符串将从 str[3]开始存储。

使用 scanf() 输入字符串有个很大弊端，即它会把空格符作为一个字符串的输入结束，如输入 I Love C，则系统只把第一个空格符之前的字符截取出来作为字符串存储，而事实上，特别在英文句子中，空格非常多并且必须作为字符串的组成部分，对于需要把空格符作为字符串内容的场景，使用 scanf() 将不能达到预期效果。

本节介绍两个专门用于输入/输出字符串的系统函数 gets() 与 puts()。

1. puts()函数

puts() 函数的功能是输出字符串并换行，其调用方式为 puts(str);，参数 str 指出要显示的字符串，可以是字符串常量，也可以是存放字符串的存储空间的首地址，一般是存储字符串的数组的名字。功能与 printf("%s\n",str); 相同。但 puts() 函数只能输出字符串，不能像 printf() 函数那样可以通过格式控制字符串对字符串的输出样式进行设置。如 printf("3*5=%d",3*5);将输出双引号中的字符串，其中的%d 被后面的那个参数，表达式 3*5 的值替换，%d 被替换后得到一个新字符串并输出，这种功能 puts() 函数是不具备的，puts() 函数只能输出参数指定的一个固定的字符串。

注意：puts() 函数在输出字符串后会自动输出一个回车符，把光标移到下一行首。而 printf() 函数需要在字符串中写有\n 才能实现输出回车符。

2. gets()函数

gets()函数读取缓冲区中的字符串，存储到以实参为首地址的一块存储空间里。gets()函数原型如为 char *gets(char *string);，请注意，该函数的返回值数据类型是 char 型指针，形参 string 是一个 char 类型的指针变量，传给形参 string 的实参须是一片连续存储空间的首地址，通常是一个字符数组的名字。gets()将所读取的字符串存储到参数 string 所指向的存储空间中。

若 gets()函数读取字符串成功，则函数的返回值是存放字符串的存储空间的首地址，实际上是实参传给形参 string 的值，是一个非 0 的数。若 gets()函数读取字符串失败，函数返回 0。

gets()函数的功能是读取一个字符串并存储到指定位置。如果字符串读取失败，则后续代码若有对该字符串的操作，就将引发逻辑错误。因此，类似这样，因函数调用不成功会对后续代码产生逻辑错误影响的，为了程序更健壮，应对函数的返回值进行判断并给出相应的处理。例如：

```
if( gets(str)!=0 )
    语句1;            //成功执行gets()函数后应执行的语句
else                  //否则，即gets()函数调用失败，返回0
{
    puts("gets()函数执行失败！");    //输出错误提示信息
    return;           //退出当前函数。如果该语句在main()函数中，return将结束程序
}
```

注意：gets()多用于从键盘输入字符串，当 gets()用于从文件中读取字符串时，只有读取到换行符或文件结尾标记时，系统把所读取的最后一个字符（回车换行或文件结尾标记）换作'\0'，作为字符串结束标记，认为一个字符串读取完成。由于 gets()并不检查以 string 为地址的存储空间的大小，而是必须遇到换行符或文件结尾才会结束输入，因此容易造成因定义的字符数组存储空间不足而无法完全存储字符串的溢出，这是逻辑错误，发生时会导致程序崩溃。因此从文件中读取字符串，一般使用专用的 fgets()。scanf("%s",s);接收字符串时会把空格也当成字符串的结束，因此，scanf()无法接收包含空格符的字符串，但 gets()可以。

【例 7.19】使用 gets()与 puts()，实现读取一个字符串并显示在屏幕上。

```
#include <stdio.h>
main()
{
    char str[40];       //定义一个能存储40个字符的数组str，用于存储获取的字符串
    gets(str);          //获取字符串，并存入str所指向的存储空间中
    puts(str);          //将str所指向的存储空间里的字符串输出到屏幕上
}
```

运行结果：

输入：Abcde
输出：Abcde

程序说明：

输出的字符中不包括结束符'\0'。编程书写字符串时，无须在字符串的末尾书写'\0'，系统只有在存储字符串时，才会自动在末尾增添一个'\0'。

例如：
```
char str1[5],str2[5],str3[5];
scanf("%s%s%s",str1,str2,str3);
```
输入数据为：
```
This is a C Program。
```
则实际存储如图 7-10 所示，证明空格符被系统用作了字符串的分隔符。

T	h	i	s	\0	str1 数组
i	s	\0	\0	\0	str2 数组
a	\0	\0	\0	\0	str3 数组

图7-10　数组str1、str2、str3在内存中实际映像

7.4.3　二维字符数组

1. 二维字符数组的定义方式

（1）只定义二维字符数组。

如 char str[10][20];，功能是创建一个 10 行 20 列二维字符数组，即在内存中分配一块共 10×20 个字节的存储空间，数组名 str 是这块存储空间的首地址。第 1 个[]中的值指出该二维数组的行数，第 2 个[]中的值指出该二维数组的列数。可以把二维字符数组的每一行看作是一个一维字符数组，这些一维数组的名字分别为 str[0]、str[1]等。这种定义语句创建的二维数组没有初始化，它每个元素的初值是不确定的。

二维字符数组可以单独使用某个元素，例如，str[1][2]='A';，功能是将字符 A 存储到二维数组 str 的行下标为 1，列下标为 2 的元素中。多数情况下，二维字符数组用于存储多个字符串，此时，把二维字符数组的一行当作一个一维字符数组，用来存储一个字符串。

（2）二维字符数组在定义时初始化。

即在定义二维数组的语句里，用{}给出要赋给二维数组的数值。例如，char str[3][6]={ "Hello","are","you"};，{}里给出 3 个字符串常量，系统按它们在大括号里书写的先后顺序，依次存储到二维数组 str 的 3 行中。二维数组 str 共有 3 行，每行 6 个元素，如果{}里给出的字符串长度小于 6，则存储这个字符串的那一行的后面用字符'\0'补齐，需要注意的是，仅对这一行补齐，并不对其他行有影响。图 7-11 以简化的形式描述了该二维数组在内存中的存储情况。为便于理解，二维数组各元素显示存储的是字符，实质上存储的是字符 ASCII 值。

str[0]	H	e	l	l	o	\0
	str[0][0]	str[0][1]	str[0][2]	str[0][3]	str[0][4]	str[0][5]
str[1]	a	r	e	\0	\0	\0
	str[1][0]	str[1][1]	str[1][2]	str[1][3]	str[1][4]	str[1][5]
str[2]	y	o	u	\0	\0	\0
	str[2][0]	str[2][1]	str[2][2]	str[2][3]	str[2][4]	str[2][5]

图7-11　数组str在内存中的存储

如果用单个字符赋给单个元素的方法，则语句 str[3][6]={ "Hello","are","you"};等价于

```
char str[3][6]={ 'H','e','l','l','o','\0',  //用1个'\0'补足6列,存储到str[0]这一行（一维数组）
                 'a','r','e','\0','\0','\0',  //用3个'\0'补足6列,存储到str[1]这一行
                 'y','o','u','\0','\0','\0' }; //用3个'\0'补足6列,存储到str[2]这一行
```

同样实现如图 7-11 的二维数组初始化，第一种方式显然更为简洁、输入字符少。

2. 二维字符数组的使用方法

（1）按单个元素使用。使用方式为：

数组名[行下标][列下标]

例如：

str[1][2]=getchar(); //把getchar()的返回值,即获取的单个字符存储到元素str[1][2]

经常通过循环，使用二维数组的所有元素。

```
int i,j;                                  //定义循环变量
char str[3][6]={ "Hello","are","you"};    //定义二维字符数组并初始化
for(i=0;i<3;i++)                          //外循环控制输出3行,i=0时输出str[0]这一行
{
    for(j=0;j<6;j++)                      //内循环控制第i行的6列元素
        putchar(str[i][j]);               //输出元素str[i][j]存储的字符
    putchar('\n');                        //内循环结束后执行它,进行换行
}
```

（2）把一个二维数组当作多个一维数组使用。

由于二维字符数组多用于存储多个字符串，并且约定一行元素只存储一个字符串。因此，二维字符数组使用时，可以把二维字符数组的每一行都当作一个一维字符数组。

```
int i;                                    //定义循环变量
char str[3][6]={ "Hello","are","you"};    //定义二维字符数组并初始化
for(i=0;i<3;i++)    //每个i值对应一行元素,这行元素作为一个一维数组,地址为str[i]
    puts(str[i]);   //输出以str[i]为地址的那行存储空间里存储的字符串
```

这段代码与（1）中的那段双重循环代码实现相同的功能。显然这里的写法更为简洁。

（3）按指针方式使用二维字符数组。

为了方便地处理二维字符数组，可以定义指针数组保存二维字符数组每一行的起始地址（即每行的行指针），实现二维字符数组的相关操作。如下面程序利用指针数组输出二维字符数组中每一行字符串的内容。

```
#include <stdio.h>
main()
{
    char str[3][6]={ "Hello","are","you"},*p[3]; //定义字符指针数组p
    //字符指针保存每一行的起始地址
    p[0]=str[0];
    p[1]=str[1];
    p[2]=str[2];
    //利用字符指针输出二维字符数组每一行字符串内容
    for(int i=0;i<3;i++)
        puts(p[i]);
```

```
}
```
运行结果：
```
Hello
are
you
```

7.4.4 常用的字符串处理库函数

以下内容介绍的字符串处理库函数的原型声明均在头文件 string.h 中，因此，使用这些函数，须先在代码中添加#include <string.h>。

1. 字符串比较函数

所谓字符串比较，是比较两个字符串是否相等、大于、小于。C 语言不允许使用关系运算符>、<、==对两个字符串进行比较，即若书写语句 if("abc"=="123") ...;，试图用==运算符构造表达式以判断两个字符串的相等关系是否成立，会造成语法错误。C 语言提供了进行字符串比较的库函数 strcmp()，该函数的原型为：

```
int strcmp(const char *string1,const char *string2);
```

函数的功能是判断两个字符串的大、小、相等关系。两个形参代表两个参与比较的字符串。函数的返回值是个整数，如果两个字符串相等，返回值为 0；如果形参 string1 指向的字符串大于形参 string2 指向的字符串，返回值为 1，否则，返回值为-1。

字符串比较的规则是，将两个字符串从左至右逐个字符按照 ASCII 值进行比较，直到出现不相等的字符或碰到'\0'为止。如果所有字符都相等，则这两个字符串相等，返回值 0。如果出现了不相等的字符，则计算两个字符串的第一对不相等字符的 ASCII 的差值，如果差值为正，返回 1，否则，返回-1。

如设字符串 1 为"abc"，字符串 2 为"abcd"，两个字符串的前 3 个字符均相等，字符串 1 的第 4 个字符是默认的'\0',，字符串 2 的第 4 个字符为'd'，这是首次出现对应位置的字符不相同，就将这两个字符的 ASCII 值相减，字符'\0'与'd'的 ASCII 值分别为 0 与 100，0-100 为负数，返回-1。

字符串比较函数 strcmp()的调用形式为：

```
if( strcmp(字符串1,字符串2) !=0) ......;
```

strcmp()多用于构造 if 语句的条件表达式。虽然单独使用也是允许的，例如：

```
strcmp("abc","123");
```

但这没有实用的意义，因为虽然这个语句实现了两个字符串的比较，但比较结果没有保存，无法用于后续语句。

调用 strcmp()函数时，两个实参可以是字符串常量，例如，strcmp("abc","123");，也可以是存储字符串的首地址，即数组名。例如：

```
char s1[100],s2[100];          //创建两个一维字符数组
int i;
scanf("%s%s",s1,s2);           //获取两个不带空格的字符串依次存入数组s1、s2
i=strcmp(s1,s2);               //将s1、s2存储的字符串进行比较后的结果赋给变量i
```

```
    if(i==0)
        printf("s1==s2");
    else if(i>0)
        printf("s1>s2");
    else
        printf("s1<s2");
```

语句 scanf("%s%s",s1,s2);中，s1、s2 是数组名，数组名就是数组占据存储空间的首地址，即数组名表面上像个变量名，但其实它是个地址值的符号常量，对其进行求地址&s1 是语法错误，因此不能写作 scanf("%s%s",&s1,&s2);。

不能直接比较两个字符数组的名称来决定两者是否相等。以下代码会导致逻辑错误。

```
    if(s1==s2)  printf("same!");
```

因为 s1 和 s2 是数组名，它们代表的是数组的首地址，任何两个不同的数组，系统为它们分配的存储空间是不相同的，因此，它们的首地址也不可能相等，也就是表达式 s1==s2 的值永远为 0，后面的 printf("same!");永远不被执行，这是逻辑错误。

【例 7.20】编写实现两个字符串比较的函数 mystrcmp()。

```
int mystrcmp(char str1[], char str2[])        //形参str1、str2是数组
{
    int R,i=0;                                //R用来存储比较结果,i为循环变量
    while( str1[i]==str2[i] && str1[i]!='\0' && str2[i]!='\0' )
        i++;                //循环找到不相同字符或者至少有个字符串被比较到结束标记'\0'
    R=str1[i]-str2[i];
    if(R==0) return 0;
    if(R>0) return 1;
    if(R<0) return -1;
}
#include <stdio.h>
main()
{
    char s1[20],s2[20];            //定义两个一维字符数组备用
    gets(s1);                      //从键盘输入一个字符串存入数组s1
    gets(s2);                      //可输入空格,以回车作为一个字符串的输入结束
    if(mystrcmp(s1,s2)==0)         //实参用的是数组名,是将数组所存储字符串进行比较
        printf("%s和%s相等",s1,s2);    //输出比较结果
    else
        if(mystrcmp(s1,s2)>0)
            printf("%s大于%s ",s1,s2);
        else
            printf("%s小于%s ",s1,s2);
}
```

运行结果：

输入：
abcc
abd
输出：
abcc小于abd

程序说明：

循环语句 while(str1[i]==str2[i] && str1[i]!='\0' && str2[i]!='\0') i++;中，条件 str1[i]==str2[i]表明两个字符串相同位置上的字符相等，条件 str1[i]!='\0' && str2[i]!='\0'成立，表示两个数组均还未比较到字符串的结尾。这三个条件同时成立，执行循环体 i++，接着比较两个字符串下一个位置的字符。这三个条件有任何一个不成立，则说明已经找到不相同的字符或者字符串已经比较完毕，退出循环，不再执行循环体 i++。退出循环时有两种情况，第一种情况是，因为 str1[i]==str2[i]不成立而退出，此时 i 是两个字符串第一个不相同字符所在元素的下标，执行 R=str1[i]-str2[i];，得到的 R 一定是个非 0 的数值。第二种情况是，如果两个字符串相等，则循环过程中条件 str1[i]==str2[i]会一直成立,直到比较到两个字符串的结尾标记'\0',触发 str1[i]!='\0' && str2[i]!='\0'不成立退出循环，此时 str1[i]和 str2[i]的值都是'\0'，仍然是相等的，执行 R=str1[i]-str2[i];，得到 R 的值是 0。根据 R 的值，即可给出函数的返回值。

【例 7.21】编写验证密码的登录程序，输入密码正确，进入系统，输入错误允许重输，若输入错误 3 次，给出错误提示并退出程序。简单起见，认为密码是固定的字符串"123456"。

```
#include <stdio.h>
#include <string.h>
main()
{
    int i=0;                    //用作循环变量
    char UserMM[20];            //用于存储用户输入的密码,假设密码最长为19位
    while(i<3)
    {
        puts("请输入密码");      //操作提示信息
        gets(UserMM);            //从键盘接收字符串,可含空格符,存入数组UserMM
        if(strcmp(UserMM,"123456")==0)     //与预设密码相同
            break;               //中断循环,此时i的值必小于3
        else                     //否则,即密码输入错误,
            i++;                 //循环变量值增1,再去判断是否再次循环,即是否允许再输密码
    }   //退出循环,要么因为执行了break;,要么因为i的值等于3不满足循环条件
    if(i<3)                      //如果因为输入密码正确而执行break退出循环,i的值必小于3
        puts("密码输入正确");    //实际编程需将此句换为进入系统的函数调用
    else
        puts("密码输入错误3次,你没有操作权限,程序已退出");
}
```

运行结果：

```
请输入密码
789456
请输入密码
456123
请输入密码
123456
密码输入正确
```

2. 字符串复制函数

C 语言规定把字符串存储在字符数组里,当需要将一个字符数组 s1 里存储的字符串复制到(赋值给)另外一个字符数组 s2 时,直接像基本类型变量之间赋值那样,写作 s2=s1 是错误的,因为数组的名字是个表示存储单元地址的符号常量,常量没有分配存储空间,是不能接受赋值的。

C 语言提供了字符串复制函数 strcpy(),实现两个字符数组之间进行字符串复制。该函数的原型为:

```
char* strcpy(char* strDestination, const char* strSource);
```

函数的功能是把第 2 个形参指向的字符串复制到第 1 个形参指向的存储空间里。

形参 strDestination 必须是一个存储空间的地址,因为它要必须指向用于存储被复制字符串的存储空间。该存储空间应预留足够大,否则,所复制的字符串在存储时将溢出,溢出部分会顺序存储在这块存储空间之后,即"侵占"了别的存储空间,如果被侵占的存储空间存储了其他重要数据,将会引发程序崩溃的安全隐患。不过,这极少发生,这里作此说明,是让读者建立内存操作的安全意识。存储空间自己申请多少用多少,溢出使用虽然不见得每次都立即出问题,但毕竟存在"越权访问"的安全隐患。

形参 strSource 指向被复制的源字符串,可以是源字符串本身,例如,strcpy(s1,"asd");也可以是存放源字符串的存储空间的首地址,即字符数组的名字。如果字符数组里包含多个'\0',则只将第一个'\0'及其之前的字符作为字符串存储到第一个参数所指向的存储空间里。

如果 strcpy()函数执行成功,返回存储所复制字符串的存储空间的地址。如果 strcpy()函数执行失败,返回何值不详。无论在何处,只要发生 strcpy()执行失败,程序便会终止运行,返回操作系统界面。

【例 7.22】 strcpy()函数的执行成功和执行失败的返回值。

```
#include <stdio.h>
#include <string.h>
main()
{
    char s1[4],s2[40]="sadfa";
    printf("        字符数组s1的首地址=%d\n",s1);
    printf("存放目的字符串的存储空间地址=%d\n",strcpy(s1,s2));
    printf("存放目的字符串的存储空间地址=%d\n",strcpy("sfsa",s2));
    printf("strcpy()执行失败后的语句不再执行,直接退出程序");
}
```

运行结果:

```
        字符数组s1的首地址=6684176
存放目的字符串的存储空间地址=6684176
```

程序说明:

程序包含了 4 条 printf()语句,正常执行应输出 4 行文字,但运行结果只输出前两个 printf()语句的字符串,这说明,

(1)第 2 个 printf()语句成功执行了 strcpy(s1,s2),即把数组 s2 存储的字符串赋值给以 s1 为

地址的存储空间中，并把 s1 作为函数的返回值。因此，前 2 个 printf()语句输出的地址都是 s1 的地址 6684176。

（2）第 3 个 printf()语句本意要输出 strcpy("sfsa",s2)执行失败时的返回值。因为第一个参数是个字符串常量，它无法为 s2 中的字符串提供存储空间，因此 strcpy()调用肯定失败。但 strcpy()不做安全性检查，执行失败会直接退出程序，因此程序的后两个 printf()语句均未正常执行。

【例 7.23】编写实现 strcpy()函数功能的 mystrcpy()函数。

分析：把两个形参均用数组表示，使用循环，把第二个形参数组中的第一个'\0'之前字符依次赋给第一个形参数组，退出循环之后，再在第一个形参数组增加一个'\0'。

程序如下：

```
char *mystrcpy(char A[],char B[])  //形参使用数组，返回值为char类型的指针（地址）
{
    int i=0;
    while(B[i]!='\0')
    {
        A[i]=B[i];
        i++;
    }                    //若在此处退出循环，须满足的条件是B[i]='\0'
    A[i]=B[i];           //此时B[i]所存储的字符一定是'\0'
    return A;            //把存储被复制字符串的数组地址作为函数的返回值
}
```

此函数因为没有考虑字符串复制不成功时应如何处理及返回何值，因此存在安全隐患。如果正确给出实参，例如，char s1[20]; mystrcpy(s1,"afs");，该函数能实现字符串复制的功能，但如果给出的实参有误，例如，mystrcpy("afd","cbf");，则函数将不知如何处理。设计程序应避免这种因考虑不全面而埋下 bug 隐患。

书写下面的主函数，调用该函数，根据运行结果，验证函数功能。

```
#include <stdio.h>
main()
{
    char s1[30]="asfd",s2[40]="123456";
    printf("复制之前数组s1所存储字符串为%s\n",s1);
    printf("复制之后数组s1所存储字符串为%s\n", mystrcpy(s1,s2));
}
```

运行结果：

```
复制之前数组s1所存储字符串为asfd
复制之后数组s1所存储字符串为123456
```

3．字符串连接函数

所谓字符串连接，是指将第 2 个字符串拼接到第 1 个字符串尾部，形成一个新字符串。由于 C 语言把'\0'作为字符串的结尾标记，因此字符串连接时，需将第 2 个字符串的首字符替换第 1 个字符串的'\0'。

C 语言提供了字符串连接的库函数，其原型为：

```
char *strcat(char *strDest, const char *strScr);
```

strcat()函数的功能是将第二个形参指向的字符串拼接到第一个形参所指字符串的尾部，形成一个新的字符串并存储到第一个形参指向的存储空间中。例如：

```
char s1[50]="Good";
char s2[]="morning";
strcat(s1,s2);          //将s2所存储的字符串拼接到s1所存储字符串的尾部
printf("%s",s1);
```

运行结果：

```
Goodmorning
```

调用 strcat()函数的实参要求，第一个参数必须是一个 char 类型的地址，用它来指出一块可以存储拼接后字符串的存储空间，如果第一个参数给的是个字符串常量，strcat()调用出错。第一个参数通常是字符数组的名字。第二个参数可以是字符串常量，也可以是存储字符串的数组名。

如果函数执行成功，返回存储所拼接字符串的存储空间的地址。如果执行失败，返回何值不详。无论在何处，只要发生 strcat()执行失败，程序便会终止运行，返回操作系统界面。

【例 7.24】编写实现 strcat()函数功能的 mystrcat()函数。

分析：把两个形参均用数组表示，使用循环，先找到第一个形参数组所存储的第一个'\0'的元素下标，再使用循环，将第二个形参数组中的第一个'\0'之前字符依次赋给第一个形参数组从存储'\0'的元素开始的后续元素，退出循环之后，再在第一个形参数组增加一个'\0'。

程序如下：

```
char *mystrcat(char A[],char B[]) //形参使用数组，返回值为char类型的指针（地址）
{
    int i=0,j=0;              //循环变量
    while(A[i]!='\0')  i++;   //退出循环时，i是数组A存储的第一个'\0'所在元素的下标
    while(B[j]!='\0')  A[i++]=B[j++]; //退出循环的条件是B[j]='\0'
    A[i]=B[j];                //此时B[j]所存储的字符一定是'\0'
    return A;                 //把存储被复制字符串的数组地址作为函数的返回值
}
#include <stdio.h>
main()
{
    char s1[30]="asfd",s2[40]="123";
    printf("连接之前数组s1所存储字符串为%s\n",s1);
    printf("连接之后数组s1所存储字符串为%s\n", mystrcat(s1,s2));
}
```

运行结果：

```
连接之前数组s1所存储字符串为asfd
连接之后数组s1所存储字符串为asfd123
```

4. 求字符串长度函数

函数原型：

```
unsigned int strlen(const char *str);
```

函数功能是求出参数所指代字符串的长度，即不包含'\0'的字符个数。

形参是指代字符串,调用时,可以是一个字符串常量,如 strlen("123ab");,也可以是一个字符数组的名字。例如:

```
char str[]={'H', 'o', 'w', '\0', 'a', 'r', 'e', '\0', 'y', 'o', 'u', '\0'};
//字符数组有意存储多个'\0'
  printf("%d",strlen(str));     //strlen(str)求出的是str数组里第一个'\0'前字符个数
```

运行结果:
```
3
```

【例 7.25】编写求字符串长度的 mystrlen()函数。

分析:形参使用数组。使用循环,查找数组所存储的第一个'\0'的元素,因为数组的下标从 0 开始,故存储第一个'\0'的元素的下标,刚好是'\0'之前的字符个数,即为字符串长度。第一个 '\0'之后的字符不被认为是字符串的字符,不再统计。函数的返回值应为无符号整数。

```
unsigned int mystrlen(char A[])       //形参使用数组
{
    int i=0;     //循环变量
    while(A[i]!='\0')i++;    //退出循环时,i是数组A存储的第一个'\0'所在元素的下标
    return i;    //因数组下标从0开始,故第一个'\0'所在元素的下标刚好是字符个数
}
```

5. 其他函数

(1)转小写函数 strlwr():将字符串的所有大写字母转换成对应的小写字母,其他字符保持原字符。例如,strlwr("AbA1");返回"aba1"。

(2)转大写函数 strupr():将字符串的所有小写字母转换成对应的大写字母,其他字符保持不变。例如,strupr("abA2");返回"ABA2"。

7.5 数组的综合应用

【例 7.26】从键盘读入一段文本,当输入'#'时输入结束;统计其中的英文字母、数字、空格和除此之外的其他字符个数。

分析:定义变量 nChar 来存储英文字母的个数,nNum 存储数字的个数,nBlank 存储空格的个数,nOther 存储其他字符的个数。由于不确定字符的个数,必须构建循环 while((c=getchar())!='#') 直到输入特殊的字符后结束。字符分类统计问题代表了一类信息的分类统计问题,其关键是遍历所有的信息查找所需要的信息,并做出统计。

程序如下:
```
#include <stdio.h>
main()
{
    unsigned int nChar=0,nNum=0,nBlank=0,nOther=0;
    char c;
    printf("输入文本: ");
    while((c=getchar())!='#')
    {
```

```
            if((c>='a')&&(c<='z')||(c>='A')&&(c<='Z'))    //如果是英文字母
                nChar++;
            else  if((c>='0')&&(c<='9'))                  //如果是数字
                nNum++;
            else  if(c==' ')                              //如果是空格符
                nBlank++;
            else      //其他字符
                nOther++;
        }
printf("Char=%d\tNum=%d\tBlank=%d\tOther=%d",nChar,nNum,nBlank,nOther);
    }
```

运行结果：

```
输入文本: 2011 asdf,jkl;&&-
Char=7  Num=4  Blank=1  Other=5
```

【例7.27】把存储在二维字符数组的多个字符串排序输出。

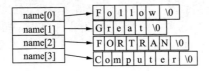

分析：

定义一个指针数组 *name[4]，用各字符串对它进行初始化。定义一个 sort()函数用选择法对字符串排序，但不是移动字符串，只是改变指针数组的各元素的指向。定义一个 print()函数输出指针数组所指向的各个字符串。

程序如下：

```
#include <stdio.h>
#include <string.h>
void sort(char *name[ ],int n);
void print(char *name[ ],int n);
main()
{
    char *name[ ]={ "Follow","Great", "FORTRAN","Computer"};
    int n=4;
    sort(name,n);
    print(name,n);
}
void sort(char *name[ ], int  n)
{
    char *temp; int i,j,k;
    for (i=0;i<n-1;i++)
    {
        k=i;
        for (j=i+1;j<n;j++)
            if(strcmp(name[k],name[j])>0) k=j;
        if (k!=i)
        {
```

```
            emp=name[i];
            name[i]=name[k];
            name[k]=temp;
        }
    }
}
void print(char *name[ ],int n)
{
    int i;
    for(i=0;i<n;i++)
    puts(name[i]);
}
```

运行结果:
```
Computer
FORTRAN
Follow
Great
```

【**例 7.28**】开灯问题。

有 n 盏灯,编号为 1~n,第 1 个人把所有灯打开,第 2 个人按下所有编号为 2 的倍数的开关(这些灯将被关掉),第 3 个人按下所有编号为 3 的倍数的开关(其中关掉的灯将被打开,开着的灯将被关闭),依此类推。一共有 k 个人,问最后有哪些灯开着?输入 n 和 k,输出开着的灯编号,k≤n≤1000。

分析:可以用数组 a[1],a[2],...,a[n]表示编号为 1,2,3,...,n 的灯是否开着,如果是开着该值为 1,否则为 0,来模拟整个过程,然后把开着的灯输出即可。memset(a,0,sizeof(a))的作用是把数组 a 清零,它在 string.h 中定义。设置了一个标志变量 first,可以表示当前要输出的变量是否为第一个,是为了避免输出多余的空格。

程序如下:
```
#include<stdio.h>
#include<string.h>
#define MAXN 1000+10
int a[MAXN];
int main()
{
    int i,j,n,k,first=1;
    memset(a,0,sizeof(a));
    printf("输入 n  k: ");
    scanf("%d%d",&n,&k);
    for(i=1;i<=k;i++)
        for(j=1;j<=n;j++)
            if(j%i==0)  a[j]=!a[j];
    for(i=1;i<=n;i++)
        if(a[i])
        {
            if(first)
                first = 0;
            else
```

```
            printf(" ");
        printf("%d", i);
    }
    printf("\n");
}
```

运行结果：

```
输入 n  k: 7  3
1 5 6 7
```

小　　结

本章介绍了一维数组、二维数组的定义及使用，接着介绍了数组作为函数的参数，字符数组及常用的字符串处理库函数，最后介绍了数组的综合应用。通过本章的学习，读者应掌握数组的相关知识，能够使用一维数组、二维数组、字符数组结合函数灵活解决实际应用问题。

习　　题

一、单选题

1. 下面错误的初始化语句是（　　）。
   A. char str[]="hello";   B. char str[100]="hello";
   C. char str[]={'h','e','l','l','o'};   D. char str[]={'hello'};
2. 定义了一维 int 型数组 a[10]后，下面错误的引用是（　　）。
   A. a[0]=1;   B. a[10]=2;
   C. a[0]=5*2;   D. a[1]=a[2]*a[0];
3. 下面的二维数组初始化语句中，错误的是（　　）。
   A. float b[2][2]={0.1,0.2,0.3,0.4};   B. int a[][2]={{1,2},{3,4}};
   C. int a[2][]= {{1,2},{3,4}};   D. float a[2][2]={0};
4. 引用数组元素时，数组下标可以是（　　）。
   A. 整型常量   B. 整型变量   C. 整型表达式   D. 以上均可
5. 定义了 int 型二维数组 a[6][7]后，数组元素 a[3][4]前的数组元素个数为（　　）。
   A. 24   B. 25   C. 18   D. 17
6. 下列初始化字符数组的语句中，错误的是（　　）。
   A. char str[5]="hello";   B. char str[]={'h','e','l','l','o','\0'};
   C. char str[5]={"hi"};   D. char str[100]="";
7. strlen("A\0B\0C")的结果为（　　）。
   A. 0   B. 1   C. 2   D. 3
8. 下面程序的运行结果是（　　）。

```
main()
{
```

```
    int a[][3]={1,2,3,4,5,6};
    printf("%d",a[1][1]);
}
```
    A. 3   B. 4   C. 5   D. 6

9. 下面程序的运行结果是（　　）。
```
main()
{
    char s1[20]="Good!";
    char s2[15]="AB";
    printf("%d",strlen(strcpy(s1,s2)));
}
```
    A. 20   B. 15   C. 5   D. 2

10. 下面程序的运行结果是（　　）。
```
main()
{
    char s1[20]="ABCDEF";
    int i=0;
    while(s1[i++]!='\0')
        printf("%c", s1[i++]);
}
```
    A. ABCDEF   B. BDF   C. ABCDE   D. BCDE

二、填空题

1. 阅读下列程序，写出程序的功能并查看当输入以下数据时的输出结果是_____。

12，23，-1，5，8
-16，3，5，0，1
-8，4，3，10，11
-20，100，78，29，1

```
#include <stdio.h>
#define MAX 20
main()
{
    int n[20];
    int i;
    printf("Please input 20 nubmers:\n");
    for(i=0;i<MAX;i++)
        scanf("%d",&n[i]);
    for(i=0;i<MAX;i++)
        if(n[i]>=0)
            printf("%4d",n[i]);
}
```

2. 下列程序的作用是将一个数组中的数据逆序输出，请将编号【1】、【2】、【3】、【4】空白处补充完整。
```
#include <stdio.h>
main()
```

```
{
    int n[10];
    int i,j,tmp;
    printf("Please 10 numbers:\n");
    for(i=0;i<10;i++)  scanf("%d",&n[i]);
    printf("Origin numbers:\n");
    for(  【1】  )
        printf(" %d",n[i]);
    i=0;j=9;
    while(  【2】  )
    {
        tmp=n[i];
        n[i]=n[j];
        n[j]=tmp;
            【3】   ;
            【4】   ;
    }
    printf("Reversing numbers:\n");
    i=0;
    while(i<10)
    {
        printf(" %d",n[i]);
        i++;
    }
}
```

3. 下列程序是求矩阵 m[5][5]两条对角线元素值的和，请将编号【1】、【2】、【3】空白处补充完整。

```
#include <stdio.h>
main()
{
    int m[5][5],sum1,sum2,i,j;
    printf("Please elements:\n");
    for(i=0;i<5;i++)
        scanf("%d%d%d%d%d",  【1】  );
    printf("Enter:\n");
    for(i=0;i<5;i++){
        for(j=0;j<5;j++)
            printf("%d",m[i][j]);
    printf("\n");}
    sum1=  【2】  ;
    sum2=  【3】  ;
    printf("The results:\n%d %d\n",sum1,sum2);
}
```

4. 下列程序的作用是任意输入一个字符串，将其中的字符按 ASCII 码值从小到大重新排序，并输出。请将编号【1】、【2】、【3】空白处补充完整。

```
#include <stdio.h>
#include <string.h>
main()
```

```
{
char input[30],temp;
int length,i,j;
printf("Enter a string:\n");
gets( 【1】 );
length= 【2】 ;
for(i=0;i<length;i++)
for(j=i+1;j<length;j++)
if( 【3】 )
{
temp=input[i];
input[i]=input[j];
input[j]=temp;
}
printf("After sorting:\n%s\n",input);
}
```

三、编程题

1. 输入若干学生的成绩（学生数≤100），统计不及格、及格、良好和优秀的人数。（优秀的分数≥85；良好的分数≥70；及格的分数≥60；不及格的分数＜60）

2. 输入 n 个整数（$n≤20$），存放在一个一维数组中，然后在第 m 个整数后插入一个输入的整数（后续数组元素后移一位），输出最终的数组。

3. 编写程序，可以实现 $n×n$ 方阵的转置（$n≤10$）。

4. 输入一个 4×5 的矩阵，求其中最大元素所在的行号和列号。

5. 输入一行字符，统计其中单词的个数（单词之间可能有多个空格）。

6. 编程实现 strupr() 的功能，即输入一个字符串，经过处理后将该字符串里的所有字符变成大写字符（不能使用字符处理函数）。

7. 输入一个字符串 str1。将 str1 左面的 n 个字符复制到 str2 中，并输出 str2 的结果。

8. 输入一个字符串和一个字符，删除字符串中和输入字符相同的所有字符，输出处理后的字符串。

9. 排序问题：给定一个包含若干个整数的数组，如何将所有数组元素从小到大（或从大到小）排列？

10. 蛇形填数。在 $n×n$ 方阵里填入 1,2,...,$n×n$,要求填成蛇形。例如 $n=4$ 时方阵为，

$$\begin{bmatrix} 10 & 11 & 12 & 1 \\ 9 & 16 & 13 & 2 \\ 8 & 15 & 14 & 3 \\ 7 & 6 & 5 & 4 \end{bmatrix}$$

要求：直接输入方阵的维数，即 n 的值。（$n≤100$）输出结果是蛇形方阵。

第 8 章 结 构 体

学习目标

★ 掌握结构体数据类型和结构体变量的定义和使用
★ 掌握结构体在数组、指针和函数中的使用
★ 了解动态分配存储空间的概念和用法

重点内容

★ 结构体,结构体变量的定义、初始化和使用
★ typedef 语句的使用
★ 结构体数组的使用
★ 函数参数中使用结构体
★ 顺序存储和链式存储的概念和应用

  C 语言提供了基本数据类型、构造类型、指针类型、空类型四种变量类型,其中,基本数据类型变量可认为是单个的,如 int a;,所定义的变量只有 1 个。而构造类型是指由多个变量组合成的一个特殊变量,如数组定义语句 int A[10];,它名义上定义了一个数组,但实际上系统一次性为数组 A 分配了 10 个 int 型的变量,名字分别为 A[0]~A[9],并且在使用时,需要单独访问数组中每个元素。C 语言要求数组这种构造类型的变量包含的所有元素都必须是相同的数据类型。即 int A[10];定义数组 A,它的 10 个元素 A[0]~A[9]都只能存储 int 型的数据。从这个意义上,数组这个构造型变量只是单个基本类型变量在数量上的扩展,它的优势不过是用一个定义语句同时定义多个相同类型的变量。

  还有一种构造类型的变量是本章要介绍的结构体。一个结构体变量也是由多个成员变量组成,但允许它的各个成员变量的数据类型不一致。

  结构体与数组虽说都是构造类型,但相比数组,结构体有两点特别之处,一是结构体是编程者自定义的数据类型,数据类型是用来定义变量的,定义结构体类型之后,要使用它定义变量,并不能把定义的结构体当成变量使用。而数组只是一个变量,绝不能用数组作为数据类型去定义变量。二是结构体的成员，不仅可以包含成员变量，函数也可以作为结构体的成员。结构体的成员变量所属数据类型可以不一样。

哪些情况需要定义结构体？当使用单个的变量不足以描述某个对象的多个属性时，就需要根据这个对象要描述的属性定义结构体（类型）。例如要描述一个大学生，有姓名、年龄、专业、学号等多个属性，所有的属性共同起作用时，才能区分和确定不同的大学生个体。若仅用一个变量描述"姓名"这一个属性，如果出现同名学生，则系统不能区分。此时，对"大学生"这个对象，就需要设计一个结构体数据类型，把描述每个属性的变量作为成员，所有的成员变量作为一个整体。

8.1 结构体类型与结构体变量

结构体是一种由编程者自己定义的数据类型，读者必须对此深刻理解。数据类型的基本作用是用于约定该类型的变量占用多少个字节的存储空间。C 语言系统定义了一些数据类型，如 int、char、float、double 等，这些数据类型的名字被 C 语言作为保留的关键字，编程者不得用它作为另含它意的标识符（名字），比如不能将它再用作变量名、函数名。数据类型关键字用于定义（声明）变量，它本身不是变量，系统也不为它分配存储空间。如 int=4 意欲将 4 存储到 int 中，是把 int 作为变量名使用，是有语法错误的。结构体是编程者为描述一个具有多个属性的对象而自定义的数据类型，它需要告诉计算机，它包含哪些"成员"，它所包含的"成员"多是变量，按一个成员变量描述对象的一个属性原则设置，不同的成员变量根据它要描述的对象属性的性质，其数据类型不一定相同。同时，既然结构体是个数据类型，它的作用也是用于定义变量，它本身也不能用作变量。使用结构体，要依次做三件事，一是定义结构体类型，二是使用这个结构体类型定义结构体变量，三是使用结构体变量。与 int 这些系统定义的数据类型相比，增加了结构体数据类型定义的过程，因为结构体变量是包含多个成员的一个"整体"，因此在使用上也与 int 这些系统数据类型定义的单个变量有所不同。

8.1.1 结构体类型

所谓定义结构体类型就是创建结构体类型的代码。在结构体类型的代码中要声明它包含哪些成员，以及这些成员各自的数据类型。虽然结构体包含的成员分为成员变量和成员函数两类，但结构体通常是多个成员变量的集合体，也就是结构体的成员应主要是成员变量。结构体的成员变量一般是由基本数据类型定义，但也允许某些成员是其他结构体类型定义的变量。

定义一个结构体类型的一般形式为：

```
struct 结构体名
{
    成员变量表列
    [成员函数表列]    //结构体内可以包含函数成员
};
```

其中：

（1）struct 是定义结构体类型的关键字，结构体名是由程序设计者按 C 语言标识符命名规则指定的该结构体类型名称，将来要用它作为数据类型标识符去定义结构体变量。后跟一对大括号将其包含的成员包围起来，右大括号}后的分号不能省略，表示以 struct 关键字开头的整个结构体定义代码是一个语句。

（2）成员函数表列是可选项，最初的 C 编译器不允许把函数作为结构体的成员，但 C++ 编译器允许结构体包含成员函数，由于目前很难找到纯粹的 C 编译器，故现在 C 语言的学习者可以按 C++ 的规定书写程序，而不必拘泥于 C 的语法规定。结构体可以有成员函数。

由于结构体重在把多个离散的变量聚合起来作为一个整体，因此，本书介绍的结构体也不特意去包括成员函数。

（3）成员变量表列列出该结构体的成员变量，每个成员变量也必须作类型说明，说明形式为：

```
类型说明符 成员变量名;
```

例如，描述学生信息的结构体可定义如下：

```
struct student
{
    int id;                //学号
    char name[21];         //姓名
    char sex;              //性别
    float score;           //成绩
    char address[40];      //家庭住址
};
```

其中，同一类型的成员变量可以在同一个变量定义语句中定义，如结构体定义中第 2、3 行可写成一个语句，char name[21],sex;，请注意各成员变量的声明顺序，这决定为结构体变量初始化时给出的各成员变量值的顺序。

这个结构体定义所创建的结构体数据类型的名字为"struct student"，这个名字作为数据类型标识符用于定义结构体变量，其中，关键字 struct 不能省略。

结构体数据类型和结构体是两个概念，在这个结构体定义中，结构体名为 student。该结构体由 5 个基本类型的成员变量组成。成员 id 是 int 型，用于存储一个学生的学号；成员 name 是字符数组，用于存储学生的姓名；成员 sex 为字符型，用于存储学生的性别；成员 score 是 float 型，用于存储学生的成绩，成员 address 是字符数组，用于存储学生的家庭地址。

结构体的成员也允许是其他结构体类型的变量，即一个结构体类型中的某些成员又是其他结构体类型。例如，在上面定义的结构体中，出生日期没有作为结构体的成员，可以先把年份、月份、日期三个属性定义成一个结构体 date，然后再用结构体类型 struct date 声明一个变量作为结构体 student 的成员变量，例如：

```
struct date
{
    int year;      //年
    int month;     //月
    int day;       //日
};
```

描述一个学生实体的完整结构体描述。

```
struct student
{
```

```
    int id;                    //学号
    char name[21];             //姓名
    char sex;                  //性别
    float score;               //成绩
    char addr[50];             //家庭住址
    struct date birthday;      //结构体类型的变量作为成员,要求结构体date必须已定义
    struct student sa;         //错误,不允许尚未完成定义的结构体类型定义非指针变量
    struct student *next;      //允许尚未完成定义的结构体类型定义指针变量作为成员
};
```

struct date 是结构体类型名称,在结构体 student 中,用它定义变量 birthday,则变量 birthday 称为结构体 student 的一个成员变量。

像这种在结构体内声明结构体变量作为成员,如果所声明的结构体类型的成员不是指针,则要求声明成员变量的结构体必须已经定义完成,即不允许用正在定义的结构体中,用该结构体类型定义它的非指针型成员变量。如上面 student 结构体的定义中,语句 struct student sa;,将会造成语法错误。而语句 struct student *p;由于定义的变量 p 是指针类型的,正常执行。

为什么正在定义中的结构体类型能定义指针变量作为自己的成员,而不能定义非指针类型变量作为成员?这是因为数据类型的职责之一是约定该类型的变量所要分配的存储空间大小,所定义的结构体既然是一个数据类型,它必然也要确定其定义的变量所占的存储空间字节个数。结构体类型所占存储空间的大小是其所有的成员变量占用存储空间的总和。如上面的结构体类型 struct date,它有三个 int 型成员变量,因此它所占用存储空间大小是 3*4=12 个字节,也就是使用结构体类型 struct date 定义的变量,系统为其分配 12 个字节大小的存储空间。上文结构体类型 struct student 的定义中,语句 struct student sa;在结构体 student 还没有定义完成时就用它定义变量 sa,那么一个 struct student 类型的变量应分配多少字节还不知道,系统就无法为变量 sa 分配存储空间。但为什么用它定义指针就可以作为其成员了呢?这是因为,无论什么数据类型的指针,系统为其分配的存储空间都是 8 个字节,故虽然 struct student 类型尚未完成,但其定义的指针变量一定是占 8 个字节,这就能使结构体类型确定它约定的存储空间大小。

执行语句 printf("%d",sizeof(struct student));可以输出结构体类型 struct student 所约定存储空间字节个数。

定义结构体类型的代码可以放在函数之外,也可以在某个函数内。与变量的作用域相似,结构体类型的作用域限定在定义该结构体类型的语句所在的那对大括号{}里。也就是说,若在 A 函数里定义的结构体类型,它的作用域仅限于 A 函数,是不能在 B 函数中使用的。

8.1.2 结构体变量

前文介绍的是结构体数据类型,它只是约定它要声明的变量包括哪些成员,需要分配多大的存储空间。它本身不是变量,不能被用于存储数据,只有用它声明了结构体变量,才能使用结构体变量来进行数据的存储。因此,定义了结构体类型之后,还要用它声明结构体变量,然后使用结构体变量。

1. 声明结构体变量

结构体类型定义之后,即可进行变量声明。声明结构体类型变量,有三种方法。

（1）先定义结构体类型，再声明结构体变量。

```
struct 结构体名 变量名表列;
```

例如，上面已定义了一个结构体类型 struct student，可以用它来声明结构体变量。

```
struct student s1,s2;
```

执行这个语句，声明两个 struct student 结构体类型变量 s1 和 s2，实质是系统创建了这两个变量并为其分配了存储空间。

（2）定义结构体类型的同时声明结构体变量。

```
struct 结构体名
{
    成员变量表列;
}变量名表列;
```

例如：

```
struct student
{
    int id;
    char name[21];
    char sex;
    float score;
    char addr[50];
    struct date birthday;
}s1,s2;
```

定义结构体数据类型 struct student 的同时，声明了两个 struct student 类型的变量 s1 和 s2。与第一种声明方式相比，可以少输入一次结构体类型名 struct student。

注意：所声明的结构体变量名字写作右大括号"}"与分号";"之间，若同时定义多个变量，变量名之间用逗号隔开。

采用此方式定义结构体变量之后，后面的代码中，还可以按第一种方式，使用结构体类型名去定义其他变量。

（3）直接声明结构体类型变量。

```
struct
{
    成员变量表列;
}变量名表列;
```

例如：

```
struct
{
    int id;
    char name[21];
    char sex;
    float score;
    char addr[50];
    struct date birthday;
}s1,s2;
```

第三种方法与第二种方法的区别在于第三种方法中省去了结构体名，而直接声明结构体变量。这种形式对结构体类型的使用是一次性的，因为没有设置结构体的名字，因此不能像第二种方式那样，在其后再次定义该类型的变量。

2. 用 typedef 把数据类型名化繁为简

结构体数据类型名往往很长，如上文中的 struct student，这会令源代码输入量增大。C 语言提供了 typedef 命令关键字，可以用它把一个长的类型名"定义为"一个短的容易记忆的类型名，而这两个类型名是等价的，可以认为是同一个数据类型的两个名字。如若有 typedef struct student STU;，则 STU s;和 struct student s;完全等价。

当然，C 语言引入 typedef 绝不仅为了少写几个字符。C 语言允许用户使用 typedef 把一个已有的数据类型名称定义自己习惯的名称，这个被"改名"的数据类型只要是已经存在即可，可以是 int、float 这些基本类型名称，也可以是数组类型名称、指针类型名称，使用最多的还是把自定义的结构体类型名称进行"改名"。

在实际使用中，typedef 的应用主要有如下 4 种情形。

（1）为基本数据类型定义新的类型名。也就是说，系统默认的所有基本类型都可以利用 typedef 关键字来重新定义类型名，例如：

```
typedef unsigned int COUNT;
```

C 语言虽然允许对基本数据类型重新定义名称，但并不建议这样做，因为单纯为了给基本数据类型"改名"，纯粹画蛇添足，因为基本类型的关键字，如 int，已经非常短小，能见名知义且已为大众熟识。对基本数据类型进行重新定义可以实现将多个编程环境中不同名称但含义相同的数据类型统一为一个名字。比如，要定义一个 REAL 的浮点类型，在目标平台一中，让它表示最高精度的类型，即

```
typedef long double REAL;
```

在不支持 long double 的平台二中，改为

```
typedef double REAL;
```

甚至还可以在连 double 都不支持的平台三中，改为

```
typedef float REAL;
```

（2）为自定义数据类型（结构体、共用体和枚举类型）定义简洁的类型名称。以结构体为例，下面定义一个名为 Point 的结构体：

```
struct Point
{
    double x, y;
    double z;
};
```

在使用这个结构体类型定义变量时，可使用如下代码：

```
struct Point oPoint1={100, 100, 0};
struct Point oPoint2;
```

在这里，结构体 struct Point 为新的数据类型，在定义变量时 struct 关键字不能少。若使用 typedef 给这个结构体"改名"，例如：

```
typedef struct tagPoint
{
    double x,y,z;
} Point;
```

在上面的代码中，实际上完成了两个操作。

第一个操作是定义了一个新的结构类型 struct tagPoint，其中，struct 关键字和 tagPoint 一起构成了这个结构类型，无论是否存在 typedef 关键字，这个结构都存在。

第二个操作是使用 typedef 为这个新的结构体类型起了一个别名，叫 Point，即

```
typedef struct tagPoint Point;
```

定义之后，就可以像 int 和 double 那样直接使用 Point 定义变量，例如：

```
Point oPoint1={100, 100, 0};
Point oPoint2;
```

（3）为数组定义简洁的类型名称。它的定义方法很简单，与为基本数据类型定义新的别名方法一样，例如：

```
typedef int INT_ARRAY_100[100];
INT_ARRAY_100 arr;
```

（4）为指针定义简洁的名称。对于指针，同样可以使用下面的方式来定义一个新的别名。

```
typedef char* PCHAR;
PCHAR pa;
```

对于上面这种简单的变量声明，使用 typedef 定义一个新的别名或许会感觉意义不大，但在比较复杂的变量声明中，typedef 的优势就体现出来了，例如：

```
int *(*a[5])(int,char*);
```

对于上面变量的声明，如果使用 typedef 来给它定义一个别名，这会非常有意义，例如：

```
//PFun是创建的一个类型别名
typedef int *(*PFun)(int,char*);
//使用定义的新类型来声明对象，等价于int*(*a[5])(int,char*);
PFun a[5];
```

注意：

① 结构体类型与结构体变量是不同的概念。定义一个结构体类型，系统并不为其分配存储空间，只有在声明该结构体变量后，才为该变量分配存储空间。编译程序在为结构体变量分配存储空间时，其中各成员的存储格式及其意义与结构体类型保持一致。不能对一个结构体类型进行操作（赋值、存取或运算），而对结构体变量可以赋值、存取或运算。

② 结构体变量中的成员可以单独使用，它的作用与地位相当于普通变量。

③ 结构体成员名与程序中变量名可重名，两者不代表同一对象，不会混淆。例如，在程序中声明一个变量 id，它与 struct student 类型变量中的 id 是不同的。

3. 结构体变量的使用方法

使用结构体变量主要是使用它作为变量能够存储信息这一属性。因此，结构体变量的主要操作是赋值、取值。但除了允许具有相同类型的结构变量相互赋值以外，对结构体变量的使用，都必须通过结构体变量的各个成员来实现。

结构体变量名引用其成员的一般形式为：

`结构体变量名.成员名；`

其中，圆点是个运算符，可读作"的"。

例如，student1.id 表示引用结构体变量 student1 中的 id 成员，因该成员的类型为 int 型，所以可以对它进行 int 型变量的运算。

`student1.id=2022;`

如果一个结构体类型中使用了另外一个结构体类型定义的变量作成员，则应采取逐级访问的方法，直到访问到最后一级结构体类型的成员变量为止。

例如，对 s1 中出生年月的访问可以用

```
s1.birthday.year=2004;//birthday是结构体date的变量,是结构体类型student的成员
s1.birthday.month=7;   //month是结构体变量birthday的成员
s1.birthday.day=20;
```

可以对结构体变量的成员进行各种有关的运算，允许运算的种类与相同类型的简单变量的种类相同。例如：

`scanf("%d",&student1.age);`

4．结构体变量的初始化

结构体变量和其他变量一样，可以在声明变量的同时进行初始化。在初始化时，按照所定义的结构体类型的数据结构，依次写出各成员变量的初始值。

【例 8.1】 结构体类型变量应用举例。

```c
#include <stdio.h>
struct student
{
    int id;
    char name[21];
    char sex;
    float score;
    char addr[50];
};
struct student stu1={2001,"Zhaoqi",'F',95.5,"Qingfeng Road"};
//将大括号中的值按顺序赋给stu1的各个成员变量。
main()
{
    printf("Id:%ld\nName:%s\nSex:%c\n",stu1.id,stu1.name,stu1.sex);
    printf("Score:%f\nAddress:%s\n",stu1.score,stu1.addr);
}
```

运行结果：

```
Id:2001
Name:Zhaoqi
Sex:F
Score:95.500000
Address:Qingfeng Road
```

程序说明：

本例中，stu1 被声明为结构体变量，并对 stu1 作了初始化赋值。在 main()中，用 printf()输出 stu1 各成员的值。

如果一个结构体类型内使用另一个结构体类型声明了成员变量，则初始化时仍然是对各个基本类型的成员赋值。

【例 8.2】 结构体类型嵌套举例。

```c
#include<stdio.h>
struct date
{
    int year,month, day;     //定义三个成员变量
};
struct student
{
    int id;
    char name[21];
    char sex;
    float score;
    char addr[50];
    struct date birthday;
}student1={2003,"Wangjun",'F',98.5,"Wenchang Road",1995,10,15};

main()
{
    printf("Id:%ld\nName:%s\nSex:%c\n",student1.id,student1.name,student1.sex);
    printf("Score:%f\nAddress:%s\n",student1.score,student1.addr);
    printf("Year:%d\nMonth:%d\nDay:%d\n",student1.birthday.year,student1.birthday.month,student1.birthday.day);
}
```

运行结果：

```
Id:2003
Name:Wangjun
Sex:F
Score:98.500000
Address:Wenchang Road
Year:1995
Month:10
Day:15
```

5. 结构体变量的输入与输出

C 语言不允许把一个结构体变量作为一个整体进行输入或输出。例如，上面声明的结构体变量不能进行如下的输入与输出操作。

```c
printf("%d\n",stu1);
scanf("%d",&stu1);
```

因为结构体变量 stu1 包括了整型、字符型和浮点型等不同类型的数据项，像上面那样用一个 "%d" 格式符来输入或输出 stu1 的各个数据项显然是不行的。那么下面这行代码能不能正确的输出 stu1 中的各个数据项？

```
printf("%d,%s,%c,%3.2f,%s\n",stu1);
```

此时，输出 stu1 的各项也是不正确的。原因在用 printf()输出时，一个格式符对应一个输出项，有明确的起止范围，而一个结构体变量在内存中占连续的一片存储单元，哪一个格式符对应哪一个成员往往难以确定其界限，正确的做法是按各成员变量进行输入与输出。

例如，若有一个结构体变量：

```
struct student
{
    char name[21],addr[50];
    long id;
}stud1={"Wangjun","Wenchang Road",2003};
```

变量 stud1 在内存中存储是依据成员变量存放的，如图 8-1 所示。

图8-1　结构体变量在内存中的存储情况

因为变量 stud1 包含两个字符串和一个长整型数据，因此输出 stud1 变量，应该使用如下方式：

```
printf("%s,%s,%ld\n",stud1.name,stud1.addr,stud1.id);
```

输入 stud1 变量的各成员值，则用

```
scanf("%s%s%ld",stud1.name,stud1.addr,&stud1.id);
```

成员项 name 和 addr 是字符数组，数组名是地址，因此，scanf()中%s 对应的数据项直接写数组名，不能写成&stud1.name、&stud1.addr。而成员 id 不是数组，应写为&stud1.id。

可以用 gets()和 puts()输入和输出一个结构体变量中的字符数组成员。例如：

```
gets(stud1.name);
puts(stud1.name);
```

gets()输入一串字符存储到数组 stud1.name，puts()输出 stud1.name 数组存储的字符串。

8.1.3　结构体数组

当有多个同类型的数据且数据之间形成一个集合时，应把存储这些数据的变量定义为数组形式。一个学生的实体数据如学号、姓名、性别、成绩等，可以用一个结构体变量来描述，如果要处理 50 名学生的数据，应该使用结构体数组。在实际应用中，经常用结构体数组表示具有相同数据结构的一个群体，如一个班的学生成绩等。

结构体数组的定义方法和结构体变量相似，只需说明它为数组类型即可。

1．结构体类型数组的定义

定义结构体类型数组，有以下三种方法。

（1）先定义结构体类型，再定义结构体数组。例如：

```
struct student
{
```

```
    int id;
    char name[21];
};
struct student s1[30];
```
以上定义了一个结构体数组 s1[30]，它有 30 个元素，每个元素都是 struct student 类型。

（2）定义结构体类型的同时定义结构体数组。例如：
```
struct student
{
    int id;
    char name[21];
}s1[30], s2[20];
```
在完成结构体 student 的定义的同时，定义了两个 struct student 类型的数组 s1 和 s2。

（3）直接定义结构体类型数组。例如：
```
struct
{
    int id;
    char name[21];
}s1[30],s2[20];
```
这种方式没有设置结构体的名字，而是直接定义了两个结构体数组 s1 和 s2。这个结构体类型的使用是一次性的，因为该结构体没有名字，无法在其他位置再使用它去定义变量。

如同基本类型的数组一样，结构体数组的元素在内存中也按顺序存放，也可初始化。

2. 结构体数组的初始化

在对结构体数组初始化时，要将每个元素的数据分别用花括号括起来。例如：
```
struct student
{
    int id;
    char name[21],sex;
    float score;
    char addr[50];
} stu[3]={ {61102378, "YuanJie", 'M', 95, "80 Wenchang Road"},
           {61102097, "YanKan", 'M', 80, "80 Wenchang Road"},
           {61102100, "LiLing", 'F', 89, "88 Beijing Road"}
         };
```
在编译时，系统按外层大括号里面的每对大括号里的数据，依次赋给数组 stu 下标从 0 开始的元素，即将第一个花括号中的数据赋值给 stu[0]，第二个花括号内的数据赋值给 stu[1]，第三个花括号内的数据赋值给 stu[2]，如果赋初值的数据组的个数与所定义的数组元素相等，则数组长度可以省略不写，系统会根据初始化时提供的数据组的个数自动确定数组的大小。这与前面介绍数组的初始化类似。如果提供的初始化数据组的个数少于数组元素的个数，则方括号内的元素个数不能省略。例如：
```
struct student
{
    int id;
    char name[21],sex;
```

```
    float score;
    char addr[50];
}stu[3]={  {61102378,"YuanJie",'M',95,"80 Wenchang Road"},
          {61102097,"YanKan",'M',80,"80 Wenchang Road"}
        };
```

只依次对前两个元素赋初值，即 stu[0]和 stu[1]赋初值，数组其他元素因为没有提供初值，系统按对数值型成员赋以 0，对字符型数据赋以'\0'的原则为其赋值。本例中，元素 stu[2]的各成员变量的值分别为 stu[2].id=0, stu[2].name[21]='\0', stu[2].sex='\0', stu[2].score=0.0, stu[2].addr[50] ='\0'。

3．结构体数组的使用方法

一个结构体数组的元素就是一个结构体变量，使用结构体数组的元素和使用结构体变量的规则完全相同。

（1）引用结构体数组某个元素中的一个成员。其一般方法为：

结构体数组名[元素下标].结构体成员名；

例如，stu[i].id;，这是使用下标为 i 的数组元素 stu[i]的成员变量 id。

（2）可以将一个结构体数组元素赋值给同一结构体数组中的另一元素，或者赋给同一类型的结构体变量。例如：

```
struct student stu4[3],stud;
stud=stu4[0];              //同类型的结构体数组元素可赋给结构体变量
stu4[0]=stu4[1];           //同一个结构体数组各元素之间可互相赋值
stu4[1]=stud;              //同类型的结构体变量与结构体数组的某个元素，可互相赋值
```

stud=stu4[0];这行代码的含义是把变量 stud 与 stu4[0]的各成员变量对应赋值，要求 stud 与 stu4[0]必须是同一个结构体类型。只有同一个结构体类型定义的变量之间才能按上面的方式进行按结构体变量整体赋值，其他情况均只允许按结构体变量的各成员变量单独赋值。

（3）不能把结构体数组元素作为一个整体直接进行输入或输出，只能以单个成员为对象进行输入或输出。例如：

```
printf("%d",stu3[1]);
scanf("%d",stu3[1]);
```

以上两行代码都是错误的，必须引用到成员变量，正确的输入或输出形式如下：

```
printf("%d",stu3[1].id);
scanf("%d",&stu3[1].id);
```

【例 8.3】 建立学生通讯录。

```
#include <stdio.h>
#define NUM 4                    //定义符号常量
struct students
{
    char name[21];               //存储学生姓名
    char phone[12];              //存储电话号码
};
main()
{
    struct students people[NUM]; //定义结构体数组
    int i;
```

```
    for(i=0;i<NUM;i++)
    {
       printf("input name:");
       scanf("%s",people[i].name);      //也可用gets(people[i].name);输入
       printf("input telephone:");
       scanf("%s",people[i].phone);     //也可用gets(people[i].phone);输入
    }
    printf("name\t\tphone\n");
    for(i=0;i<NUM;i++)
        printf("%s\t\t%s\n",people[i].name,people[i].phone);
}
```

运行结果：
```
input name:Lisha
input telephone:83026301
input name:Wangjing
input telephone:83026302
input name:Zhanghua
input telephone:83026303
input name:Zhanghang
input telephone:83026304
name              phone
Lisha             83026301
Wangjing          83026302
Zhanghua          83026303
Zhanghang         83026304
```

程序说明：

本程序中定义了一个结构体 students，它有两个成员 name 和 phone 用于表示姓名和电话号码。在主函数中定义 people 为 students 类型的结构体数组。在 for 语句中，用 scanf()（或者 gets()）分别输入各个元素中两个成员的值。然后又在 for 语句中用 printf() 输出各元素中两个成员值。

8.1.4 结构体指针变量

一个结构体变量在内存中占用一段连续的内存空间，可以声明一个指针变量，用于指向这个结构体变量，该指针变量称为结构体指针变量。

结构体指针变量中的值是所指向的结构体变量（所分配的存储空间）的首地址。通过结构体指针变量可访问该结构体变量，这与数组指针和函数指针的情况是相同的。

1. 指向结构体变量的指针

指向结构体变量的指针声明的一般形式为：

```
struct 结构体名 *指针变量名;
```

例如，在前文定义了 student 这个结构，可以有下列语句：

```
struct student *pstu;
```

其含义是声明结构体指针变量 pstu。

当然，结构体指针就是一个变量，所以可以参照前文定义结构体变量的三种方式之一定义。

与前文讨论的各类指针变量相同，结构体指针变量也必须先赋值然后才能使用，使用未经赋值

的指针变量将导致程序立即终止运行。为结构体指针赋值是把一个与它属于同一个结构体类型的变量的地址存储到该指针变量对应的存储空间。例如，

pstu=&stu1;是正确的，功能是使指针 pstu "指向" 结构体变量 stu1。

pstu=s1;是正确的，因为 s1 是前面章节（8.1.3）定义的 struct student 类型的数组，数组名是地址。

当把一个结构体变量的地址赋给同类型的结构体指针变量，可以使用该结构体指针访问它"指向"的结构体变量，仍然要求必须按成员变量访问。其访问的一般形式为：

```
结构体指针变量->成员名
```

或者

```
(*结构体指针变量).成员名
```

其中，第一种写法是结构体指针使用方式，其中的符号"->"由半角的减号和大于号组成，中间不能有空格，是一个运算符，左侧一定是结构体指针变量，右侧是结构体类型的某个具体成员变量名。第二种写法是结构体变量的使用方式，它先用*还原后跟指针变量"指向"的结构体变量，然后用点运算符去连接它的成员变量。

例如，通过 pstu 引用结构体变量 stu1 的 id 成员，写成 pstu->id 或者(*pstu).id；引用 stu1 的 name 成员，写成 pstu->name 或者(*pstu).name 等。

注意：

（1）习惯采用运算符"->"来访问结构体变量的各个成员，这样能形象化地突出指针的"指向"作用，相比(*指针)的写法还能少输入一个字符。

（2）"(*指针变量).结构体成员名"中的圆括号是必需的，因为"*"运算符的优先级低于"."运算符。如去掉括号写作*pstu.id 则等效于*(pstu.id)，这样就变成了按 pstu.id 里存储的地址取该存储空间存储的值了，意义就完全不对了。

【例 8.4】 结构体指针变量使用举例。

```c
#include <stdio.h>
struct student
{
    int id;
    char name[21];
    char sex;
    float score;
}st1={202210,"Li jin",'F',94.5},*p1;
int main()
{
    p1=&st1;
    printf("Number=%d\nName=%s\n",st1.id,st1.name);
    printf("Sex=%c\nScore=%f\n\n",st1.sex,st1.score);
    printf("Number=%d\nName=%s\n",(*p1).id,(*p1).name);
    printf("Sex=%c\nScore=%f\n\n",(*p1).sex,(*p1).score);
    printf("Number=%d\nName=%s\n",p1->id,p1->name);
    printf("Sex=%c\nScore=%f\n\n",p1->sex,p1->score);
    return 0;
```

}
```
运行结果：
```
Number=202210
Name=Li jin
Sex=F
Score=94.500000

Number=202210
Name=Li jin
Sex=F
Score=94.500000

Number=202210
Name=Li jin
Sex=F
Score=94.500000
```

程序说明：

本例程序定义了一个结构体 student，声明了 student 类型结构体变量 st1 并作了初始化赋值，还声明了一个指向 student 类型的指针变量 p1。在 main() 中，p1 被赋予结构体变量 st1 的地址，因此 p1 "指向" st1。然后在 printf() 内用三种形式输出 st1 的各个成员值。从运行结果可以看出：结构体变量名.成员名、(*结构体指针变量名).成员名、结构体指针变量->成员名，这三种用于表示结构体成员的形式是完全等价的。

**2. 指向结构体数组的指针**

结构体指针变量和结构体数组也可以配合使用，以实现多种方式的编程。使用方法和普通指针变量与数组的配合方法一样，也是将结构体数组的首地址赋给结构体指针变量，要求数组与指针必须同属一个结构体类型。也可以令结构体指针变量 "指向" 结构体数组的某个元素。例如，设 p 为指向结构体数组的指针变量，则 p 也指向该结构体数组下标为 0 的元素，p+i 指向该结构体数组下标为 i 的元素。

【例 8.5】指向结构体数组的指针举例。

```c
#include <stdio.h>
struct st
{
    int id;
    char name[21];
    char sex;
    float score;
}st1[3]={ {10001,"Zheng qiang",'F',86.5},
         {10002,"Liang mei",'M',90.0},
         {10003,"Liu li",'F',72.5}
       };    //初始化
main()
{
    struct st *p1;
    printf("Id\tName\t\tSex\tScore\t\n");
```
```

```
    for(p1=st1;p1<st1+3;p1++)
        printf("%d\t%-15s\t%c\t%f\t\n",p1->id,p1->name,p1->sex,p1->score);
}
```

运行结果：

```
Id         Name             Sex      Score
10001      Zheng qiang      F        86.500000
10002      Liang mei        M        90.000000
10003      Liu li           F        72.500000
```

程序说明：

在程序中，定义了 st 结构体类型数组 st1 并作了初始化赋值。在 main() 内声明 p1 为指向 st 类型的指针。在 for 语句中，p1 被赋予 st1 的首地址，然后循环 3 次，输出 st1 数组中各成员值。

注意：

一个结构体指针变量虽然可以用于访问结构体变量或结构体数组元素的成员，但是不能让它指向一个成员，也就是说不允许取一个成员的地址来赋予它。例如：

代码 p1=&st1[1].id;是错误的，&st1[1].id 取的是成员变量 id 的地址，并非是元素 st1[1]的地址。这行代码可修改为

```
p1=st1;              //用数组名把数组首地址赋给指针变量p1
```

或者

```
p1=&st1[0];          //把数组下标为0的元素的地址，就是数组的首地址，赋给指针变量p1
```

8.1.5 结构体与函数

1. 用结构体变量作为函数参数

新的 ANSI C 标准以及许多 C 编译器都允许用结构体变量作为函数参数，即直接将实参结构体变量的各个成员的值传递给形参结构体变量对应的成员变量。要求实参和形参的结构体变量类型必须相同。这是"值"传递，即形参变量和实参变量是两个不同的变量。调用函数时，系统要为形参变量分配存储空间，并把实参变量的值存储到形参变量。

【例 8.6】用结构体变量作函数参数。

```
#include <stdio.h>
void f1(struct data parm);    //函数声明，形参是结构体变量，"值"传递
struct data                   //结构体数据类型
{
    int a,b,c;                //包含三个同类型的成员变量
};
main()
{
    struct data arg;          //定义结构体变量arg
    arg.a=70;                 //按成员变量访问
    arg.b=50;
    arg.c=arg.a+arg.b;
    printf("arg.a=%d ;arg.b=%d ;arg.c=%d\n",arg.a,arg.b,arg.c);
    f1(arg);                  //调用函数
    printf("arg.a=%d ;arg.b=%d ;arg.c=%d\n",arg.a,arg.b,arg.c);
```

```
}
void f1(struct data parm)        //功能是将形参变量的各成员变量值输出
{
    printf("parm.a=%d ;parm.b=%d ;parm.c=%d\n",parm.a,parm.b,parm.c);
    parm.a=60;
    parm.b=30;
    parm.c=parm.a*parm.b;
    printf("parm.a=%d ;parm.b=%d ;parm.c=%d\n",parm.a,parm.b,parm.c);
}
```

运行结果:

```
arg.a=70 ;arg.b=50 ;arg.c=120
parm.a=70 ;parm.b=50 ;parm.c=120
parm.a=60 ;parm.b=30 ;parm.c=1800
arg.a=70 ;arg.b=50 ;arg.c=120
```

程序说明:

本程序定义了一个结构体类型 struct data, 它有 a、b、c 三个成员; 定义了一个函数 f1(), 其形参是 struct data 类型的变量,因此只能进行"值"传递。在 main()中,声明了结构体 struct data 类型的变量 arg 作为函数 f1()的实参,调用函数 f1()时,实参与形参结合的方式是 struct data parm=arg, 这是"值"传递方式, C语言允许同类型的结构体变量之间进行这种整体赋值,实参结构体变量 arg 中各成员变量的值传递给了形参结构体变量 parm 对应的各成员变量,但函数 f1()体内对形参变量 parm 值的改变,不会影响实参变量 arg。运行结果证明了这一点,读者可根据输出结果圆括号里的注释,对比分析。

2. 用结构体指针变量作函数形参

通常,编程者希望调用函数来修改实参变量的值,而且前文所介绍的这种实参与形参的"值"传递结合方式,表面上是两个结构体变量之间的赋值,但其实是该结构体所有的成员变量均要对应赋值,这会带来较多的赋值耗时。

C 语言允许使用结构体指针作为形参变量,调用时用实参传递结构体变量的地址,这样,形参指针就"指向"实参结构体变量。把形参定义为结构体指针变量,系统只分配 8 个字节的存储空间,不会为形参按结构体类型分配存储空间,这可以节约对内存空间的占用。实参传递过去的是一个结构体变量的地址,并不是把结构体变量的所有成员变量值都传递给函数,这可节省形参与实参结合过程的赋值用时。实参结构体变量的地址赋给形参结构体指针之后,在函数中操作形参指针,就是操作它"指向"的结构体变量。基于减少实参与形参结合时的赋值耗时,同时为达到操作形参就是操作实参的目的,推荐使用结构体指针变量作为函数形参。

【例 8.7】 将例 8.6 改用结构体指针变量作函数形参。

```
#include <stdio.h>
void f1(struct data *parm);      //函数声明,形参为指针,只能进行"地址"传递
struct data
{
    int a,b,c;
};
main()
```

```
{
    struct data arg;              //定义结构体变量arg
    arg.a=70;                     //按结构体的成员变量单独使用
    arg.b=50;
    arg.c=arg.a+arg.b;
    printf("arg.a=%d ;arg.b=%d ;arg.c=%d\n",arg.a,arg.b,arg.c);
    f1(&arg);                     //将结构体变量arg的地址作为实参,进行地址传递调用
    printf("arg.a=%d ;arg.b=%d ;arg.c=%d\n",arg.a,arg.b,arg.c);
}
void f1(struct data *parm)
{
    printf("parm->a=%d,parm->b=%d,parm->c=%d\n",parm->a,parm->b,parm->c);
    parm->a=60;
    parm->b=30;
    parm->c=parm->a*parm->b;
    printf("parm->a=%d ,parm->b=%d ,parm->c=%d\n",parm->a,parm->b,parm->c);
}
```

运行结果:

```
arg.a=70 ;arg.b=50 ;arg.c=120        (此为main()第一个printf()语句执行结果)
parm->a=70, parm->b=50 ,parm->c=120  (此为f1()第一个printf()语句执行结果)
parm->a=60 ,parm->b=30 ,parm->c=1800 (此为f1()第二个printf()语句执行结果)
arg.a=60 ;arg.b=30 ;arg.c=1800       (此为main()第二个printf()语句执行结果)
```

程序说明:

在 main()中对 arg 的各成员赋值,然后输出,在调用 f1()时,用&arg 作实参,&arg 是结构体变量 arg 的地址,形参与实参结合方式为 struct data *parm =&arg,即指针变量 parm "指向" 结构体变量 arg。在 f1()中输出 parm 所指向的结构体变量的各个成员值,然后为 parm 各成员值赋值、输出,在返回 main()后,再输出 arg 的成员值即为在 f1()中被改变过的值,从而验证了这种地址传递方式,被调用函数对形参的操作,就是对形参所指向的实参变量的操作。

3. 函数返回值是结构体类型

函数的返回值也可以是结构体类型。

【例 8.8】返回结构体类型值的函数举例。

```
#include <stdio.h>
struct data fun();        //声明函数fun(),返回值类型是struct data
struct data
{
    int a,b,c,d,e;
};
main()
{
    int i,j;
    struct data arg[3];
    for(i=0;i<3;i++)
        arg[i]=fun();
    printf("Output data\n");
    for(j=0;j<3;j++)
```

```
        {
            printf("arg[%d].a=%d;", j, arg[j].a);
            printf("arg[%d].b=%d;", j, arg[j].b);
            printf("arg[%d].c=%d;", j, arg[j].c);
            printf("arg[%d].d=%d;", j, arg[j].d);
            printf("arg[%d].e=%d;", j, arg[j].e);
            printf("\n");
        }
}
struct data fun()         //函数fun()的返回值的数据类型是struct data
{
    struct data d1;       //定义结构体变量d1
    printf("Input data\n");
    //按结构体的成员单独使用
    scanf("%d%d%d%d%d",&d1.a,&d1.b,&d1.c,&d1.d,&d1.e);
    return d1;            //把结构体变量d1作为返回值
}
```

运行结果：
```
Input data
1 2 3 4 5↙
Input data
6 7 8 9 10↙
Input data
11 12 13 14 15↙
Output data
arg[0].a=1;arg[0].b=2;arg[0].c=3;arg[0].d=4;arg[0].e=5;
arg[1].a=6;arg[1].b=7;arg[1].c=8;arg[1].d=9;arg[1].e=10;
arg[2].a=11;arg[2].b=12;arg[2].c=13;arg[2].d=14;arg[2].e=15;
```

程序说明：

函数 fun() 的功能是输入一个结构体数据，并将输入结构体数据作为返回值，返回给结构体数组 arg 的第 i 个元素，实现第 i 个结构体数组 arg 元素的数据输入，然后把 arg 数组的各个元素输出。

8.2 动态分配存储空间

1. 为什么要进行动态分配存储空间

前文所述，在定义变量时，系统按该变量的数据类型约定的存储空间大小分配存储空间，这个分配是在程序编译期间就完成的，称为静态分配存储空间，所分配空间的多少在程序运行期间不能改变，可能会出现分配得多实际使用得少造成浪费的情况，也可能会出现分配得少而需要用得多造成非法越界的问题。比如定义数组就是静态分配存储空间，这也是为什么在定义数组时必须指出数组长度的原因，因为不确定数组长度，就无法确定为数组分配多大存储空间。然而某些情况下，数组的长度并不确定，比如，使用同一个数组存放不同班级的学生成绩，不同班级的人数未必相等，那就需要按最多人数定义数组的长度。这种分配方法在大多数情况下会浪费内存空间，在少数情况下，当定义的数组不够大时，可能引起下标越界错误，甚至导致严重后果。因此，如果 C 语言只提供静态分配方式，显然不能满足所有的需求。

所谓动态分配存储空间是指在程序执行的过程中根据需要分配存储空间，这样可以需要多少分配多少，既保证够用，又不浪费。动态分配在编译期间仅需要定义一个指针变量，在程序运算时，根据实际需要分配所需大小的存储空间，并将这块存储空间的首地址赋给指针变量。

2. 实现动态管理存储空间的函数

要对存储空间进行动态分配，需要实现分配指定大小的存储空间、回收（释放）给出首地址的一块存储空间，C 语言提供了函数实现上述功能，分别是 malloc()、calloc()、realloc()和 free()，前面 3 个是有关分配存储空间的函数，而 free()是用于释放存储空间的函数。

使用动态分配存储空间的流程是：首先定义指针变量，用于存储动态分配的存储空间的首地址；其次调用内存动态分配函数分配存储空间，实际上是"圈定"一块指定大小的存储空间，取得这块空间的访问权，被分配的存储空间在没有释放之前，系统没有权限把它再分配给其他变量；最后当确定不再使用这块存储空间时，通过调用 free()函数"释放"这块存储空间，使之可以被系统再次分配给其他变量。

（1）malloc()函数

函数原型为：

```
void *malloc (unsigned int size);
```

其功能是在内存中分配一个长度为 size 个字节的连续空间，并将成功分配的存储空间的首地址作为函数值返回。如果分配失败，返回 NULL。NULL 是值 0 的符号常量。

void *malloc (unsigned int size)中形参是一个无符号整型数，调用时实参通常以数值表达式的形式给出，如语句 malloc(12*sizeof(int))表示申请分配 12 个 int 型长度的连续空间，sizeof(int)是求出数据类型 int 所约定的存储空间字节个数。一个 int 类型变量占 4 个字节，因此也可写作 malloc(48)，但显然没有写作 12*sizeof(int)容易理解。例如，若分配 n 个某结构体类型变量占的空间，往往并不清楚结构体类型约定的空间大小，此时，写作 n*sizeof(结构体类型名)会更方便理解和使用。

使用 malloc()函数是为了让系统分配指定大小的存储空间并获得这块空间的使用权，因此，必须关注调用后该函数的返回值。首先要判断函数是否成功分配了存储空间，如果分配失败，要给出分配失败的提示，有多种原因，如可供分配的内存容量不足将会导致 malloc()函数执行失败，而不能盲目地接着执行那些分配成功后才能执行语句。其次函数原型说明函数的返回值是 void 类型的指针，也就是定义函数时不规定指向任何具体的类型，事实上也无法规定。但实际调用时，一定要明确返回的地址是什么数据类型，这需要通过强制类型转换来实现。例如：

```
long *p=(long *)malloc(8);
```

malloc(8)让系统分配一个长度为 8 个字节的内存空间并返回这块空间的首地址。但这个地址是 void 类型的，现在要将其赋给 long 类型的指针变量以便后续使用，则还需要将其强制转换为 long 类型指针，即(long *)malloc(8)。

应当指出，指向 void 类型是标准 ANSI C 建议的，当前使用的许多 C 系统提供的 malloc()返回的指针是指向 char 类型的，即其函数原型为：

```
char * malloc(unsigned int size);
```

如果 malloc()函数返回指针为 char 类型,并将其赋给其他类型的指针变量时,也应进行类似的强制类型转换。因此,对程序设计者来说,无论函数返回的指针指向 void 类型还是指向 char 类型,用法都是一样的。

上述使用存在安全隐患,因为它没有考虑 malloc()分配存储空间失败时的情况,虽然发生概率接近于 0,但这并非永不发生,而一旦发生,赋给指针变量的是地址 0,如果后续有对该指针变量的操作,则会导致程序立即停止运行。因此,应增加 malloc()分配存储空间是否成功的判断。一般在这个赋值语句之后进行如下判断:

```
if(p!=NULL)
{ ...//存储空间分配成功应执行的语句   }
else
{...//存储空间分配失败应给出的提示信息}
```

malloc()在动态分配结构体类型变量的存储空间方面也有这广泛的用途。通过下面的代码展示这方面的应用。

```
struct student *pstu;
//分配4个struct student类型存储空间
pstu=(struct student *) malloc(4*sizeof(struct student));
if(pstu==NULL)
    puts("内存动态分配失败!!!");
else
{
    puts("内存动态分配成功!下面输入4个学生的姓名");
    int i;
    for(i=0;i<4;i++)
    {
        gets(pstu->name);
        pstu++;
    }
}
```

以上代码依次执行的操作,首先分配 4 个 struct student 结构体类型的存储空间,并将首地址强制转换为 struct student 类型后赋给指针变量 pstu。然后如果 malloc()动态分配失败,就给出提示,退出程序,否则,通过循环,输入 4 个学生的姓名。

简单起见,本例没有书写输入其他成员变量的语句。如此例,当为指针 pstu 分配了多个 struct student 类型的存储空间后,把 pstu 按数组下标形式使用,即 for()循环体的两行语句可以换成 gets(pstu[i].name);,实现效果一样。这是两种不同的代码书写风格,读者可根据个人偏好选择其一使用。

(2) free()函数

函数原型为:

```
void free(void *p);
```

功能是释放由 malloc()等函数动态分配的存储空间,被释放的存储空间的首地址由形参指针变量给出。

为什么要释放动态分配的存储空间？首先这是一条内存空间动态管理的原则，即谁申请分配的谁要负责释放，C 语言不会自动回收那些动态分配的和已闲置不用的内存空间。其次由于内存空间总是有限的，如果只做动态分配而不释放回收，则会造成大量的空间闲置，从而导致没有可分配的空间用于新的动态分配。因此，当所动态分配的内存空间确定不会再被用到时，编程者要记得及时释放它，以便这块存储空间可供再次分配。

free()函数调用简单，只需把要释放存储空间的首地址作为实参调用即可。但要注意两点，一是只有通过 malloc()等函数动态分配的存储空间才能被 free()释放；二是由于 malloc()等函数成功动态分配的存储空间的首地址是指针变量，故 free()函数总是用指针变量做实参。续上文的例子，当执行 pstu=(struct student *) malloc(4*sizeof(struct student));为指针变量 pstu 动态分配存储空间之后，若该空间不再使用，则应执行 free(pstu); 进行释放。

调用 free()函数的实参必须是先前调用 malloc()等动态分配函数成功分配的存储空间的首地址，且应以指针变量的形式给出，否则为 free()传递其他非动态分配的存储空间的地址很可能造成死机后果。

malloc()对存储区域进行动态分配，free()可以释放动态分配的且已经不再使用的存储空间。由这两个函数就可以实现对内存空间进行动态管理。为了满足多种分配方式，C 语言还提供了 calloc()、realloc()两个内存空间动态分配函数。

（3）calloc()函数

函数原型为：

```
char * calloc(unsigned int num,unsigned int size);
```

作用是分配 num 个大小为 size 字节的空间。例如，用 calloc(15,25)可以开辟 15 个（每个大小为 25 字节）存储空间，即总长为 375 字节，如果动态分配成功，此函数返回值为成功分配的存储空间的首地址，否则，即动态分配失败，返回 NULL。

由于函数原型声明的返回值类型为 char 型指针，故实际调用时，必须将返回的地址强制转换为与存储这个地址的指针变量相同类型。例如，

```
pstu=(struct student *) calloc(4,sizeof(struct student));
```

（4）realloc()函数

函数原型为：

```
void * realloc(void *ptr,unsigned int size);
```

参数 ptr 为需要重新分配的内存空间指针，size 为新的内存空间的大小。

功能是用于重新分配内存空间，即将形参指针 ptr "指向"的存储区（之前由 malloc()分配的）的大小改为 size 个字节，如果 size 大于原分配存储空间的字节数，则使原先的分配区扩大，size 也可以小于原分配存储空间的字节数，此时使原型的分配器缩小。如果重新按 size 大小分配成功，函数返回分配的存储空间的首地址，即新分配存储区的首地址。新首地址不一定与原首地址相同。

realloc()对 ptr "指向"的内存重新分配 size 个字节大小的空间，size 可以比原来的大或者小，还可以不变。当 malloc()、calloc()分配的内存空间不够用或者用不到的空间较多时，可以

用 realloc() 把已分配的内存空间调整为合适大小。

如果 ptr 为 NULL(0)，它的效果和 malloc() 相同，即为 ptr 指向的内存空间重新分配 0 个字节的存储空间，事实就是将其释放。因此，申请 0 个字节就是没有分配新的内存空间，所以返回空指针 NULL，这相当于调用 free()。

下面是 realloc() 函数在使用过程中的几点注意事项：

指针 ptr 的值必须是动态分配成功的存储空间的地址，如 int *i; int a[2]; 这些静态分配的指针是不可以的，使用它们作为 ptr 的值去调用函数，会导致运行时出现错误。只有用 malloc()、calloc()、realloc() 成功分配的存储空间的地址才能被 realloc() 函数接受。

realloc() 函数再次成功分配内存空间后，指针 ptr 原存储的地址将被系统回收，不可再对 ptr 指针做任何操作，包括 free(ptr)。重新分配的存储空间的首地址由 realloc() 函数返回，可以使用该首地址对 ptr 所指向存储空间的数据进行操作。如果 realloc() 返回的新地址和 ptr 存储的原地址不相同，说明 realloc() 重新分配了一块大小为 size 的存储空间，而不是在 prt 所指向的那块存储空间后面接续够 size 个字节（或者截取够 size 个字节）的存储空间。这种情况下，通常采取的操作是重新分配存储空间，如果是扩大存储空间，会把 ptr 指向的内存中的数据复制到新地址所开始的存储空间里，从头开始赋值，把多出的空间留在后面。如果是缩小内存空间，则 ptr 所指向的存储空间原存数据会被复制到新地址开始的存储空间，并截取新长度为 size。

realloc() 执行之后得到的新地址也可能会和原地址相同，但无论新地址和原地址是否相同，都不能对形参 ptr 所存储的指针值进行任何操作。

realloc() 遵循以下的分配规则：

如果将分配的内存减少，realloc 仅仅是改变索引的信息，即 ptr 所存原地址不会改变。

如果是将分配的内存扩大，则有以下情况：

① 如果当前已分配的存储空间后面有足够的内存空间，则直接扩展这块内存空间。重新扩展分配的存储空间的首地址与扩展之前的存储空间的首地址相同，realloc() 将返回原指针。

② 如果当前已分配的存储空间后面的空闲存储空间小于要扩增的存储空间，即无法提供足够的存储空间用于在原址接续扩展，那么就需要在其他地方另找一块 size 大小的存储空间，将原存储空间的数据复制到新分配的存储空间里，同时，将原来分配的存储空间自动释放掉，函数把新分配的存储空间的首地址作为函数值返回。

③ 不管什么原因，如果重新分配失败，将返回 NULL，相当于没有重新分配，此时，原来的指针仍然有效。

ANSI C 标准要求在使用动态分配函数时要用 #include 命令将 stdlib.h 文件包含进来，但在目前使用的一些系统中，用的是 malloc.h 而不是 stdlib.h，也有的系统则不要求包含任何"头文件"，在使用时要注意所使用系统的规定。

【例 8.9】malloc()、realloc()、free() 的使用示例。

```
#include <stdio.h>
#include <stdlib.h>      //使用malloc()、realloc()函数需要包含stdlib.h头文件
main()
{
```

```
        int size,n;
        int *num1,*num2;
        num1=NULL;
        //为num2动态分配5个int的内存空间
        if((num2=(int *)malloc(5*sizeof(int)))==NULL)
        {   //返回的地址如果等于NULL,说明动态分配失败
            printf("动态分配失败");
            exit(1);              //终止程序,退回操作系统界面
        }
        printf("num2的地址: %8X\n",num2);   //分配成功,输出所分配存储空间的地址
        for(n=0;n<5;n++)          //为num2所指向的5个int型存储空间赋初值
            *(num2+n)=n;          //相当于num2[n]=n; 把n赋给num2所指向的空间的第n个
        printf("输入新的存储空间大小: ");
        scanf("%d",&size);        //输入新增的存储空间的大小
        num1=(int *)realloc(num2,(5+size)*sizeof(int));//如果重新分配成功,释放num2
        if(num1==NULL)            //返回的地址如果等于NULL,说明重新分配失败
        {
            printf("内存重新分配失败了! ");
            exit(1);              //退出程序
        }
        printf("num1的地址: %8X\n",num1);   //重新分配成功,输出新分配存储空间地址
        for(n=0;n<size;n++)       //为新扩展空间赋初值
            *(num1+5+n)=n+5;
        free(num1);    //释放num1,此处不需要释放num2,因为执行realloc()时已经释放
        num1=NULL;
        //free(num2); 语句无法执行,num2所存地址已被重新分配,不能再次释放
}
```

运行结果：

```
num2的地址:   741400
输入新的存储空间大小: 20
num1的地址:   741400
```

程序说明：

本例是先用 malloc() 分配 5 个 int 型变量的存储空间，并对分配的存储空间赋初值。然后再用 realloc() 扩展 size 个 int 型变量的存储空间，再对新扩展的 size 个 int 型存储空间赋初值。

8.3 顺序存储与链式存储

当有大量的数据需要程序处理时，编程者应充分考虑如何提高数据的处理效率，这在基础层面上决定程序的性能。对数据的处理包含增添、删除、更改、查找四种操作。所谓增添是指将数据以某种方式存储起来，而删除、更改属于数据维护工作，据统计，查找是使用最多的操作，因此，在大量的数据集中如果能做到查找速度快，则程序的效率就高。而要想实现最快速的查找，要从设计高效的查找算法和把数据采用什么样的方式存储两个方面考虑。研究把数据本身及数据之间的关系如何存储起来以达到快速查找的目的是一门称之为数据（存储）学问，数据如何存储也是能使用何种查找算法的决定因素。

概括而言，大量数据在存储时，有顺序存储和链式存储两种方式。

1. 顺序存储

当有大量相同类型的数据需要存储时往往选择数组。数组在内存中分配的存储空间是连续的，称为顺序存储。数组的每个元素所对应的存储空间在数组所分配的这一整块存储空间中的位置顺序和元素的下标是一致的。因为数组名是数组的下标为 0 的首元素地址，故前文述及，对数组元素的访问可以按地址方式，设有 int 型数组 A[10]，访问下标为 i（i 是 0~9 之间的一个数）的元素，可以按元素名 A[i]，如 A[i]=8;，也可以按地址形式*(A+i)，如*(A+i)=8。数组元素之所以可以这样访问，就是因为数组是顺序存储的，这是顺序存储的数据进行操作的一个最明显的优势。

但顺序存储也存在明显弊端：即如果在顺序存储的数据集中删除一个数据，则原来在该数据之后的数据要依次向前移动。而若在某个位置插入一个数据，则插入位置及其后的数据要向后移动一位。而且删除或插入的位置越靠前，所需移动的数据就越多，而所谓移动，就是把数据复制到新的位置，这个耗时是应该尽量避免的。

如执行语句 int a[8]={104,101,108,108,111};,则内存中数组 a 所占存储空间分配如图 8-2 所示。

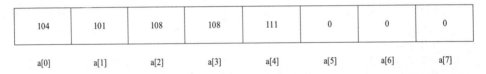

图8-2 数组a的存储空间及各元素存储的值

把数组 a 各元素存储的值看作多个数据在排队，即队列，此时若将 a[0]所存储的值删除，则是把 a[1]~a[7]存储的数据依次往前移动一位。即用 a[1]的值替换 a[0]的地址，a[2]的值替换 a[1]的值，……，a[7]的值替换 a[6]的值，a[7]是最后一个元素，它的值保持不变。

若要在 a[1]处插入一个新值，则需要将 a[1]~a[6]存储的数据各往后移动一位，腾出 a[1]的位置存入新数。这次需要先将 a[6]的值替换 a[7]的值，a[5]替换 a[6]，……，a[1]替换 a[2]，然后空出 a[1]。

读者请思考为何删除和插入所需要移动元素的先后次序不一样？

【例 8.10】 编写函数实现队列的插入、删除操作。所谓队列，就是一组数排成一队，删除某个数，然后其后的数依次往前移动一位，插入一个数后，从插入位置之后的数依次往后移动一位。队列用数组来表示。

程序如下：

```
#include <stdio.h>
//将数x插入到数组元素A[k]，数组A长度为n
void insert_queue(int A[],int n,int k,int x)
{
    int i=n-1;                    //i指向最后一个元素
    if(k>n-1||k<0)                //k为插入位置元素下标，不能（上、下）越界
    {
        puts("插入位置不当！无法插入");
```

```c
            return ;                         //返回调用该函数的语句
        }
        else
        {
            for( ;i>k;i--)                   //此处不可写作i>=k
                A[i]=A[i-1];                 //把A[i-1]的值赋给A[i], 即后移一位
            A[k]=x;                          //将x存储到A[k]
                puts("插入成功! ");
        }
}
void delete_queue(int A[],int n,int k)       //删除掉A[k]元素的值
{
    int i;
    if(k>n-1||k<0)            //k为删除位置的元素下标,不能(上、下)越界
    {
        puts("删除位置越界! 无法删除");
        return ;                             //返回调用该函数的语句
    }
    else
    {
        for(i=k;i<n-1;i++)                   //此处不可写作i<=n-1或i<n
            A[i]=A[i+1];                     //把A[i+1]的值前移一位
        puts("删除成功! ");
    }
}
void print_array(int *p,int n)               //显示数组p的n个元素
{
    while(n!=0)
    {
        printf("%d  ",*(p++));               //输出各元素存储的值
        n--;
    }
    printf("\n");    //换行
}
main()
{
    int a[10]={56,78,32,106,79,99,118,35,28,154};
    print_array(a,10);                       //输出数组各元素的值
    insert_queue(a,10,1,20);                 //将20插入到a[1],原a[1]的值后移一位
    print_array(a,10);                       //输出数组各元素的值,以对比验证
    delete_queue(a,10,1);                    //把数组元素a[1]删除
    print_array(a,10);                       //输出数组各元素的值,以对比验证
}
```

运行结果:

```
56   78   32   106   79   99   118   35   28   154(第1次调用print_array(a,10);的输出结果)
插入成功!                              (此为调用函数insert_queue()的输出结果)
56   20   78   32   106   79   99   118   35   28(第2次调用print_array(a,10);的输出结果)
删除成功!                              (此为调用delete_queue()的输出结果)
56   78   32   106   79   99   118   35   28   28(第3次调用print_array(a,10);的输出结果)
```

程序说明：

对比分析输出结果，第 3 行的输出证明插入 20 成功，第 5 行的输出证明删除成功。读者请关注 delete_queue()、insert_queue()两函数中 for()循环的注释，并尝试验证将循环终止条件改成注释所提示的条件，观察分析输出结果。

2．链式存储

鉴于顺序存储在删除、插入数据时会造成其他元素的"移动"，比如一个数组描述的队列有 10 万个元素，若在数组头部插入或删除一个元素，会引起其后近 10 万个元素的依次移动，时间成本较高，这种情况下链式存储能较好解决此类问题。链式存储在插入和删除时，不会"迫使"其他元素移动位置。这种链式存储又称为"链表"，是一种不要求所有的数据都存储在一片连续存储空间里的数据存储结构。链表在内存中的分配如图 8-3 所示。

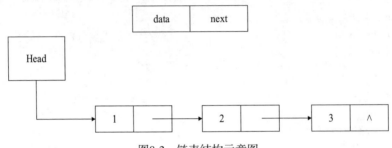

图8-3　链表结构示意图

所谓链表，是指将若干个数据项按一定的原则连接起来的数据存储结构。这个原则包括两点，一是把要存储的一个数据项和一个指针变量设计为一个结构体，称为组成链表的一个结点。注意，这里说的一个数据项可能由多个数据组成，比如要存储 100 个学生的信息数据，每个学生的信息是一个数据项，它可能包含姓名、学号等多个子数据。如果要存储 100 个整数，则数据项确实只包含一个数据。结点的指针变量用于存储链表中该结点的下一个结点的地址，其类型必须是定义该结点的结构体类型。因为该指针变量要"指向"的结点和它所在的结点是同一个结构体类型。二是每个结点都是一个结构体变量，组成一个链表的所有结点所占用的存储空间并不一定是连续的，各结点之间的先后关系由各自的指针变量来存储。每个结点的指针变量存储它的下一个结点的地址，最后一个结点的指针变量存储 NULL 表示该结点没有下一个结点。

建立链表的流程是：

（1）定义结构体类型，包括数据项和指针变量。数据项包括哪些成员变量根据要存储数据的特点确定。

（2）使用结构体类型定义一个指针变量 head，以便用它来存储链表的第一个结点的地址，称为头结点指针。

（3）使用结构体类型定义一个结构体变量，也就是在内存中分配一个"结点"的存储空间。其指针变量的值自动赋 NULL。如果该结点是链表的第一个结点，即头结点，就把它的地址赋给头结点指针。如果它是后续结点，就把它的地址赋给它前面结点的指针变量。

（4）重复（3），直到把所有数据都存储为链表的结点，链表构建完成。

链表在构建过程中，由于步骤（3）是多次执行的，执行一次分配一个结点，执行多次所分配的多个结点在内存中的位置连续的可能性较小。这样，以各个结点的指针变量把离散分布的结点链成一个线性表，称为链表。根据各结点在链表中的位置顺序，结点间的关系分为前驱、后继。图 8-3 中，结点 1、结点 2 是结点 3 的前驱结点，其中结点 2 是结点 3 的直接前驱结点，结点 2、结点 3 是结点 1 的后继结点，其中结点 2 是结点 1 的直接后继结点。

链表又分为单链表、双向链表和循环链表等。这里只讲较简单的单链表。所谓单向链表，是指数据结点是线性单向排列的。一个单向链表的结点包括两部分，一是用户需要用的实际数据（数据域），二是用于存储下一个结点地址或者说指向其直接后继的指针（链域或称为指针域），结点要定义为结构体类型。例如：

```
struct node
{
    char name[21];        //结点的数据部分，可包含多个成员变量
    char phone[10];
    struct node *next;    //必须包含一个本结构体类型的指针变量，用于指向其后的结点
};
```

用于定义链表结点的结构体与普遍结构体的区别仅在于它必须包含本结构体类型的指针变量，如上面的 next，以便用它存储下一个结点的地址。如果是单链表，有一个指针变量即可，如果是双向链表，需要两个指针变量，一个用于存储直接前驱结点的地址，一个用于存储直接后继结点的地址。如果是十字链表，则需要四个指针，分布指向上、下、左、右四个结点地址。

结构体类型 struct node 只包含了一个用于存储直接后继结点地址的指针变量，故它创建的结点只可以用于构建单链表。其中的 char name[21]和 char phone[10]是数据域成员，一个结点用于存储一个数据项，一个数据项可能包含多个成员变量。此例的数据项就是包含两个成员变量。

下面就来看一个建立带头结点（若未说明，以下所指链表均带头结点）的单链表的完整程序。

【例 8.11】用链表为学生通讯录建立一个输入功能的程序。

程序如下：

```
#include <stdio.h>
#include <stdlib.h>
#define N 4                    //N为人数
struct node
{
    char name[21];
    char phone[10];
    struct node *next;
};
struct node * creat(int n)     //建立单链表的函数，形参n为人数
{
    struct node *p,*h,*s;      //h指向表头结点，p指向当前结点的前一个结点，s指向当前结点
    int i;                     //循环变量
    //创建结点并检测是否成功
    if((h=(struct node *)malloc(sizeof(struct node)))==NULL)
    {
```

```c
            printf("空间不足导致结点创建失败!");
            exit(0);            //退出当前程序,返回操作系统界面
        }
        h->name[0]='\0';        //把表头结点的数据域成员变量置ASCII值为0,代表空值
        h->phone[0]='\0';       //把表头结点的数据域成员变量置ASCII值为0,代表空值
        h->next=NULL;           //把表头结点的链域置空
        p=h;                    //令p指向表头结点,即把表头结点地址赋给p
        for(i=0;i<n;i++)        //输入n个结点数据,构建链表
        {
            if((s=(struct node *) malloc(sizeof(struct node)))==NULL) //创建新结点s
            {
                printf("空间不足导致结点创建失败!");
                exit(0);        //退出当前程序,返回操作系统界面
            }
            p->next=s;          //把s的值(即当前结点的地址)赋给p所指向的结点的链域
            printf("请输入[%d]个人的姓名和电话\n",i+1);
            scanf("%s,%s",s->name,s->phone);    //在当前结点s的数据域中存储姓名和电话
            s->next=NULL;       //s所指当前结点的next指针值赋空值,即目前它还没有后继结点
            p=s;                //把新加入的结点s当成当前结点的前一个结点,以便接着加入下一个结点
        }
        return (h);             //返回链表的表头结点地址,又称为链表的地址
}
main()
{
    struct node *head;          //head是保存单链表的头结点地址的指针
    head=creat(N);              //创建N个结点的链表,并把新建的单链表表头地址赋给head
}
```

运行结果:

```
请输入[1]个人的姓名和电话
Chenhao,6220001
请输入[2]个人的姓名和电话
Heyun,6220002
请输入[3]个人的姓名和电话
Linjing,6220003
请输入[4]个人的姓名和电话
Lilin,6220004
```

程序说明:

通过以上代码完成了建立一个包含 N 个人姓名和联系电话的单链表。在使用动态内存分配时应注意,应对分配是否成功进行检测。

下面介绍单链表的几个常用操作。设定义结点的结构体类型为:

```c
struct node
{
    int data;                   //假设数据域只包含一个成员
    struct node *next;          //指针变量next用于存储下一个结点的地址
};
typedef struct node LNode;      //将结构体类型名struct node重命名为LNode
```

(1) 单链表的求表长操作。

单链表的表长是它包含的结点个数。设一个指针变量 p 和一个 int 型变量 n, p 用于循环执行 p=p->next 来依次指向链表的各个结点, n 用来统计已访问过的结点个数。初始时 p 指向链表的头结点, n=0。然后循环, 让 p 依次指向链表的每个结点, 每移动一个结点时, n 就加 1, 直到到达链表的尾部。对于带头结点的链表, 链表表长也不包括头结点。

以下是带头结点的单链表求表长函数：

```c
int ListLength(LNode *L)    //形参指针L存储链表头结点的地址
{
    LNode *p;               //声明一个结构体数据类型LNode的指针变量
    p=L->next;              //指针L是头结点的地址, L->next存储的是链表第一个结点的地址
    int n=0;                //循环变量
    while(p!=NULL)          //当没有到达最后一个结点, 就继续循环
    {
        n++;                //用n统计p已指向过的结点个数
        p=p->next;          //p->next指向p所指向结点的下一个结点的地址
    }
    return n;               //退出循环时的n值为链表表长, 即结点个数
}
```

(2) 单链表获取第 i 个结点的地址操作。

设定 p 为当前结点, 初始时 p 指向链表的第一个结点, 然后移动 i 个结点, 此时 p 所指向的元素就是需要查找的第 i 个结点元素。以下是带头结点的单链表取元素操作函数：

```c
LNode * GetINode(LNode * L, int i)    //L是头结点指针, i是要找结点的位序号
{
    LNode *p;                         //定义一个结点指针, 以便进行循环判断
    p=L->next;                        //L->next的值是链表头结点的地址
    int j=1;                          //变量j用于存储已找过的结点个数, 初值为1
    while( p!=NULL && j<i )           //当链表没到尾并且没有找到第i个结点, 就循环
    {
        p=p->next;                    //令p指向当前结点的下一个结点
        j++;                          //已找过的结点个数加1
    }
    if(p==NULL && j<i )               //链表找完但j仍然小于i, 说明链表长度小于要找的位置i
        puts("查找失败！要的位置数>链表长度");
    else
        return p;                     //返回找到的第i个结点地址
}
```

语句 while(p!=NULL) p=p->next 作用是一个遍历链表所有结点的典型循环。p= p->next 的含义是把 p 所指向结点的 next 指针成员变量的值赋给 p, 也就是 p 所指向结点的下一个结点的地址赋给 p, 就是令 p 指向当前结点的下一个结点, 如此循环, 则令 p 依次指向链表中的各个结点, 直到最后一个结点 (链表的尾结点)。因为最后一个结点的 next 的值为 NULL, 故当 p 指向最后一个结点时再执行 p=p->next 就是把 NULL 赋给 p, 然后 while(p!=NULL) 便不再成立, 表示链表的结点已遍历结束, 退出循环。while(p!=NULL) 可写作 while(p), 请读者细品。

上面的函数用变量 j 记录已查找过的结点个数，因此，每执行一次循环，就执行 j++。当 j<i 时，说明还没有找到第 i 个结点。

（3）查找一个数 e 在单链表中首次出现的位置。

设指针变量 p，令其指向链表的第一个结点，判断 p 所指向的结点存储的数值是否等于 e，等于则返回该结点在链表中的位序，否则令 p=p->next，继续向后查找，直至到达链表的尾结点。因为结点所属的结构体类型包括数据 data 和指针 next，因此，用 p 指向当前结点，则当前结点存储的数值为 p->data 这个成员变量的值。以下是带头结点的单链表定位操作函数：

```
LNode LocateE(LNode* L,int e)        //L指向链表头，e为要查找的数值，设为int型
{
    LNode *p;                        //定义结构体指针p，以便遍历链表
    p=L->next;                       // L->next的值是带头链表的头结点地址，即令p指向头结点
    while((p!=NULL)&&(p->data!=e))   //当链表没有遍历结束且结点的data不等于e
        p=p->next;                   //令p指向当前结点的下一个结点
    if(p==NULL)                      //退出循环时p的值等于NULL，说明直到遍历完链表都没有找到e
        printf("链表中没有找到data成员变量值等于%d的结点",e);
    else                             //没遍历完链表就退出循环，说明发生了p->data==e
        return p;                    //把找到的p->data==e的结点地址作为函数的返回值
}
```

（4）单链表的插入操作。

在指针 p 所指向的结点（下称为结点 p）之前插入一个新的结点 q，首先要找到结点 p 的前面那个结点，即结点 p 的直接前驱结点 pre，让指针变量 pre 原所指向的后继结点作为新结点 q 的后继，再把新结点 q 作为结点 pre 的后继。操作流程为：

① 创建一个新的结点并将其地址赋给指针变量 q。所谓创建新结点就是使用 malloc()函数分配一个结点的存储空间，并将此结点的数据域赋值为 e，next 指针赋空值 NULL。

② 查找结点 p 的前一个结点 pre，以便把新结点 q 插入到结点 pre 与结点 p 之间。设一个指针变量 pre，令其值从 L 指向的结点开始遍历，直到找到 pre->next==p 的结点，此时 pre 所指向的结点是 p 指向结点的直接前驱。

③ 插入新结点 q。先将新结点 q 原所指向的空地址 NULL 换成结点 pre 所指向的直接后继结点地址；再令新结点 q 成为结点 pre 的直接后继结点。

操作分插入到头结点之前和链表中间位置两种情况，如图 8-4 所示。

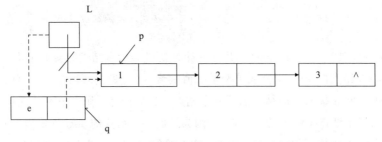

图8-4(a)　在头结点之前进行插入的示意图

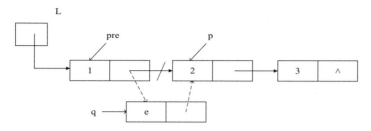

图8-4(b)　在链表中间进行插入的示意图

以下是带头结点的单链表的插入的操作函数：

```
void ListInert(LNode * L, LNode * p, int e)
{
    LNode *pre;          //定义指针pre，以备用于存储当前结点的前一个结点的地址
    q=(LNode *)malloc(sizeof(LNode));    //创建一个新的结点q
    if(q==NULL)          //若q==NULL说明为新结点分配存储空间失败了
    {
        printf("申请空间失败! ");
        exit(0);         //退出当前程序，返回操作系统界面
    }
    q->data=e;           //新结点创建成功，将e存入新结点的data成员
    //以下代码实现插入q指向的新结点（指针变量q中存储的值是新结点的地址）
    pre=L;               //pre从L开始
    while((pre!=NULL)&&(pre->next!=p))    //寻找p的前驱
        pre=pre->next;
    if(pre!=NULL)        //说明退出循环时尚未遍历完链表，即循环因pre->next==p而退出
    {
        q->next=pre->next;                //将新结点q的next指针"指向"p所指向的结点
        pre->next=q;                      //把pre->next原指向p改为指向新结点q
    }
    else
        puts("未找到指针p指向的结点，插入失败");
}
```

（5）删除单链表的结点。

删除单链表中的一个结点，该结点数据变量的值等于给定值 e，比如，一个链表的各结点依次存储了整数 1、3、2、3、6、……，要删除一个存储值为 3 的结点。如果 e 在链表中出现不止一次，将删除第一个存储 e 的结点，否则给出链表中不存在 e 的提示信息。

删除指定结点的操作流程如下：

① 找到要删除结点，并要使用指针变量记住被删除结点的直接前驱结点地址、直接后继结点地址。方法是设指针变量 pre，令其从链表头结点开始，循环执行 pre=pre->next，直到 pre->next->data==e 或者 pre==NULL 退出循环。此时，如果 pre->next->data==e，说明 pre->next 所指向的结点是要删除的结点，执行第②步，如果 pre==NULL，则说明链表遍历完都没有找到存储 e 的结点，即 e 不在链表中，应输出提示，直接退出函数。

② 删除结点。一是把第①步确定的被删除结点的地址，即 pre->next 的值，另设一个指针变量 p 保存它。二是将 pre->next 原所存地址由 p 换为 p->next，即让 pre 由原指向被删除结点 p

改为指向被删除结点的下一个结点地址。三是把被删除结点 p 释放。

被删除结点有两种情况，一是头结点，二是处在链表中间位置的结点，如图 8-5 所示。

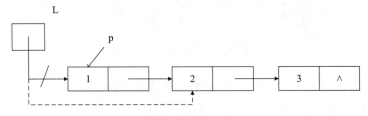

图8-5（a） 删除链表的第一个结点的示意图

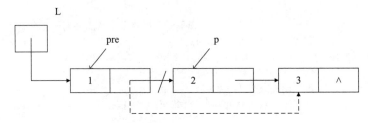

图8-5（b） 删除链表的其他结点的示意图

以下是带头结点的单链表的删除的操作函数：

```
void ListDelete(LNode * L, int e)
{
    LNode *pre,*p,*q;    // p指向被删结点，pre指向它的前驱，q指向它的后继
    pre=L;               //令pre执行L指向的结点，即头结点
    while((pre!=NULL)&&(pre->next->data!=e))   //遍历链表，查找元素e的前驱
        pre=pre->next;
    if(pre==NULL)        //退出循环时pre等于NULL说明链表中没有结点的值等于e
    {
        pritnf("链表不包含值为%d的结点",e);
        return ;         //退出此函数
    }
    else
    {
        p=pre->next;     //用指针p指向被删结点地址
        if(p!=NULL)      //找到需要删除的结点
        {
            pre->next=p->next;   //更改pre的直接后继结点地址为p的直接后继
            free(p);     //释放指针p所指向的存储空间
        }
    }
}
```

pre->next=p->next;把结点 p 独立于链表之外，成为孤立的结点，应释放它。也可以用结点位序号指出要删除的结点，比如删除单链表的第 i 个结点。其实现代码和上面的函数代码类似，读者请自行设计编写。

【例 8.12】综合应用例子，写出一个动态建立学生信息的链表的程序，实现包括链表的创建、

插入、删除、和打印输出学生信息的功能。本链表是带有头结点的，头结点的内容为空内容。
程序如下：

```c
#include <stdio.h>
#include <stdlib.h>            //包含此头文件即可使用malloc()
#include <string.h>
/*-------------------------结构体定义部分-------------------------*/
struct Node
{
    char name[10];             //数据项之一，用于存储姓名，把姓名视为字符串
    int score;                 //数据项之二，用于存储成绩
    struct Node *next;         //指针域，用于存储当前结点的下一个结点的地址
};   //请注意指针next的数据类型是本结构体类型
typedef struct Node ListNode;  //把长的类型名称改换为短的名称
/*-------------------------函数代码实现部分-------------------------*/
ListNode *CreateList(int n)    //以在链表的末端插入新节点方式建立链表，共n个结点
{
    ListNode *head, *p,*pre;   //定义指针head、p、pre
    int i;                     //循环变量
    head=(ListNode *)malloc(sizeof(ListNode));
    if(head==NULL)             //为头节点分配内存空间
    {
        puts("为结点分配存储空间失败！退出函数");
        return NULL;           //退出本函数的运行
    }
    head->next=NULL;           //将头结点的指针域清空
    pre=head;                  //先将头结点首地址赋给中间变量pre
    for(i=1;i<=n;i++)          //通过for循环不断加入新的结点
    {
        printf("输入第%个学生的姓名、分数",i);        //操作提示信息
        p=(ListNode *)malloc(sizeof(ListNode));      //创建新结点并把地址赋给p
        scanf("%s",&p->name);  //输入姓名，->的优先级高于&
        scanf("%d",&p->score); //输入分数
        pre->next=p;           //将p指向的新结点插入链表
        pre=p;                 //pre始终指向新加入链表的结点前一个结点
    }
    p->next=NULL;              //将最后一个结点的指针域置为空地址NULL
    return head;               //返回这个链表的首地址
}
void PrintList(ListNode *h)    //输出链表各结点数据
{
    ListNode *p;
    p=h->next;                 //先令p指向链表的头结点
    while(p!=NULL)             //p!=NULL说明链表没有遍历完，仍需循环
    {
        printf("%s,%d\n",p->name,p->score);        //输出p所指结点的数据项
        p=p->next;             //令p指向下一个结点，由循环条件判断是否到了链表尾
    }
}
/*-------------------------
```

```
/*-------------------------------------------------------------------
函数名称:InsertList(ListNode *h,int i,char name[],int e,int n)
函数功能: 实现将一个新结点插入链表
形参说明: h指向头结点地址,i指出把新结点插入到链表的第i个位置,name数组给出姓名字符串,
e是插入结点的分数, n链表中结点的个数
-------------------------------------------------------------------*/
void InsertList(ListNode *h,int i,char name[],int e,int n)
{
    ListNode *q,*p;              //先定义两个指向一个结点的指针
    int j;
    if(i<1 || i>n+1)
    {
        printf("插入位置必须介于1~n,给出的插入位置越界\n");
        return ;
    }
    else
    {
        p=h;                     //将指针p指向链表的头结点
        for(j=0; j<i-1; j++)     //从头结点往后遍历,直到找到第i个结点
            p=p->next;           //令p指向下一个结点,退出循环时p指向第i-1个结点
    }
    q=(ListNode *)malloc(sizeof(ListNode));
    if(q==NULL)                  //如果新结点创建失败
    {
        printf("新结点创建失败,退出函数\n");
        return ;
    }
    else      //否则,即新结点创建成功,下面代码实现将新结点插入为链表的第i个结点
    {
        strcpy(q->name,name);    //将名字字符串存储到新建结点q的name成员
        q->score=e;              //将e作为分数存储到新建结点q的score成员
        q->next = p->next;       // p->next指向第i个结点,把它作为q的后继结点
        p->next=q;               //将新结点q作为第i-1个结点的后一个结点,实现插入
    }
}
/*-------------------------------------------------------------------
函数名称:DeleteList(ListNode *h, int i, int n)
函数功能: 删除链表的指定结点
形参说明: h指向头结点, i要删除结点在链表中位序n, 链表中结点的个数
-------------------------------------------------------------------*/
void DeleteList(ListNode *h, int i, int n)
{
    ListNode *p,*q;              //定义指向结点型结构体变量的指针
    int j;
    if(i<1 || i>n)               //如果位置超出了1和n的范围的话则打印出错误信息
        printf("被删除结点的位序号不能越出1~n.\n");
    else                         //没有超出除头结点外的1到n 的范围的话那么执行删除操作
    {
        p=h;                     //将指针指向链表的头结点首地址
        for(j=0;j<i-1;j++)
            p=p->next;           //p指向下一个结点
```

```c
        q=p->next;              //退出循环时p指向链表第i-1个结点，这里令q指向第i个结点
        p->next=p->next->next;  //令第i-1个结点p指向"第i个结点的下一个结点"
        free(q);                //释放q指向的结点，即释放原来第i个结点所分配的存储空间
    }
}

/*--------------------------主函数---------------------------*/
int main()
{
    ListNode *h;              //h指向结构体Node
    int i = 1, n, score;
    char name [10];
    while ( 1 )               //循环条件1表示永远为真，循环体内必有退出循环的判断语句
    { /*以下显示一个类似菜单的操作选项提示信息*/
        printf("1--建立新的链表\n");
        printf("2--添加元素\n");
        printf("3--删除元素\n");
        printf("4--输出当前表中的元素\n");
        printf("0--退出\n");
        scanf("%d",&i);       //输入所选择菜单项的编号
        switch(i)             //多分支选择结构
        {
            case 1:
                printf("输入创建链表结点的个数");
                scanf("%d",&n);
                h=CreateList(n);    //创建有n个结点的链表并输入n个学生数据
                printf("以下输出链表各结点数据： \n");
                PrintList(h);       //输出链表各结点数据
                break;
            case 2:
                printf("输入要添加元素在链表中的位序:");
                scanf("%d",&i);     //插入位序存入变量i
                printf("输入学生的姓名，分数:");
                scanf("%s",name);
                scanf("%d",&score);
                InsertList(h,i,name,score,n);    //插入成为链表的第i个结点
                printf("以下输出链表各结点数据： \n");
                PrintList(h);                    //输出链表各结点数据
                break;
            case 3:
                printf("输入要删除结点在链表中的位序:");
                scanf("%d",&i);
                DeleteList(h,i,n);               //删除链表的第i个结点
                printf("以下输出链表各结点数据: \n");
                PrintList(h);                    //输出链表各结点数据
                break;
            case 4:
                printf("以下输出当前表中的元素: \n");
                PrintList(h);
                break;
```

```
                case 0:
                    return 0;
                    break;
                default:
                    printf("输入菜单项号错误,请重新输入!\n");
        }
    }
}
```

运行结果:

```
1--建立新的链表
2--添加元素
3--删除元素
4--输出当前表中的元素
0--退出
1
输入创建链表结点的个数3
输入第1个学生的姓名、分数Wangqi 99
输入第2个学生的姓名、分数Lili 88
输入第3个学生的姓名、分数Zhangjing 95
以下输出链表各结点数据 :
Wangqi,99
Lili,88
Zhangjing,95
```

如果再次运行时改变输入数据,运行结果:

```
1--建立新的链表
2--添加元素
3--删除元素
4--输出当前表中的元素
0--退出
4
以下输出当前表中的元素:
Wangqi,99
Lili,88
Zhangjing,95
2
输入要添加元素在链表中的位序:2
输入学生的姓名,分数:Linlin 87
以下输出链表各结点数据 :
Wangqi,99
Linlin,87
Lili,88
Zhangjing,95
```

如果再次运行时改变输入数据,运行结果:

```
1--建立新的链表
2--添加元素
3--删除元素
4--输出当前表中的元素
0--退出
```

```
3
输入要删除结点在链表中的位序:3
以下输出链表各结点数据:
Wangqi,99
Linlin,87
Zhangjing,95
1--建立新的链表
2--添加元素
3--删除元素
4--输出当前表中的元素
0--退出
0
//退出
```

程序说明：以上代码通过输入 0~4 之间不同的数字请求，完成对应的退出、建立新的链表、添加元素、删除元素和输出当前表中元素的功能，将本章所学内容进行了综合应用。

小　　结

本章介绍了结构体类型、动态分配存储空间、顺序存储和链式存储的概念和操作方法。首先介绍了结构体类型和结构体变量，包括如何定义结构体类型、结构体变量的使用、结构体数组的含义和用法、结构体指针变量的概念和用法，以及结构体与函数的结合用法，接着介绍了动态分配存储空间的概念和相关用法，最后介绍了顺序存储和链式存储的相关概念和常见操作。通过本章的学习，读者应掌握结构体数据类型和结构体变量的概念，能够将结构体与数组、指针和函数结合解决实际问题。

习　　题

一、单选题

1. 设有如下定义：

```
struct st
{
    double a;
    float b;
}data;
double *p;
```

若要使 p 指向 data 中的 a 域，正确的赋值语句是（　　）。

　　A. p=&a;　　　　B. p=data.a;　　　　C. p=&data.a;　　　　D. *p=data.a;

2. 设有如下定义：

```
struct st
{
    char name[20];
    int age;
    char sex;
```

```
}std[10],*p=std;
```
下面各输入语句中错误的是（   ）。

    A. scanf("%d",&(*p).age);　　　　　　B. scanf("%s",&std.name);

    C. scanf("%c",&std[0].sex);　　　　　　D. scanf("%c",&(p->sex));

3. 有以下程序：

```
#include<stdio.h>
struct st
{
   int a,
   int b;
}data[2]={10,100,20,200};
int main()
{
   struct st *p=data;
   printf("%d\n",++(p->a));
   return 0;
}
```

程序的运行结果是（   ）。

    A. 10　　　　　　B. 11　　　　　　C. 20　　　　　　D. 21

4. 以下程序的运行结果是（   ）。

```
#include<stdio.h>
struct st
{
   int a;
   int *b;
}*p;
int dt[4]={10,20,30,40};
struct st aa[4]={50,&dt[0],60,&dt[0],60,&dt[0],60,&dt[0]};
int main()
{
   p=aa;
   printf("%d\n",++(p->a));
   return 0;
}
```

    A. 10　　　　　　B. 11　　　　　　C. 51　　　　　　D. 60

5. 若要声明一个类型名 NTY，使得定义语句 "NTY s;" 等价于 "char *s;"，以下选项中正确的是（   ）。

    A. typedef NTY char *s;　　　　　　B. typedef *char NTY;

    C. typedef NTY *char;　　　　　　　D. typedef char* NTY;

二、编程题

1. 有 10 个学生，每个学生有 5 门课的成绩，从键盘输入以下数据，包括学生号、姓名、五门课成绩，要求计算出每个学生的总成绩，并且将学生信息（包括总成绩）按总成绩降序排列输出。

2. 设计一个结构类型，包含商品名称、价格和出厂日期。其中出厂日期包含年、月、日三部分信息。输入 n 个商品信息，分别输出价格最高和最低的商品的名称、价格和出厂日期。

3. 用链表实现第 1 题的功能，然后使用链表完成数据的增删查改。

第 9 章 文件操作

学习目标

- ★ 了解文件的概念
- ★ 了解 C 语言的文件系统
- ★ 掌握文件的操作方法

重点内容

- ★ 文件打开和关闭
- ★ 文件读写操作

在前面章节的学习中，每次运行一个需要输入数据的程序时，都需要从键盘输入数据，即使是相同的数据，每次运行也要重新输入，当输入的数据结构复杂、数据量较大时，这无疑给用户带来了很大的不便。另外，每次运行程序的结果数据也会随着程序的结束而不复存在，当需要对程序运行的结果数据作进一步处理时，也会给用户带来不便。

为了使用户可以反复使用输入数据、减少重复性劳动并能保留程序的运行结果以便不同程序间的数据传递和共享，可以使用文件来解决上述问题。本章主要介绍 C 语言对文件的各种操作。

9.1 文件操作相关概念

9.1.1 文件

文件是指存储在外部介质（如磁盘）上的数据的集合，可以是 C 语言源程序文件*.c、目标程序文件*.obj、可执行程序文件*.exe 等，也可以是一组待输入处理的原始数据，或是一组输出的结果。源程序文件、目标程序文件、可执行程序文件可称为程序文件，输入、输出数据可称为数据文件。

C 语言里所说的文件包括磁盘文件和外部设备文件，对操作系统而言，外部设备（如键盘、显示器、打印机等）也被看作文件，对设备的输入输出操作就是对它们的读写。通常称显示器为输出设备,称键盘为输入设备。把数据输出到屏幕上,其实就是把数据写到显示器这个文件中。同样通过键盘输入数据,其实就是把数据从键盘这个文件中读取出来。外围设备在 C 语言中就是这样被当作文件来使用的。

9.1.2 文件的种类

在 C 语言中,根据文件中数据的存储形式,文件分为字符文件(也称文本文件或 ASCII 码文件)和二进制文件。

字符文件是以字符 ASCII 码值进行存储的文件,其内容就是字符,每个字符占用一个字节来存放该字符的 ASCII 码值。例如,整数 325 用字符文件存入文件时,先把 325 的每位数字转换为对应的字符,即转换为 '3' '2' '5' 三个字符,然后用 3 个字节分别存储字符 '3' '2' '5' 的 ASCII 码值。字符文件在屏幕上显示时,能够读懂其内容,便于直接打开查看内容,但在读写字符文件中的数据时,要进行字符与 ASCII 码值的转换,读写速度较慢。

二进制文件是按照数据在内存中的状态进行存储的文件。例如,整数 325 在内存中占用两个字节,存储的是其补码形式,为 00000001 01000101,用二进制文件存入文件时,直接把这两个字节的内容照搬到文件中即可。二进制文件在屏幕上显示时,不能读懂其内容,只能通过程序读取。由于二进制文件中的数据是按照二进制形式存储的,二进制文件节省存储空间并且读写速度较快。

9.1.3 缓冲文件系统

由于系统对磁盘文件数据的存取速度比对内存数据存取速度要慢得多,为了减少对磁盘文件的读写操作、提高数据访问存取的效率,C 程序采用缓冲文件系统的方式对文件进行各种操作。

采用缓存文件系统对文件进行操作时,系统自动在用户内存区中为每一个正在使用的文件分配一块内存缓冲区,缓冲区是内存中的一块存储区域,用于临时存放一些数据。缓冲区作为文件数据输入或输出时与磁盘之间的中转站,C 程序对文件的所有操作就是通过对缓冲区的操作来完成的。当程序从磁盘文件中读取数据时,首先把数据从磁盘存入缓冲区,然后再由操作系统把缓冲区的数据依次送给程序中的变量;当程序向磁盘文件输出数据时,先把程序中变量或表达式的值写入缓冲区,到缓冲区满时再由操作系统把数据真正存入磁盘文件中。

9.1.4 文件类型指针

在对文件进行操作时,需要记录文件的相关信息,如文件名、文件缓冲区的大小、缓冲区的位置等,C 语言编译器使用 FILE 结构体来存放文件的相关信息。FILE 结构体类型称为文件类型,不需要用户自己定义,它是由系统在头文件 stdio.h 中事先定义的。FILE 在 stdio.h 中的定义如下:

```
#ifndef _FILE_DEFINED
struct _iobuf
{
    char *ptr;          //指向缓冲区中正要读写的字节
    int  _cnt;          //缓冲区中还剩多少字节的数据
```

```
        char *_base;           //指针的基础位置（即是文件的起始位置）
        int _flag;             //文件标志
        int _file;             //索引位置
        int _charbuf;          //检查缓冲区状况，如果无缓冲区则不读取
        int _bufsiz;           //缓冲区的大小
        char *_tmpfname;       //临时文件名
};
typedef struct _iobuf FILE;
#define _FILE_DEFINED
#endif
```

C 程序中，在对已打开的文件进行操作时，存放文件信息的 FILE 类型的结构体变量不用变量名来标识，而是通过 FILE 类型的指针（也就是文件类型指针，又称为文件指针）来执行。因此每个正在使用的文件均要定义一个 FILE 类型的结构体指针变量，用于存放文件的相关信息，定义 FILE 类型指针变量的一般形式为：

```
FILE *指针变量名;
```

这里要注意，FILE 应为大写形式。例如：

```
FILE *fp;
```

定义了文件类型指针变量 fp 后，可以使 fp 指向某一个文件的文件信息区，也可以认为 fp 指向该文件，那么便可以利用 fp 实现对该文件的各种操作。如果有 N 个文件，需要定义 N 个文件类型指针变量，分别指向 N 个文件。

9.2　C语言的文件操作

C 语言的文件操作由标准库函数实现，一般分为以下三个步骤：

（1）打开文件。使用标准库函数 fopen()打开文件，若打开成功，文件类型指针指向磁盘文件缓冲区；若打开失败，终止对文件的操作。

（2）对文件进行读写操作。调用各种文件读写函数，利用文件指针对文件进行读写操作。

（3）关闭文件。对文件的操作完成时，使用标准库函数 fclose()关闭文件。

9.2.1　文件的打开

文件的打开操作是调用函数 fopen()实现的，其调用的一般形式为：

```
fopen(文件名,文件打开方式);
```

若文件成功打开，返回被打开文件的文件指针；若打开文件失败，返回 NULL，表示打开操作不成功。例如：

```
FILE *fp1;
fp1=fopen("f1.txt","r");
```

表示在当前目录下打开文件 f1.txt，只允许进行"读"操作，并使文件类型指针 fp1 指向该文件。

```
FILE *fp2;
fp2= fopen("d:\\program\\f2.txt","w");
```

表示打开 D 磁盘中 program 文件夹下的文件 f2.txt，只允许进行"写"操作，并使文件类型指针 fp2 指向该文件。

注意：如果指定文件完整路径，路径符"\"要写成"\\"，因为在 C 语言中，"\"是转义字符的开始标志，如果把路径符写成"\"，会发生找不到文件的错误。

fopen 函数向编译系统提供了 3 个文件操作的信息：

（1）以"文件名"指出要打开的文件。

（2）文件的打开方式。

（3）指向被打开文件的文件指针。

打开文件的作用是：

（1）分配给打开文件一个 FILE 类型的文件结构体变量，并将有关信息填入文件结构体变量。

（2）开辟一个缓冲区。

（3）调用操作系统提供的打开文件或建立新文件功能，打开或建立指定文件。

文件的打开方式共有 12 种，它们的符号、含义及两种表现见表 9-1。

表 9-1 文件的打开方式

文件的打开方式	含 义	文件不存在时表现	文件已存在时表现
r（只读）	只读打开一个字符文件，只允许读数据	返回 NULL	返回文件指针
w（只写）	只写打开或建立一个字符文件，只允许写数据	新建一个文件返回指针	覆盖文件重建新文件
a（追加）	追加打开一个字符文件，并在文件末尾写数据	新建一个文件返回指针	返回文件指针
rb（只读）	只读打开一个二进制文件，只允许读数据	返回 NULL	返回文件指针
wb（只写）	只写打开或建立一个二进制文件，只允许写数据	新建一个文件返回指针	覆盖文件重建新文件
ab（追加）	追加打开一个二进制文件，并在文件末尾写数据	新建一个文件返回指针	返回文件指针
r+（读/写）	打开一个字符文件，允许读和写	返回 NULL	返回文件指针
w+（读/写）	打开或建立一个字符文件，允许读和写	新建一个文件返回指针	覆盖文件重建新文件
a+（读/写）	打开一个字符文件，允许读，或在文件末尾追加数据	新建一个文件返回指针	返回文件指针
rb+（读/写）	打开一个二进制文件，允许读和写	返回 NULL	返回文件指针
wb+（读/写）	打开或建立一个二进制文件，允许读和写	新建一个文件返回指针	覆盖文件重建新文件
ab+（读/写）	打开一个二进制文件，允许读，或在文件末尾追加数据	新建一个文件返回指针	返回文件指针

在打开一个文件时，如果不能成功打开文件，fopen()将返回一个空值 NULL，通常利用这一信息来判断是否成功地打开了一个文件。常用的打开文件的判断程序段如下：

```
if((fp=fopen("f1.txt","r"))==NULL)
{
    printf("\nCannot open f1.txt!\n");
    getch();
    exit(1);
}
```

程序说明：本程序用"只读"的方式打开当前目录下的 f1.txt 文件，如果打开文件的函数 fopen 返回的指针为空，表示打开文件 f1.txt 失败，则给出错误提示信息"Cannot open f1.txt!"。getch() 的功能是从键盘输入一个字符，但不在屏幕上显示。在这里，该行的作用是等待，只有当用户从键盘按下任意键时，程序才继续执行，因此用户可利用这个等待时间阅读出错提示，按键后执行 exit(1)语句退出程序。

9.2.2 文件的关闭

文件操作完成后，应及时关闭文件。如果一个文件使用完不关闭，可能造成数据丢失或文件的内容遭到破坏。文件关闭以后，就不能再对该文件进行操作。

文件的关闭操作是调用函数 fclose()实现的，其调用的一般形式为：

```
fclose(文件指针变量名);
```

该函数的功能是关闭文件指针指向的文件，释放文件缓冲区和 FILE 变量。正常关闭返回 0，否则返回一个非零值，表示关闭文件时出错。

关闭文件的作用是：

（1）对缓冲区进行检查，看是否有还没写入文件的数据，若有，将这些数据写到文件中，因此，文件用完必须要关闭，否则可能会丢失数据。

（2）释放文件缓冲区和 FILE 变量。

9.2.3 文件的读写操作

C 语言中没有输入输出语句，所有的输入输出操作都用 ANSI C 提供的标准库函数来实现，需在头文件中包含 stdio.h 头文件。stdio.h 头文件中定义的常用文件读写函数见表 9-2。

表 9-2　常用的文件读写函数

函 数 名	功　　能	读写方式
fgetc	从文件中读取一个字符	文本方式
fputc	写一个字符到文件中去	文本方式
fgets	从文件中读取一个字符串	文本方式
fputs	写一个字符串到文件中去	文本方式
fscanf	格式化读取文件中数据	文本方式
fprintf	向文件中写入格式化数据	文本方式
fread	从文件中读取数据块	二进制方式
fwrite	写数据块到文件中去	二进制方式

文件由一个个字节组成，程序在读写文件时，在文件内部有一个指向文件当前读写字节的指针，这个指针称为文件位置指针。在文件打开时，文件位置指针总是指向文件的第一个字节。在对文件进行读写操作时，文件位置指针总是指向下次要读写的位置，且随着文件的读写，文件位置指针会自动后移，因此可连续多次使用读写函数读写多个字符。

注意：文件位置指针与文件指针是两个不同的概念，文件位置指针位于文件内部，用于标注文件的当前读写位置，随着读写操作会自动后移，由系统自动设置，不需要在程序中定义；文件指针与整个文件相关联，需在程序中定义，只要不重新赋值，文件指针的值是不变的。

下面分别介绍表 9-2 中的 8 个文件读/写函数。

1. fputc()

调用的一般形式为：

```
fputc(ch,fp);
```
其中，ch 为字符常量或字符变量，fp 为文件指针。

功能：把 ch 中的字符写入由 fp 指定的文件中去。

返回值：如果写入操作执行成功，返回 ch 的 ASCII 码值；否则，返回 EOF（文件结束标志，是系统预定义的符号常量，其值为-1）。

【例 9.1】从键盘输入一行字符串，写入到磁盘文件 test1.txt 中。

```
#include <stdio.h>
#include <stdlib.h>
#include <conio.h>
main()
{
    FILE *fp;
    char ch;
    if((fp=fopen("test1.txt","w"))==NULL)
    {
        printf("\nCannot open file!\n");
        getch();
        exit(1);
    }
    while((ch=getchar())!='\n')
        fputc(ch,fp);
    fclose(fp);
}
```

运行结果：

```
This is a test program!✓
```

输入字符被写入到磁盘文件 test1.txt 中，可以用文本编辑器查看该文件的内容。

程序说明：

本程序以"只写"的方式打开文件 test1.txt，并使文件指针 fp 指向该文件；如果成功打开文件，利用 while 循环每次从键盘上读入一个字符，并将该字符写入 fp 所指向的 test1.txt 文件中，直到从键盘上接收一个回车符为止。

注意：用 fputc()写入的文件可以用"写"、"读写"或"追加"三种方式打开。若以"写"或"读写"方式打开一个不存在的文件，会以指定的文件名建立一个新文件，并从文件开头开始写入字符；若以"写"或"读写"方式打开一个存在的文件，文件中原有内容会被删除，从文件开头开始写入字符；若以"追加"方式打开文件，该文件必须存在，从文件末尾开始写入字符。

2. fgetc()

调用的一般形式为：

```
ch=fgetc(fp);
```

其中，ch 为字符变量，fp 为文件指针。

功能：从 fp 所指向的文件中读取一个字符并把它赋给字符变量 ch。

返回值：如果读取操作执行成功，返回读取字符的 ASCII 码值；否则，返回 EOF。

【例 9.2】 将文件 test1.txt 中的内容显示在屏幕上。

```c
#include <stdio.h>
#include <stdlib.h>
#include <conio.h>
main()
{
    FILE *fp;
    char ch;
    if((fp=fopen("test1.txt","r"))==NULL)
    {
        printf("\nCannot open file!\n");
        getch();
        exit(1);
    }
    while((ch=fgetc(fp))!=EOF)
        putchar(ch);
    fclose(fp);
}
```

运行结果：

```
This is a test program!
```

程序说明：

本程序以"只读"的方式打开文件 test1.txt，并使文件指针 fp 指向该文件；如果成功打开文件，利用 while 循环每次从 fp 所指向的 test1.txt 文件中读取一个字符，并将该字符赋给 ch，再用 putchar()函数将 ch 的值输出，直到遇到文件结束标志 EOF 为止。

注意：使用 fgetc()函数调用前，需要读取的文件必须是以读或读写方式打开的，并且该文件应该已经存在。

3. fputs()

调用的一般形式为：

```
fputs(str,fp);
```

其中，str 可以为字符数组名、字符指针变量或字符串常量，fp 为文件指针。

功能：把字符串常量或以 str 为首地址的字符串写入 fp 所指向的文件中去，字符串结束标志'\0'被自动舍去，不被写入。

返回值：如果写入操作执行成功，返回 0；否则，返回 EOF。

【例 9.3】 将从键盘上输入的 5 行字符串写入磁盘文件 test2.txt 中。

```c
#include <stdio.h>
#include <stdlib.h>
#include <conio.h>
main()
{
    FILE *fp;
    int i;
    char str[80];
    if((fp=fopen("test2.txt","w"))==NULL
```

```
    {
        printf("\nCannot open file!\n");
        getch();
        exit(1);
    }
    for(i=1;i<=5;i++)
    {
        gets(str);
        fputs(str,fp);
        fputs("\n",fp);              //在写入的每个字符串后加上一个"\n"
    }
    fclose(fp);
}
```

运行结果：

```
Sharp tools make good work.↵
Suffering is the most powerful teacher of life.↵
Sow nothing, reap nothing.↵
While there is life there is hope.↵
Never say die.↵
```

4. fgets()

调用的一般形式为：

```
fgets(str,n,fp);
```

其中，str 为字符数组名，n 为一个正整数，fp 为文件指针。

功能：从 fp 所指向的文件中读取长度不超过 n-1 个字符的字符串，将读取的字符串存入字符数组 str 中。读取结束后，在字符数组 str 中的字符串末尾自动加上字符串结束标志'\0'。如果在读满 n-1 个字符之前遇到换行符'\n'或文件结束标志 EOF，则读取提前结束，但它会将遇到的换行符'\n'也作为一个字符送入字符数组 str 中。

返回值：如果读取操作执行成功，返回字符数组 str 的首地址，即 str 的值；否则，返回 NULL。

【例 9.4】将文件 test2.txt 中的内容显示在屏幕上。

```
#include <stdio.h>
#include <stdlib.h>
#include <conio.h>
main()
{
    FILE *fp;
    char str[80];
    if((fp=fopen("test2.txt","r"))==NULL)
    {
        printf("\nCannot open file!\n");
        getch();
        exit(1);
    }
    while(fgets(str,80,fp)!=NULL)
        printf("%s",str);
    fclose(fp);
```

}

运行结果：

```
Sharp tools make good work.
Suffering is the most powerful teacher of life.
Sow nothing, reap nothing.
While there is life there is hope.
Never say die.
```

5. fprintf()

调用的一般形式为：

`fprintf(fp,格式控制字符串,变量表列);`

其中，fp 为文件指针，格式控制字符串为要写入数据的格式字符串，其描述规则与 printf() 函数中的格式串相同，变量表列为写入文件的变量表列，各变量之间用逗号分隔。

功能：将变量表列中的数据按照格式控制字符串指定的格式写入 fp 指向的文件。

【例 9.5】将从键盘输入的三个数据按照指定格式写入磁盘文件 test3.txt 中。

```c
#include <stdio.h>
#include <stdlib.h>
#include <conio.h>
main()
{
    FILE *fp;
    char cdata[20];
    int idata;
    float fdata;
    scanf("%s%d%f",cdata,&idata,&fdata);
    if((fp=fopen("test3.txt","w"))==NULL)
    {
        printf("\nCannot open file!\n");
        getch();
        exit(1);
    }
    fprintf(fp,"%s %05d %8.2f",cdata,idata,fdata);
    fclose(fp);
}
```

运行结果：

`ZKNU_JSJXY 68 25.36↵`

6. fscanf()

调用的一般形式为：

`fscanf(fp,格式控制字符串,变量地址表列);`

其中，fp 为文件指针，格式控制字符串为要读取数据的格式字符串，变量地址表列为要将数据存入其中的变量地址表列，各变量地址之间用逗号分隔。

功能：从由 fp 指定的文件中，按照格式控制字符串指定的格式，将数据读入到由变量地址表列所列出的相应变量中去。

【例9.6】将文件 test3.txt 中的内容以指定的格式显示在屏幕上。

```
#include <stdio.h>
#include <stdlib.h>
#include <conio.h>
main()
{
    FILE *fp;
    char cdata[20];
    int idata;
    float fdata;
    if((fp=fopen("test3.txt","r"))==NULL)
    {
        printf("\nCannot open file!\n");
        getch();
        exit(1);
    }
    fscanf(fp,"%s%5d%8f",cdata,&idata,&fdata);
    printf("%s %05d %8.2f", cdata,idata,fdata);
    fclose(fp);
}
```

运行结果：
```
ZKNU_JSJXY  00068    25.36
```

7. fwrite()

调用的一般形式为：
```
fwrite(buffer,size,count,fp);
```

其中，buffer 是一个指针，指出要将其中数据写入到文件的缓冲区首地址，size 表示一个数据块的字节数，count 表示写入数据块的个数，fp 是文件指针。

功能：按二进制形式将以 buffer 为首地址的数据缓冲区内的数据写入到 fp 所指定的磁盘文件中去，每次写入的数据块大小为 size 字节，共写 count 次。

返回值：如果写入操作执行成功，返回实际写入数据块的个数，即 count 的值；否则，返回 0。

【例9.7】将从键盘输入的三个职工信息写入到磁盘文件 test.dat 中。

```
#include <stdio.h>
#include <stdlib.h>
#include <conio.h>
struct worker
{
    int id;
    char name[20];
    int year;
    float salary;
};
main()
{
    FILE *fp;
    struct worker wr[3];
```

```
    int i;
    if((fp=fopen("test.dat","wb"))==NULL)
    {
        printf("\nCannot open file!\n");
        getch();
        exit(1);
    }
    printf("Please input information:\nid      name       year      salary\n");
    for(i=0;i<3;i++)
        scanf("%d%s%d%f",&wr[i].id,wr[i].name,&wr[i].year,&wr[i].salary);
    fwrite(wr,sizeof(struct worker),3,fp);
    fclose(fp);
}
```

运行结果：

```
Please input information:
id       name     year      salary
2135001  zhangjuan 15        3569.2↵
2135005  wangxia   10        2052.8↵
2135006  lichao    8         1825↵
```

8. fread()

调用的一般形式为：

```
fread(buffer,size,count,fp);
```

其中，buffer 是一个指针，指出从磁盘文件中读取的数据块在内存中存放的首地址，size 表示一个数据块的字节数，count 表示读取数据块的个数，fp 是文件指针。

功能：按二进制形式从 fp 指定的磁盘文件中读取数据块，每次读取的数据块大小为 size 字节，共读 count 个，读取的数据块存放到以 buffer 为首地址的内存空间中。

返回值：如果读取操作执行成功，返回实际读取数据块的个数，即 count 的值；否则，返回 0。

【例 9.8】将文件 test.dat 中的数据显示在屏幕上。

```
#include <stdio.h>
#include <stdlib.h>
#include <conio.h>
struct worker
{
    int id;
    char name[20];
    int year;
    float salary;
};
main()
{
    FILE *fp;
    struct worker wr[3];
    int i;
    if((fp=fopen("test.dat","rb"))==NULL)
```

```
    {
        printf("\nCannot open file!\n");
        getch();
        exit(1);
    }
    fread(wr,sizeof(struct worker),3,fp);
    printf("id        name      year      salary\n");
    for(i=0;i<3;i++)
    printf("%-10d%-10s%-7d%8.1f\n",wr[i].id,wr[i].name,wr[i].year,wr[i].salary);
    fclose(fp);
}
```

运行结果：
```
id         name       year      salary
2135001    zhangjuan  15        3569.2
2135005    wangxia    10        2052.8
2135006    lichao      8        1825.0
```

9.2.4 文件定位

前面所介绍的文件操作都是顺序读写方式，即读写文件从头开始，依次进行读写。但在实际应用中，通常需要读写文件某一部分的内容，这就需要将文件位置指针强制移动到指定的位置，然后再去读写文件内容，这种移动文件位置指针的操作称为文件定位。在 C 语言中，文件定位是使用库函数 fseek() 和 rewind() 实现的。

1. fseek()

调用的一般形式为：

```
fseek(fp,offset,base);
```

其中，fp 为文件指针，offset 为相对 base 的字节位移量，为 long 类型的数据，以 base 为基准，文件位置指针向文件尾部方向移动，offset 为正，否则，offset 为负。base 为文件位置指针移动的基准位置，是计算文件位置指针位移的基点。ANSI C 定义了 base 的可能取值以及这些取值的符号常量见表 9-3。

表 9-3 base 取值

base 取值	符号常量	含　　义
0	SEEK_SET	文件开头位置
1	SEEK_CUR	文件当前位置
2	SEEK_END	文件末尾位置

功能：将 fp 指向的文件中的文件位置指针移动到基于 base 的相对位置 offset 字节处。
返回值：如果定位操作执行成功，返回 0，否则返回一个非 0 值。
例如，

```
fseek(fp,20L,SEEK_SET);    //将文件位置指针移动到文件开头第20个字节处
fseek(fp,-35L,1);          //将文件位置指针从当前位置向文件开头方向移动35个字节
fseek(fp,-50L,2);          //将文件位置指针从文件末尾向文件开头方向移动50个字节
```

注意：fseek()一般用于二进制文件，因为在字符文件中由于要进行转换，计算的位置可能会出现错误。

2. rewind()

调用的一般形式为：

```
rewind(fp);
```

其中，fp 为文件指针。

功能：使 fp 指向文件的文件位置指针重新指向文件的开头位置。

该函数没有返回值。

【例 9.9】从例 9.7 所建立的磁盘文件 test.dat 中读取指定的职工信息并显示。

```
#include <stdio.h>
#include <stdlib.h>
#include <conio.h>
struct worker
{
    int id;
    char name[20];
    int year;
    float salary;
};
main()
{
    FILE *fp;
    struct worker wr;
    int num;
    long offset;
    char ch;
    if((fp=fopen("test.dat","rb"))==NULL)
    {
        printf("\nCannot open file!\n");
        getch();
        exit(1);
    }
    do
    {
        printf("\nplease input record number:");
        scanf("%d",&num);
        offset=(num-1)*sizeof(struct worker);
        rewind(fp);
        if(fseek(fp,offset,0)!=0)
        {
            printf("can not move there!\n");
            exit(1);
        }
        fread(&wr,sizeof(struct worker),1,fp);
        printf("id:%d\n",wr.id);
        printf("name:%s\n",wr.name);
```

```
            printf("year:%d\n",wr.year);
            printf("salary:%.1f\n",wr.salary);
            printf("continue(y/n)?");
            getchar();ch=getchar();
            }while(ch=='y'||ch=='Y');
        fclose(fp);
    }
```

运行结果:

```
please input record number:2
id:2135005
name:wangxia
year:10
salary:2052.8
continue(y/n)?y

please input record number:1
id:2135001
name:zhangjuan
year:15
salary:3569.2
continue(y/n)?y

please input record number:3
id:2135006
name:lichao
year:8
salary:1825.0
continue(y/n)?
```

程序说明:

指定的职工信息是由输入的 num 决定的,根据输入的 num 计算位移量 offset,然后用 fseek() 移动文件位置指针到相应位置。若移动成功,就可以利用 fread()读取出所要查找的记录。在进行下一次查找之前,由于文件位置指针发生了移动,不再指向文件开头,而 fseek()是以文件开头为基准移动文件位置指针的,所以需要使用 rewind()让文件位置指针移到文件开头,以算出正确的位移量。

9.2.5 文件检测

C 语言标准库函数提供了对文件读写位置及出错的检测函数,包括 ftell()函数、ferror()函数和 feof()函数。

1. ftell()

调用的一般形式为:

```
ftell(fp);
```

其中,fp 为文件指针。

功能:获取 fp 所指向文件的当前读写位置,该位置值为一个 long 类型的数据,用相对于文件开头的位移量来表示。

返回值：如果函数执行成功，返回文件位置指针的位置，否则返回 -1L。

2. ferror()

调用的一般形式为：

```
ferror(fp);
```

其中，fp 为文件指针。

功能：检查由 fp 指定的文件在读写时是否出错。

返回值：如果最近一次文件操作成功，返回 0，否则返回一个非 0 值。

3. feof()

调用的一般形式为：

```
feof(fp);
```

其中，fp 为文件指针。

功能：判断文件是否结束。

返回值：如果文件结束，返回 1，否则返回 0。

【例 9.10】把例 9.3 创建的磁盘文件 test2.txt 中的内容显示在屏幕上。

```
#include <stdio.h>
#include <stdlib.h>
#include <conio.h>
main()
{
    FILE *fp;
    char ch;
    if((fp=fopen("test2.txt","r"))==NULL)
    {
        printf("\nCannot open file!\n");
        getch();
        exit(1);
    }
    while(!feof(fp))
    {
        ch=fgetc(fp);
        putchar(ch);
    }
    fclose(fp);
}
```

运行结果：

```
Sharp tools make good work.
Suffering is the most powerful teacher of life.
Sow nothing, reap nothing.
While there is life there is hope.
Never say die.
```

小 结

本章介绍了文件操作的相关概念和文件操作方法,首先介绍了文件的概念和种类、缓冲文件系统、文件类型指针,接着介绍了 C 语言的文件操作,包括文件的打开与关闭、读写字符函数 fgetc() 和 fputc()、读写字符串函数 fgets() 和 fputs()、格式化读写函数 fscanf() 和 fprintf()、数据块读写函数 fread() 和 fwrite(),然后讲解了文件的定位函数 fseek() 和 rewind(),最后介绍了文件检测函数 ftell()、ferror() 和 feof()。通过本章的学习,读者应掌握与文件操作相关的概念,能够使用标准库函数实现打开、读写和关闭文件的操作,并能灵活应用文件解决实际应用问题。

习 题

一、单选题

1. 语句 "fseek(fp,100L,1);" 的功能是(　　)。
   A. 将 fp 所指向文件的文件位置指针移至距文件首 100 个字节处
   B. 将 fp 所指向文件的文件位置指针移至距文件尾 100 个字节处
   C. 将 fp 所指向文件的文件位置指针移至距当前位置指针的文件首方向 100 个字节处
   D. 将 fp 所指向文件的文件位置指针移至距当前位置指针的文件尾方向 100 个字节处

2. 要建立一个二进制文件,只允许写数据,正确的语句为(　　)。
   A. fp=fopen("file","rb");   B. fp=fopen("file","ab+");
   C. fp=fopen("file","wb");   D. fp=fopen("file","rb+");

3. 以下可作为函数 fopen() 中第一个参数的正确格式是(　　)。
   A. d:test\text.txt   B. d:\test\text.txt
   C. "d:\test\text.txt"   D. "d:\\test\\text.txt"

4. 在进行文件操作时,以下叙述正确的是(　　)。
   A. 在对文件完成读写操作后,必须将它关闭,否则可能导致数据丢失
   B. C 语言中的文件只能进行顺序读取
   C. 在一个程序中,当对文件进行了写操作后,必须先关闭该文件,再打开,才能读到第一个数据
   D. 在打开一个已存在的文件进行写操作后,原有文件中的全部数据必定被覆盖

5. 在 C 语言中读文件操作的一般步骤为(　　)。
   A. 打开文件-操作文件-关闭文件   B. 读写文件-修改文件-关闭文件
   C. 读写文件-打开文件-关闭文件   D. 写文件-读文件-关闭文件

6. fp 为指向某文件的文件指针,且文件未结束,则 feof(fp) 的返回值为(　　)。
   A. 0   B. EOF   C. NULL   D. 1

7. 函数 fread() 的第一个参数代表的是(　　)。
   A. 一个整型变量,代表待读取数据的字节数

B. 一个内存块的首地址，代表读入数据存放的地址

C. 一个内存块的字节数

D. 一个文件指针，指向待读的文件

8. 下列叙述正确的是（　　）。

A. 在C语言中，字符文件是以字符ASCII码值进行存储的文件

B. 在C语言中，字符文件比二进制文件读写速度快

C. 在C语言中，只能读写字符文件

D. 在C语言中，二进制文件只能进行顺序读写

9. 以下打开文件的方式中，能删除原文件的是（　　）。

　　A. "r"　　　　　B. "a"　　　　　C. "r+"　　　　　D. "w"

10. 在C程序中，可把整型数以二进制形式存放到文件中的函数是（　　）。

　　A. fread()　　　B. fputc()　　　C. fprintf()　　　D. fwrite()

11. 缓冲文件系统的文件缓冲区位于（　　）。

　　A. 磁盘缓冲区中　B. 程序文件中　C. 磁盘文件中　D. 内存数据区中

12. 使文件位置指针定位到文件开头位置的函数是（　　）。

　　A. rewind()　　　B. feof()　　　C. fseek()　　　D. ftell()

13. 定义"FILE *fp;"，则文件指针fp指向的是（　　）。

A. 文件在缓冲区上的读写位置　　　　B. 文件类型结构

C. 文件在磁盘上的读写位置　　　　　D. 整个磁盘文件

14. 当文件正常关闭时，fclose()的返回值是（　　）。

　　A. TURE　　　　B. 0　　　　　C. 1　　　　　D. -1

15. C语言中标准函数fgets(str,n,p)的功能是（　　）。

A. 从文件fp中读取长度为n的字符串存入指针str指向的内存

B. 从文件fp中读取长度不超过n-1的字符串存入指针str指向的内存

C. 从文件fp中读取n个字符串存入指针str指向的内存

D. 从文件fp中读取不超过长度为n的字符串存入指针str指向的内存

二、填空题

1. 下面程序的功能是统计文件中字符的个数，请在相应位置填空，将程序补充完整。

```
#include <stdio.h>
#include <stdlib.h>
#include <conio.h>
main()
{
    long num=0;
    _____*fp;
    if((fp=fopen("file.dat","r"))==NULL)
    {
        printf("\nCannot open file!\n");
        getch();
```

```
      exit(1);
   }
   while(_____)
   {
      fgetc(fp);
      num++;
   }
   printf("num=%ld\n",num);
   fclose(fp);
}
```

2. 下面程序的功能是从键盘接收姓名（例如输入"zhang san"），在文件"name.dat"中查找，若文件中已经存入了刚输入的姓名，则显示提示信息；若文件中没有刚输入的姓名，则将该姓名输入文件。要求：（1）若磁盘文件"name.dat"已存在，则要保留文件中原来的信息；若文件"name.dat"不存在，则在磁盘上建立一个新文件；（2）当输入的姓名为空时（长度为0），结束程序。请在相应位置填空，将程序补充完整。

```
#include <stdio.h>
#include <stdlib.h>
#include <string.h>
#include <conio.h>
main()
{
   FILE *fp;
   int flag;
   char name[30],data[30];
   if((fp=fopen("name.dat", _____))==NULL)
   {
      printf("\nCannot open file!\n");
      getch();
      exit(1);
   }
   do
   {
      printf("Enter name:");
      gets(name);
      if(strlen(name)==0) break;
      strcat(name, "\n");
      _____;
      flag=1;
      while(flag&&(fgets(data,30,fp) _____))
      if(strcmp(data,name)==0)
         _____;
      if(flag)
         fputs(name,fp);
      else
         printf("\tData enter error!\n");
   }while(_____);
   fclose(fp);
}
```

3. 下面程序的功能是将从键盘上输入的 10 个整数以二进制方式写入名为 bt.dat 的新文件中，请在相应位置填空，将程序补充完整。

```c
#include <stdio.h>
#include <stdlib.h>
#include <conio.h>
main()
{
    int i,j;
    FILE *fp;
    if((fp=fopen(_____,"wb"))==NULL)
    {
        printf("\nCannot open file!\n");
        getch();
        exit(1);
    }
    for(i=0;i<10;i++)
    {
        scanf("%d",&j);
        fwrite(_____,sizeof(int),1,_____);
    }
    fclose(fp);
}
```

4. 下面程序的功能是将数组 a 的元素写入文件 data.dat 中，并在屏幕上显示 3，请在相应位置填空，将程序补充完整。

```c
#include <stdio.h>
main()
{
    FILE *fp;
    int i,a[4]={1,2,3,4},b;
    fp=fopen("data.dat",_____);
    for(i=0;i<4;i++)
        fwrite(_____,sizeof(int),1,fp);
    fclose(fp);
    fp=fopen("data.dat","rb");
    fseek(fp,_____,SEEK_END);
    fread(_____,sizeof(int),1,fp);
    fclose(fp);
    printf("%d\n",b);
}
```

5. 下面程序的功能是从键盘输入一个字符串，把该字符串中的小写字母转换为大写字母，写入到文件 test.txt 中，然后从该文件读出字符串并显示出来。

```c
#include <stdio.h>
#include <stdlib.h>
#include <string.h>
#include <conio.h>
main()
{
```

```
    char str[100];
    int i=0;
    FILE *fp;
    if((fp=fopen("test.txt", _____))==NULL)
    {
        printf("\nCannot open file!\n");
        getch();
        exit(1);
    }
    printf("Input a string:\n");
    gets(str);
    while(str[i])
    {
        if(str[i]>='a'&&str[i]<='z')
            _____;
        fputc(str[i],fp);
        i++;
    }
    fclose(fp);
    fp=fopen("test.txt", _____);
    fgets(str, _____,fp);
    printf("%s\n",str);
    fclose(fp);
}
```

三、编程题

1. 统计文本文件 test.txt 中大写字母、小写字母、数字和其他字符的个数。

2. 将磁盘文件 test1.dat 中的大写字母转换为小写字母，然后写入到磁盘文件 test2.dat 中。

3. 输入一个字符，然后将文件 f1.txt 的内容复制到文件 f2.txt 中，复制时要将文件 f1.txt 中与输入字符相同的字符删除。

4. 将文本文件 file.txt 中所有包含字符串"int"的行输出。

5. 将磁盘文件 f1.txt 和 f2.txt 中的字符按从小到大的顺序写入到磁盘文件 f3.txt 中。

第 10 章 位 运 算

学习目标

★ 掌握位运算符概念
★ 了解位运算符的运算功能

重点内容

★ 基本的位运算符及其功能
★ 位运算符实现数据二进制位计算

前面章节介绍了算术运算符、关系运算符、逻辑运算符等运算符，这些运算符的运算对象都是数据本身，如 8.3*a，参与*运算符规定的乘法运算的两个运算对象（又称操作数）都是独立的量，即常量 8.3 和变量 a 都以整体参与运算，并不是再将这两个量拆分成部分参与运算，这是常用的、自然而然的运算规则。但有时，需要对操作数按组成它的二进制位进行运算，这就是本章要介绍的位运算。

C 语言中提供了多种位运算符，利用这些运算符可以实现把数据按二进制位（bit）进行计算的特殊目的。

10.1 位运算符

C 语言中，位运算的对象只能是整型或字符型。C 语言中提供了 6 种基本的位运算符，它们的名称及各自的运算功能见表 10-1。

表 10-1 基本的位运算符及其功能

运算符	含 义	优 先 级	单 双 目
~	取反	1(高)	单目
<<	左移	2	双目
>>	右移	3	双目
&	按位与	4	双目

续表

运算符	含义	优先级	单双目
^	按位异或	5	双目
|	按位或	6(低)	双目

除了这 6 个基本的位运算符外，C 语言还提供了 5 种扩展的位运算符，见表 10-2。

表 10-2 扩展的位运算符

扩展运算符	含义	表达式示例	等价的表达式
<<=	按位左移，再赋值	x<<=5	x=x<<5
>>=	按位右移，再赋值	x>>=4	x=x>>4
^=	按位异或，再赋值	x^=y	x=x^y
&=	按位与，再赋值	x&=y	x=x&y
|=	按位或，再赋值	x|=y	x=x|y

10.2 位运算符的运算功能

1. 取反运算

取反运算符~，功能是对操作数按二进制位取反，即把 0 变成 1，1 变成 0。~是位运算符中唯一的单目运算符。运算对象置于运算符的右边，运算时具有右结合性。其运算功能是对参与运算数的各二进位按位取反。

【例 10.1】 求表达式~-1、~0、~39 的值。

-1 在计算机内部按二进制补码形式存储，为 1111111111111111，对其按位求反，结果为 0。

0 在计算机内部的二进制数为：0000000000000000，对其按位求反，结果为 1111111111111111，这是-1 在计算机内部的存储形式。

十进制数 39 在计算机内部对应的二进制数为 0000000000100111，对其按位取反，得到结果：1111111111011000，这个数是-40 的二进制形式，按十进制输出为-40。

执行语句 printf("~-1=%d,~0=%d,~39=%d",~-1,~0,~39);,输出的结果为~-1=0,~0=-1,~39=-40

什么时候会用到按位取反操作？高级的运算用到很少，像上例那样求~39 的值毫无用处，只是说明~是一个运算符而已。通常在计算机硬件底层的控制方面会用到取反操作。

2. 左移运算

左移运算符<<，功能是把<<左边的运算数，按二进制位依次左移右边运算数指定的位数。是一个双目运算符。运算符左边是移位对象，右边是整型表达式，指出左移的位数。左移一位时，最右端的数被移走后补 0，最左端被移出的位数据舍弃。如果左移多位，则相当于把左移一位操作执行多次。

【例 10.2】 求 1<<2、0<<3、-1<<8、-1<<32 的值。

1 的 32 位二进制数为 00000000000000000000000000000001，左移 2 位得到 00000000000000000000000000000100，是 4 的二进制数。

0 无论右移几位都是补 0，故 0<<3 的结果仍为 0。

-1 的 32 位二进制数补码为 11111111111111111111111111111111，故左移 8 位为 11111111111111111111111100000000，对应十进制数-256，若左移 32 位，则 32 位 1 被移出补成 32 位 0，对应十进制数 0。

执行语句 printf("1<<2=%d,0<<3=%d,-1<<8=%d,-1<<32=%d",1<<2,0<<3,-1<<8,-1<<32);，输出的结果为 1<<2=4,0<<3=0,-1<<8=-256,-1<<32=0

左移运算时，左移 1 位相当于该数乘以 2，左移 4 位相当于该数乘以 2^4 = 16,4<<4=64，即乘了 16。但此结论只适用于该数左移时被溢出舍弃的高位中不包含 1 的情况。

3. 右移运算

右移运算符>>，功能是把<<左边的运算数，按二进位依次右移右边运算数指定的位数。是一个双目运算符。运算符左边是移位对象，右边是整型表达式，指出右移的位数。对于有符号数，在右移时，符号位将随同移动。当为正数时，最高位补 0，而为负数时，符号位为 1，最高位是补 0 或是补 1 取决于编译系统的规定。TurboC 和很多系统规定为补 1。

【例 10.3】求-1>>4，0>>2，8>>2，-8>>2 的值。

请类比例 10.2 分析上面各表达式的输出结果。-8 的 32 位二进制数为 11111111111111111111111111111000，右移 2 位变为 11111111111111111111111111111110，即为-2。

执行语句 printf("-1>>4=%d,0>>2=%d,8>>2=%d,-8>>2=%d",-1>>4,0>>2,8>>2,-8>>2);，输出的结果为-1>>4=-1,0>>2=0,8>>2=2,-8>>2=-2。

特别提醒：左移、右移运算符右侧的表达式可以取负值，如 4>>-2、8<<-3，取负值表示按运算符规定的移动方向进行反方向移动，如左移-2 次相当于右移 2 次。故 4>>-2 等价于 4<<2，8<<-3 等价于 8>>3。

4. 按位"与"运算

按位"与"运算符"&"是双目运算符，其功能是参与运算的左、右两侧的运算数按对应位置的二进制进行按位"与"运算。所谓按位"与"运算，是把二进制数的一个位上的 0、1 当作两个逻辑值进行"与"运算，规则是只有两个数都为 1，与运算的结果才为 1，即"真"，其余三种情况（0 与 1、1 与 0、0 与 0），结果均为 0，即"假"。

注意：这里说的是按二进制数位进行按位"与"运算，运算符是单个的"&"。而之前学过的"与"运算是把一个完整的数（而不是按它的一个二进制位）进行运算，运算符是紧密相连的两个"&"，即"&&"。

单个的"&"还可用作"取（变量）地址运算符"，用作取地址时，是单目运算符，且后跟的运算数必须是变量的名字。读者应准确区分有关"&"的上述三种不同的功能。

按位与运算具有如下特征：任何位上的二进制数，只要和 0 相"与"，该位即被屏蔽（清零）；和 1 相"与"，该位保留原值。这个特性很具实用性。例如把 a 的高八位清 0，保留低八位，可作 a&255 运算(255 的二进制数为 0000000011111111)。

【例 10.4】求-1&4，0&4，15&23，240&23 的值。

简单起见，以 8 位二进制数的形式表示上面的各数。

-1 其补码为 11111111，4 的二进制数为 00000100，11111111&00000100，一个数和 1 相"与"的结果保持原数，比如 1&1 结果为 1，0&1 结果为 0。因此，11111111&00000100 的值为 00000100，即用-1 进行与运算的结果是保持原数，故-1&4 的结果为 4。

0 的二进制数为 00000000，一个数和 0 相"与"的结果是 0，故 0&4 的结果为 0。

15 的二进制数为 00001111，23 的二进制数为 00010111，00001111&00010111 的结果为 00000111，即用 00001111 屏蔽了数 23 对应二进制数的高 4 位，故 15&23 的结果为 7。

240 的二进制数为 11110000，故 240&23 屏蔽了 23 对应二进制数的低 4 位，结果为 00010000，故 240&23 的结果为 16。

执行语句 printf("-1&4=%d,0&4=%d,15&23=%d,240&23=%d",-1&4,0&4,15&23,240&23);，输出的结果为-1&4=4,0&4=0,15&23=7,240&23=16。

5. 按位"或"运算

按位"或"运算符"|"是双目运算符，其功能是参与运算的左、右两侧的运算数按对应位置的二进制进行按位"或"运算。所谓按位"或"运算，是把二进制数的一个位上的 0、1 当作两个逻辑值进行"或"运算，规则是只有两个数都为 0，或运算的结果才为 0，即"假"，其余三种情况（0 与 1、1 与 0、0 与 0），结果均为 1，即"真"。

注意：这里说的是按二进制数位进行按位"或"运算，运算符是单个的"|"。而之前学过的"或"运算是把一个完整的数（而不是按它的一个二进制位）进行运算，运算符是紧密相连的两个"|"，即"||"。

按位或运算具有如下特征：可以使一个数中的指定位上置成 1，其余位不变，即将希望置 1 的位与 1 进行按位或运算，保持不变的位与 0 进行按位或运算。例如，若使 a 中的高 4 位不变，低 4 位置 1，可采用表达式：a=a | 00001111。

【**例 10.5**】求-1|4，0|4，15|23，240|23 的值。

简单起见，以 8 位二进制数的形式表示上面的各数。

-1，其补码为 11111111，4 的二进制数为 00000100，一个数和 1 相"或"的结果变为 1，比如 1|1 结果为 1，0|1 结果为 1。因此，11111111|00000100 的值为 11111111，即用-1 和一个数 a 进行按位或运算，结果是一定是把 a 的所有位都变成 1，即结果为-1，故-1&4 的结果为-1。

0 的二进制数为 00000000，一个数和 0 相"或"的结果是保持原值，故 0|4 的结果为 4。

15 的二进制数为 00001111，23 的二进制数为 00010111，00001111|00010111 的结果为 00011111，故 15|23 的结果为 31。

240 的二进制数为 11110000，故 240|23 把 23 对应二进制数的高 4 位置 1，后 4 位不变，结果为 11110111，故 240|23 的结果为 247。

执行语句 printf("-1|4=%d,0|4=%d,15|23=%d,240|23=%d",-1|4,0|4,15|23,240|23);，输出的结果为-1|4=-1,0|4=4,15|23=31,240|23=247。

6. 按位"异或"

按位"异或"运算符"^"是双目运算符，其功能是参与运算的左、右两侧的运算数按对应位置的二进制进行按位"异或"运算。所谓按位"异或"运算，是把二进制数的一个位上的0、1当作两个逻辑值进行"异或"运算，规则是当两个数都为1或都为0，异或运算的结果为1，即"真"，其余两种情况（0与1、1与0），结果均为0，即"假"。

按位异或^运算具有如下特征：用0000保留对应位数字，用1111把对应位数组变反。

【例10.6】求-1^4，0^4，15^23，240^23的值。

简单起见，以8位二进制数的形式表示上面的各数。

-1的补码为11111111，4的二进制数为00000100，11111111^00000100的值为11111011，即用-1和一个数a进行按位或运算,结果是一定是把a的所有是1的位都变成0,其他都变成1，11111011是-5的二进制补码。故-1^4的结果为-5。

0的二进制数为00000000，一个数和0相"异或"的结果是保持原值，故0^4的结果为4。

15的二进制数为00001111，23的二进制数为00010111，00001111^00010111的结果为00011000，15^23的结果为24。

240的二进制数为11110000，故240^23把23对应二进制数的高4位变反，后4位不变，结果为11100111，故240^23的结果为231。

执行语句 printf("-1^4=%d,0^4=%d,15^23=%d,240^23=%d",-1^4,0^4,15^23,240^23);，输出的结果为-1^4=-5,0^4=4,15^23=24,240^23=231。

小　结

本章介绍了位运算符的相关概念和位运算符的运算功能，包括取反运算、左移运算、右移运算、按位"与"运算、按位"或"运算、按位"异或"运算。通过本章的学习，读者应掌握位运算符的概念，了解位运算符的运算功能，适当地使用位运算符解决实际问题。

习　题

一、单选题

1. 设有声明和语句：unsigned int x=1，y=2;　x<<=y+1；则x的值是（　　）。
   A. 1　　　　　　　B. 4　　　　　　　C. 5　　　　　　　D. 8
2. 若有定义 int x=5，y=6；下面表达式值为0的是（　　）。
   A. x^x　　　　　　B. x&y　　　　　　C. x|y　　　　　　D. y>>2
3. 下面列出的位运算符中，表示按位异或操作的是（　　）。
   A. ~　　　　　　　B. !　　　　　　　C. ^　　　　　　　D. &
4. 下面各个位运算符的优先级从左到右依次升高的是（　　）。
   A. |^&>>　　　　　B. ^>>&~　　　　　C. >>|^~　　　　　D. ~|&>>
5. 设有声明：int u=1, v=14;表达式 u+-v >>2 的值是（　　）。
   A. 0　　　　　　　B. 3　　　　　　　C. -4　　　　　　　D. 7
6. 设有声明：int u=1，v=3，w=7;下列表达式的值为7的有（　　）。

A. u&v|w　　　　B. u|v|w　　　　C. u^v|w　　　　D. w&v|u
E. u^w|v

7. 设有声明：int u=1,v=3,w=5;表达式 v& ~ ~u|w 的值是（　　）。
A. 3　　　　　B. 5　　　　　　C. 6　　　　　　D. 8

8. 设有下列程序：
```
#include"stdio.h"
main( )
{
unsigned x=8,y=2;
printf("%d\n",y| ~ (x&y));
}
```
该程序的运行结果是（　　）。
A. -1　　　　　B. 0xff　　　　C. 127　　　　　D. 65535

9. 设有声明：int u=1，v=3，w=5；表达式 u<<=(v|w)的值是（　　）。
A. 1　　　　　B. 5　　　　　　C. 13　　　　　D. 128

10. 设有声明：int x=12,y=3;则 x|y 的值是（　　）。
A. 0　　　　　B. 3　　　　　　C. 12　　　　　D. 15

二、简答题

设 unsigned x=0x1234；下面表达式（1）、（2）的运算结果的十六进制值是什么？
（1）(x&0xff00)>>8|(x&0xff)<<8
（2）x & 0xff00>>8|x&0xff<<8

附录 A
字符与 ASCII 码对照表

ASCII	字符	解释	ASCII	字符	ASCII	字符	ASCII	字符
0	^@	NUL	32	SP	64	@	96	`
1	^A	SOH	33	!	65	A	97	a
2	^B	STX	34	"	66	B	98	b
3	^C	ETX	35	#	67	C	99	c
4	^D	EOT	36	$	68	D	100	d
5	^E	ENQ	37	%	69	E	101	e
6	^F	ACK	38	&	70	F	102	f
7	^G	BEL	39	'	71	G	103	g
8	^H	BS	40	(	72	H	104	h
9	^I	HT	41	)	73	I	105	i
10	^J	LF	42	*	74	J	106	j
11	^K	VT	43	+	75	K	107	k
12	^L	FF	44	,	76	L	108	l
13	^M	CR	45	-	77	M	109	m
14	^N	SO	46	.	78	N	110	n
15	^O	SI	47	/	79	O	111	o
16	^P	DLE	48	0	80	P	112	p
17	^Q	DC1	49	1	81	Q	113	q
18	^R	DC2	50	2	82	R	114	r
19	^S	DC3	51	3	83	S	115	s
20	^T	DC4	52	4	84	T	116	t
21	^U	NAK	53	5	85	U	117	u
22	^V	SYN	54	6	86	V	118	v
23	^W	ETB	55	7	87	W	119	w
24	^X	CAN	56	8	88	X	120	x
25	^Y	EM	57	9	89	Y	121	y
26	^Z	SUB	58	:	90	Z	122	z
27	^[	ESC	59	;	91	[	123	{
28	^\	FS	60	<	92	\	124	|
29	^]	GS	61	=	93	]	125	}
30	^^	RS	62	>	94	^	126	~
31	^_	US	63	?	95	_	127	DEL

注：ASCII 码中 0-31 为不可显示的控制字符。

附录 B
C 语言中的关键字

char	short	int	signed	unsigned	long	float	double
void	enum	struct	union	while	else	switch	case
default	goto	do	for	break	continue	extern	return
auto	static	if	register	sizeof	typedef	const	volatile

附录 C
运算符和结合性

优先级	运 算 符	运算量的个数	结合方向
1	()（小括号）　[]（数组下标） .（结构成员）　->（指针型结构成员）		自左至右
2	!（逻辑非）　~（位取反） -（负号）　+（正号） ++（加1）　--（减1） &（变量地址）　*（指针指向） （类型）（类型转换） sizeof（长度计算）	1	自右至左
3	*（乘）　/（除）　%（取模）	2	自左至右
4	+（加）　-（减）	2	自左至右
5	<<（位左移）　>>（位右移）	2	自左至右
6	<（小于）　<=（小于等于） >（大于）　>=（大于等于）	2	自左至右
7	==（等于）　!=（不等于）	2	自左至右
8	&（位与）	2	自左至右
9	^（位异或）	2	自左至右
10	|（位或）	2	自左至右
11	&&（逻辑与）	2	自左至右
12	||（逻辑或）	2	自左至右
13	?:（条件运算符）	3	自右至左
14	=（赋值） +=　-=　*= /=　%=　>>= <<=　&=　^= |=　（复合赋值运算）	2	自右至左
15	,（逗号运算符）		自左至右

说明：1级的优先级最高，15级的优先级最低，运算时优先级高的先运算

附录 D
C 常用的库函数

（1）数学函数

使用数学函数时，应该在源文件中使用以下命令行：

#include"math.h" 或 #include<math.h>

函数名	函数原型	功　能	说　明
abs	int abs(int x)	求整数 x 的绝对值	计算|x|,当 x 不为负时返回 x,否则返回-x
acos	double acos(double x)	求 x（弧度表示）的反余弦值	x 的定义域为[-1.0, 1.0],值域为[0, π]
asin	double asin(double x)	求 x（弧度表示）的反正弦值	x 的定义域为[-1.0, 1.0],值域为[-π/2, +π/2]
atan	double atan(double x)	求 x（弧度表示）的反正切值	值域为(-π/2, +π/2)
atan2	double atan2(double y, double x)	求 y/x（弧度表示）的反正切值	值域为(-π/2, +π/2)
ceil	double ceil(double x)	求不小于 x 的最小整数	返回 x 的上限,返回值为 double 类型
cos	double cos(double x)	求 x（弧度表示）的余弦值	值域为[-1.0, 1.0]
cosh	double cosh(double x)	求 x 的双曲余弦值	cosh(x)=(e^x+e^(-x))/2
exp	double exp(double x)	求 e 的 x 次幂	e=2.718281828...
fabs	double fabs(double x)	求浮点数 x 的绝对值	计算|x|,当 x 不为负时返回 x,否则返回-x
floor	double floor(double x)	求不大于 x 的最大整数	返回 x 的下限,返回值为 double 类型
fmod	double fmod(double y, double x)	计算 x/y 的余数	返回 x-n*y,符号同 y,n=[x/y]（向离开零的方向取整）
frexp	double frexp(double x, int *exp)	把浮点数 x 分解成尾数和指数	x=m*2^exp, m 为规格化小数。返回尾数 m,并将指数存入 exp 中
hypot	double hypot(double x, double y)	对于给定的直角三角形的两个直角边,求其斜边的长度	返回斜边值
ldexp	double ldexp(double x, int *exp)	装载浮点数	返回 x*2^exp 的值
log	double log(double x)	计算 x 的自然对数	x 的值应大于零

续表

函数名	函数原型	功能	说明
log10	double log10(double x)	计算 x 的常用对数	x 的值应大于零
modf	double modf(double num, double *i)	将浮点数 num 分解成整数部分和小数部分	返回小数部分,将整数部分存入 i 所指内存中
pow	double pow(double x, double y)	计算 x 的 y 次幂	x 应大于零,返回幂指数的结果
pow10	double pow10(double x)	计算 10 的 x 次幂	相当于 pow(10.0,x)
sin	double sin(double x)	计算 x(弧度表示)的正弦值	x 的值域为[-1.0, 1.0]
sinh	double sinh(double x)	计算 x(弧度表示)的双曲正弦值	$\sinh(x)=(e^x-e^{-x})/2$
sqrt	double sqrt(double x)	计算 x 的平方根	x 应大于等于零
tan	double tan(double x)	计算 x(弧度表示)的正切值	返回 x 的正切值
tanh	double tanh(double x)	求 x 的双曲正切值	$\tanh(x)=(e^x-e^{-x})/(e^2+e^{-x})$

(2)字符函数

使用字符函数时,应该在源文件中使用以下命令行:

#include"ctype.h"或#include< ctype.h>

函数名	函数原型	功能	说明
isalnum	int isalnum(int c)	判断字符 c 是否为字母或数字	当 c 为数字 0~9 或字母 a~z 及 A~Z 时,返回非零值,否则返回零
isalpha	int isalpha(int c)	判断字符 c 是否为英文字母	当c为英文字母a~z或A~Z时,返回非零值,否则返回零
iscntrl	int iscntrl(int c)	判断字符 c 是否为控制字符	当 c 在 0x00~0x1F 之间或等于 0x7F(DEL)时,返回非零值,否则返回零
isdigit	int isdigit(int c)	判断字符 c 是否为数字	当c为数字0~9时,返回非零值,否则返回零
islower	int islower(int c)	判断字符 c 是否为小写英文字母	当 c 为小写英文字母(a~z)时,返回非零值,否则返回零
isascii	int isascii(int c)	判断字符 c 是否为 ASCII 码	当 c 为 ASCII 码时,返回非零值,否则返回零。ASCII 码指 0x00~0x7F 之间的字符
isgraph	int isgraph(int c)	判断字符c是否为除空格外的可打印字符	当 c 为可打印字符(0x20~0x7e)时,返回非零值,否则返回零
isprint	int isprint(int c)	判断字符 c 是否为可打印字符(含空格)	当c为可打印字符(0x20~0x7e)时,返回非零值,否则返回零
ispunct	int ispunct(int c)	判断字符 c 是否为标点符号	当 c 为标点符号时,返回非零值,否则返回零。标点符号指那些既不是字母数字,也不是空格的可打印字符
isspace	int isspace(int c)	判断字符 c 是否为空白符	当c为空白符时,返回非零值,否则返回零。空白符指空格、水平制表、垂直制表、换页、回车和换行符

续表

函数名	函数原型	功能	说明
isupper	int isupper(int c)	判断字符c是否为大写英文字母	当c为大写英文字母(A~Z)时,返回非零值,否则返回零
isxdigit	int isxdigit(int c)	判断字符c是否为十六进制数字	当c为A~F,a~f或0~9之间的十六进制数字时,返回非零值,否则返回零
toascii	int toascii(int c)	将字符c转换为ASCII码	将字符c的高位清零,仅保留低7位,返回转换后的数值
tolower	int tolower(int c)	将字符c转换为小写英文字母	如果c为大写英文字母,则返回对应的小写字母;否则返回原来的值
toupper	int toupper(int c)	将字符c转换为大写英文字母	如果c为小写英文字母,则返回对应的大写字母;否则返回原来的值

(3)字符串函数

使用字符串函数时,应该在源文件中使用以下命令行:

#include"string.h"或#include<string.h>

函数名	函数原型	功能	说明
stpcpy	char *stpcpy(char *dest, char *src)	把src所指由NULL结束的字符串复制到dest所指的数组中	src和dest所指内存区域不可以重叠且dest必须有足够的空间来容纳src的字符串。返回指向dest结尾处字符(NULL)的指针
strcat	char *strcat(char *dest,char *src)	把src所指字符串添加到dest结尾处(覆盖dest结尾处的'\0')并添加'\0'	src和dest所指内存区域不可以重叠且dest必须有足够的空间来容纳src的字符串。返回指向dest的指针
strchr	char *strchr(char *s,char c)	查找字符串s中首次出现字符c的位置	返回首次出现c的位置的指针,如果s中不存在c,则返回NULL
strcmp	int strcmp(char *s1,char *s2)	比较字符串s1和s2	当s1<s2时,返回值<0;当s1=s2时,返回值=0;当s1>s2时,返回值>0
strcpy	char *strcpy(char *dest, char *src)	把src所指由NULL结束的字符串复制到dest所指的数组中	src和dest所指内存区域不可以重叠且dest必须有足够的空间来容纳src的字符串。返回指向dest的指针
strcspn	int strcspn(char *s1,char *s2)	在字符串s1中搜寻s2中所出现的字符	返回第一个出现的字符在s1中的下标值,即在s1中出现而s2中没有出现的子串的长度
strdup	char *strdup(char *s)	复制字符串s	返回指向被复制的字符串的指针,所需空间由malloc()分配且可以由free()释放
strlen	int strlen(char *s)	计算字符串s的长度	返回s的长度,不包括结束符NULL
strlwr	char *strlwr(char *s)	将字符串s转换为小写形式	只转换s中出现的大写字母,不改变其他字符。返回指向s的指针
strncat	char *strncat(char *dest, char *src,int n)	把src所指字符串的前n个字符添加到dest结尾处(覆盖dest结尾处的'\0')并添加'\0'	src和dest所指内存区域不可以重叠且dest必须有足够的空间来容纳src的字符串。返回指向dest的指针

续表

函数名	函数原型	功 能	说 明
strncmp	int strncmp(char *s1,char *s2, int n)	比较字符串 s1 和 s2 的前 n 个字符	当 s1<s2 时，返回值<0；当 s1=s2 时，返回值=0；当 s1>s2 时，返回值>0
strncpy	char *strncpy(char *dest, char *src, int n)	把 src 所指由 NULL 结束的字符串的前 n 个字节复制到 dest 所指的数组中	如果 src 的前 n 个字节不含 NULL 字符，则结果不会以 NULL 字符结束。如果 src 的长度小于 n 个字节，则以 NULL 填充 dest，直到复制完 n 个字节。src 和 dest 所指内存区域不可以重叠，且 dest 必须有足够的空间来容纳 src 的字符串。返回指向 dest 的指针
strpbrk	char *strpbrk(char *s1, char *s2)	在字符串 s1 中寻找字符串 s2 中任何一个字符相匹配的第一个字符的位置，空字符 NULL 不包括在内	返回指向 s1 中第一个相匹配的字符的指针，如果没有匹配字符则返回空指针 NULL
strrev	char *strrev(char *s)	把字符串 s 的所有字符的顺序颠倒过来（不包括空字符 NULL）	返回指向颠倒顺序后的字符串指针
strset	char *strset(char *s, char c)	把字符串 s 中的所有字符都设置成字符 c	返回指向 s 的指针
strstr	char *strstr(char *haystack, char *needle)	从字符串 haystack 中寻找 needle 第一次出现的位置（不比较结束符 NULL）	返回指向第一次出现 needle 位置的指针，如果没找到则返回 NULL
strtok	char *strtok(char *s, char *delim)	分解字符串为一组标记串。s 为要分解的字符串，delim 为分隔符字符串	首次调用时，s 必须指向要分解的字符串，随后调用要把 s 设成 NULL。strtok 在 s 中查找包含在 delim 中的字符并用 NULL('\0')来替换，直到找遍整个字符串。返回指向下一个标记串。当没有标记串时则返回空字符 NULL
strupr	char *strupr(char *s)	将字符串 s 转换为大写形式	只转换 s 中出现的小写字母，不改变其他字符。返回指向 s 的指针

（4）其他函数

函数名	函数原型	功 能	包含头文件
clrscr	void clrscr(void)	清除屏幕缓冲区及液晶显示缓冲区，光标位置回到屏幕左上角	conio.h
kbhit	int kbhit(void)	检测键盘是否有键按下。如果有键按下，则返回对应键值，否则返回零。kbhit 不等待键盘按键，无论有无按键都会立即返回	conio.h
getch	int getch(void)	从控制台无回显地取一个字符	conio.h
exit	void exit(int retval)	结束程序，返回值将被忽略	stdlib.h
atof	double atof(char *nptr)	把字符串转换成浮点数	stdlib.h
atoi	int atoi(char *nptr)	把字符串转换成整型数	stdlib.h
atol	long atol(char *nptr)	把字符串转换成长整型数	stdlib.h
labs	long labs(long n)	取长整型绝对值	stdlib.h、math.h

续表

函数名	函数原型	功　能	包含头文件
rand	void rand(void)	随机数发生器	stdlib.h
itoa	char *itoa(int value,char *string,int radix)	把一整数转换为字符串	stdlib.h
initgraph	void far initgraph(int far *graphdriver, int far *graph mode, char far *pathto driver)	初始化图形系统	graphics.h
closegraph	void far closegraph(void)	关闭图形系统	graphics.h
rectangle	void far rectangle (int left, int top, int right,int bottom)	画一个矩形	graphics.h
line	void far line(int x0, int y0, int x1, int y1)	在指定两点间画一直线	graphics.h
setcolor	void far setcolor (int color)	设置当前画线颜色	graphics.h
remove	int remove (char *filename)	删除一个文件	stdio.h
rename	int rename (char *oldname, char *newname)	重命名文件	stdio.h